Knowledge House & Walnut Tree Publishing

Knowledge House & Walnut Tree Publishing

Knowledge House & Walnut Tree Publishing

Knowledge House & Walnut Tree Publishing

O2O行銷革命

CONTENTS 目錄

目錄 CONTENTS

CONTENTS 目錄

目錄 CONTENTS

8

1

行動時代，走進O2O精彩世界

學前提示

隨著科技水準的不斷提高，行動網路逐漸成為人們日常生活離不開的重要工具。我們的現實生活對虛擬網路的依存度越來越大，從個人電腦端到行動終端，衣、食、住、行，樣樣都開始觸網，這就是O2O，它緊密地聯繫著線下生活與線上活動。

要點展示

- ◆基礎知識，O2O入門必讀
- ◆深入瞭解，O2O具體模式
- ◆具體分析，O2O行銷方式

✣ 基礎知識，O2O入門必讀

騰訊執行長馬化騰認為：「我們身處在一個日新月異的行業，一個需要敬畏的行業，一個需要顛覆或者被顛覆的行業……面對行業的激烈競爭和變化無常，我們也需要前瞻思考，主動求變。」

隨著科技水準的不斷提高，上網工具在改變，上網方式在改變，消費方式也跟著改變，每個人都被捲入O2O式生活中。面對這種變化，商家不得不迎合市場需求，主動求變，打造全新的O2O行銷模式。就行銷方式層面來講，O2O代表著一種行銷邏輯的改變，商家語言和網路語言的結合對O2O模式的成功至關重要。

在我們身邊隨處可見，很多人購物時，不用再千辛萬苦跑到實體店面「淘寶」，而是直接去想買品牌的官網看看新的款式、查查優惠與否，然後直接預訂付款；要旅行，不用再擔憂住宿問題，直接去飯店的網站提前預訂房間就能輕鬆搞定；在人潮流量大的地方叫不到出租車時，也不再苦苦等候，手機搖一搖就能「搖來」出租車，還能享受優惠價格，這些就是O2O式行銷生活的真實寫照。

其實，對於個人來說，O2O是一種生活方式的改變；而對於市場來說，O2O卻是一個充滿誘惑的商機。如今，網路「大老級」公司正在加緊佈局O2O市場，以期成為平台的控制方；而當地中小服務商則希望以O2O為跳板，完成從Local到卓越的質變；成熟品牌也試圖在夾縫中求突破，以在O2O業態中尋找創新點。

❖什麼是O2O

什麼是O2O？對於這個專有名詞，到現在很多人都是一頭霧水。雖然O2O早已經來到了我們的身邊，但是如果沒有專門去瞭解，無論是商家還是消費者，都很難對它做出明確的解釋。

其實，O2O即Online to Offline，是指將線下的商務機會與網路結合，讓網路成為線下交易的平台。O2O商務的關鍵是在網上尋找消費者，然後將他們帶到現實的商店中，它是支付模式和線下門電客流量的一種結合（其實，對消費者來說，也是一種「發現」線下行銷的機制），實現線下購買。

O2O同網上的單純目錄盈利模式（如淘寶網）明顯不同，因為O2O支付有助於量化業績和完成交易等。O2O在商務本質上是可計量的，因為每一筆交易（或者是預約，比如在攜程網上預訂客房）都發生在網路上。

O2O電子商務模式的四大要素：獨立網上商城、權威行業可信網站認證、線上網路廣告行銷推廣、全面社群媒體與客戶線上互動。一個標準O2O模式的流程如下。

◆線上平台（網站、行動應用程式等）通過與線下商家洽談，就活動時間、折扣、人數等達成協議。

◆線上平台通過各種管道向自身用戶推薦該項活動，用戶線上付款給平台，獲得平台提供的「憑證」。

◆用戶持憑證到線下商家直接享受相關服務。

◆服務完畢後，線上平台與線下商家進行結算，同時保留一定比例作為服務佣金（一般不低於百分之十）。如**圖1-1**所示為O2O模式交易的簡單流程。

從廣義上來講，O2O的概念非常廣泛，只要產業鏈中既涉及線上，又涉及線下，就都可以稱為O2O。

O2O這個概念在二〇一一年十一月引入中國後就掀起了一股實踐和討論的熱潮。人都有慣性思維，當O2O概念興起時，為了理清O2O的概念，很多人把傳統電商的B2C和O2O進行了比較，希望藉此來清晰地定義O2O的概念。

但僅是比較就能解釋清楚O2O嗎？顯然不能，因為只是這樣簡單的比較是無法解釋O2O的真正內涵的。O2O到底是什麼呢？

如今，O2O的概念已經不僅僅是最原始的「線上—線下」（Online to Offline）的定義了，在這基礎上增加了「線下—線上」（Offline to Online）、「線下—線上—線下」（Offline to Online to Offline）、「線上—線下—線上」（Online to Offline to Online）三個新的方向。儘管如此，但O2O商務本身是面向生活消費領域的，實際上也是生活消費向網路移動的過程，這個主方向是不變的。用一句話來定義O2O就是：O2O是在行動網路時代，生活消費領域通過線上（虛擬世界）和線下（現實世界）互動的一種新型商業模式。

真正的O2O應立足於實體店本身，線上線下並重，線上線下應該

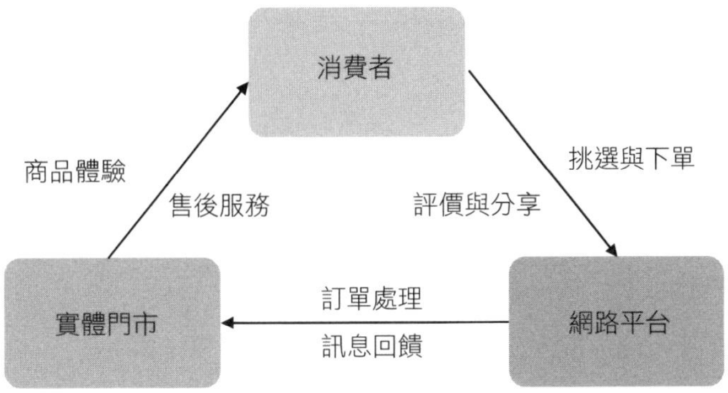

圖1-1 從線上到線下的O2O商業模式

是一個融合的整體，即「你中有我、我中有你」，做到資訊互通、資源共享、線上線下立體互動，而不是單純的「從線上到線下」，也不是簡單的「從線下到線上」。

O2O將直接改變我們每個人作為消費者對生活服務類商品的消費行為，從而使作為消費者的每個人的生活理念從「為產品而消費」改變為「為生活而消費」。

專家提醒

O2O在國際市場早就發展起來了，而企業要走自己特色的O2O商業模式，要根據自身所在的地域性和社群程度來發展自己的O2O商業模式。而對於那些一直嘗試涉足電商的傳統企業來說，O2O無疑是值得嘗試的商業模式。

❖適合O2O的行業

二〇一四年O2O仍是商家關注的焦點，很多企業家和創業者摩拳擦掌，但是究竟什麼樣的企業才是真正適合O2O的呢？

✧O2O與B2C的區別

明白了O2O的具體概念之後，接著再來將O2O和我們已經熟知的B2C做一個簡單的概念區分。

雖然O2O與B2C都是電子商務的一種服務形式。但是這兩種電子商務形式卻存在著很大的區別。如**表1-1**所示，我們可以清楚地知道O2O與B2C的區別。

表1-1 O2O與B2C的區別

主要區別	O2O	B2C
行業類型	O2O更加側重於服務性的消費，例如餐飲、電影、旅遊、健身、休閒服務等	B2C更側重於購物，例如電器、服飾等實物商品
消費方式	O2O的消費者都是到現場獲得相關服務的，例如現在經常團購的電影票等，都是到電影院進行現場消費	B2C的消費者通常是待在辦公室或家裡，等待快遞人員把貨物送上門，涉及物流行業
庫存類型	O2O中的庫存是「服務」	B2C中的庫存是「商品」

適合O2O的行業

電子商務主要由資訊流、資金流、物流和商流組成。O2O的特點是只把資訊流、資金流放在線上進行，而把物流和商流放在線下。那些無法通過快遞送達的產品或服務就比較適合O2O，例如餐飲、美容、汽車、買房租房等。

◆餐飲行業適合O2O：餐飲企業自身O2O平台的建設除了能降低成本外，還能促進品牌的塑造和推廣。通過網站或者手機App（mobile Application，是智慧手機應用程式的簡稱，或稱行動應用程式，也稱手機客戶端。）開展宣傳、預訂、諮詢、投訴等服務，能將企業的服務和行銷方式提升至一個新的層次；通過網路與客戶形成良好的互動並引流至線下，也能幫助餐飲企業不限區域地聚集人氣、塑造口碑。

◆美容行業適合O2O：消費者可以在網路上瞭解和購買美容服務，不用再擔心街頭攬客式的隱形消費。消費者不但可以通過網站選擇自己所要瞭解的美容項目的價格、流程、時間等全方位的訊息，而且可以通過其他用戶的點評選擇適合自己的美容院，相信對於愛美的朋友們來說，這無疑是更高效、更便捷，也是更省錢的辦法，網路美容也將掀起美容行業的一輪新風暴。

◆汽車行業適合O2O：據阿里巴巴調查數據顯示，消費者在購車前，平均要花費十八至十九個小時在網路上，研究購車資訊及有關資料，佔整個購車週期的百分之六十。很多消費者在購車後，還需要一些增值服務，例如想做汽車美容卻不知哪兒最便宜，想要買配件卻不知哪兒最近，想要買內飾卻不知道哪兒最好，而所有這些需求都可以藉助網路來完成。

除了汽車購買之外，汽車出租同樣適合O2O。如果在自己沒有車的情況下，想全家人一起自駕遊旅行，這時候就可以選擇Uber的O2O服務。

Uber是一個在舊金山得到很好推廣的O2O服務，只要消費者在手機上下載一個私家車搭乘服務應用程式，透過這個程式發出打車（叫車、搭車）請求後，服務提供者就可以藉由GPS追蹤定位私家車，讓它幾分鐘內開到你面前；支付和小費通過信用卡自動完成。

Uber旨在改變居住在大城市裡的人們的出行方式，它給用戶出行提供了極大的方便，當用戶在上下班高峰時段，或者深夜去機場叫不到出租車時，就可以使用Uber的私家車服務。

◆房產行業適合O2O：由於房產商品標準化程度低和交易金額鉅大等特徵，使得房產在現階段很難線上完成所有的交易環節。在電商平台上，用戶能完成選房、訂房和支付訂金等步驟，但還需要諸如看房、簽訂合同、交付房款等線下服務來支撐才能完成整個交易流程，因此，對於電商平台來說，要完成一項交易，必須聯合線上和線下資源及服務，O2O模式將是長期的主流模式。

如**圖1-2**所示為房產電商產業鏈。

看來，O2O最為關鍵之處在於，銷售的產品是否擁有一個清晰的、被認可的標準和規範。其實，傳統企業走向線上最大的困難就在於企業家思維的轉變，這會直接影響企業對線上業務的支持力度，隱藏在背後至關重要的因素其實就是消費者的線上需求有沒有想像中的那麼大。

俗話說「民以食為天」，用與家庭生活密不可分的生鮮食品為例進行介紹，通常情況下，城市中的

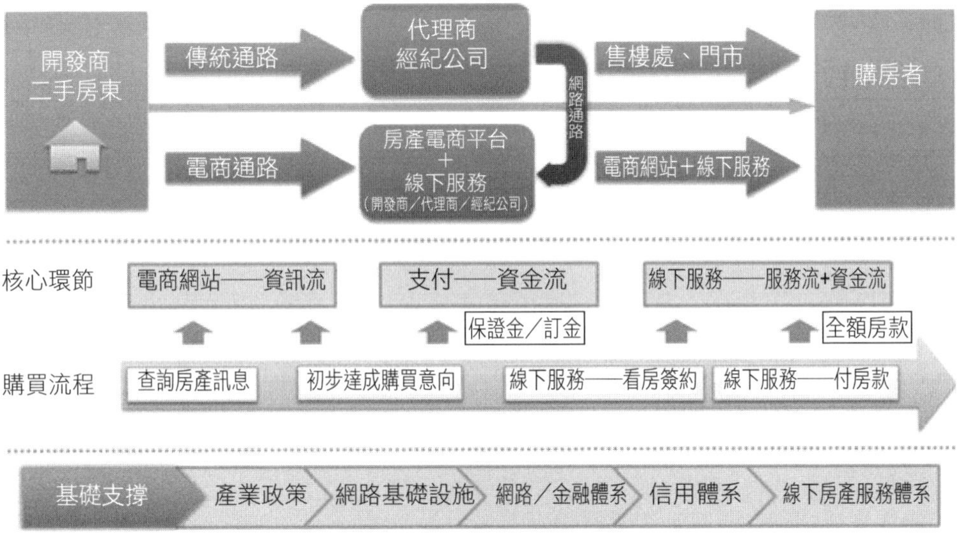

圖1-2 房產電商產業鏈

生鮮市場非常大，但是消費者是否有線上消費的需求卻是一個值得重視的問題。

例如，一位家庭主婦每個月在生鮮食品上的花費可能會有五百元，但是她卻永遠不會成為在線上消費的那部分人。因此，對於一個傳統企業來說，必須要事先調查好線上的市場，然後再投入相應的資源，如果一味地進入這個市場，在消費者用戶習慣還沒有被養成的當下，很可能會賠得血本無歸。

從表面看，O2O的優勢在於那些實體難以搬到網上的交易，可深入來看，卻不盡然。事實上很多商品都可以通過O2O模式的平台進行交易。若要想做O2O，產品需具備以下幾點要求，如**表1-2**所示。

說了這麼多O2O業務模式的特點，那麼究竟怎樣的企業適合這樣的業務呢？在對O2O模式進行了具體研究之後，總結了幾類具體的行業，如**表1-3**所示。

✧ O2O行業的經驗

據瞭解，涉足O2O這個行業的企業和商家有很多，

表1-2 O2O產品的具體要求

O2O產品的特點	主要說明
產品單價不能過低	單件商品行業平均毛利額（注意是毛利額，不是毛利率）不能過低，總之，要使讓利空間保持在百分之二十以上
產品可以是無形的	生活消費服務也可以作為O2O產品，但需要能讓消費者持續消費，如美容美髮、休閒健身等行業
必須保證產品品質	產品一定要保證品質，對於在網上購買這個商品，人們的信任度不會受到很大的影響
標準化、非訂製性的產品	面對消費者廣，比如從小孩到老人，以及可在最短的時間內消費完然後又來消費的產品或服務，例如美髮、餐飲等誰都要用到的服務

表1-3 適合O2O的部分行業

主要行業	主要特點	應用案例
連鎖加盟型的零售企業	這些商戶的加盟門市在全中國分佈廣泛，而且線下的服務也是比較優質的，這些商戶可能並不適合做B2C，有時候藉助O2O反而能夠促進門市的銷售	如流行美、卡頓、哎呀呀等，或者大型通路流通品牌商
連鎖類的餐飲公司	這些商戶的產品無法快遞，只能在線下進行消費，團購餐飲券就是一個很好的例子，通過線上下單、線下體驗的便捷方法，最重要的是價格上的優惠可以搶到更多的消費者	如小肥羊、真功夫、嘉旺等
提供本地生活服務的企業	例如很多的酒吧會所、電影院等，它們通過O2O進行電子商務活動，更加快捷，也能增加自身的客流量，都是很不錯的選擇	如錢櫃KTV、萬達國際影城等

尤其對於很多傳統的企業，開展網上商城需要投入的成本和精力都太大，因此開展O2O活動是很不錯的選擇。那麼對於一個傳統的線下企業來說，要想開展O2O電子商務服務需要哪些基本的方法呢？從很多成功的O2O行業案例中，總結出了以下幾點經驗。

◆建立自屬的官方商城：有了官方的購物商場，消費者就可以通過網店下單，然後在線下進行消費，在這個過程中，品牌商提供線上的客服服務以及隨時隨地的調貨支持等。這樣的方法適用於大型的連鎖企業，好處之一就是可以實現線上和線下店鋪的一一對應，但是這個方法需要投入的成本比較大，更需要大範圍的推廣，所以不建議微型企業採取這樣的方法。

例如，家具行業中的佼佼者——美

樂樂就在通過多通路發展O2O模式。美樂樂貫徹執行線上線下相融合的多通路零售商戰略，全力擴展銷售、控制費用、強化供應鏈。如**圖1-3**所示為美樂樂家具的線上商城——美樂樂家居網。

美樂樂起家於淘寶網，作為當時中國影響力最大的第三方電商平台，淘寶網在美樂樂成立初期，的確給其帶來了一定的流量。但是，在淘寶天貓的商戶中，有相當一部分對淘寶天貓懷有恐懼感，他們認為把雞蛋放在一個籃子裡，萬一哪天籃子翻了雞蛋就會全部被打碎。也許正是出於這樣的擔憂，美樂樂選擇在二〇一〇年「出淘」，建立了自己獨立營運的家居銷售網站。

網站的建立，不僅讓美樂樂有了一個獨立的姿態，也為其今後自主地發展奠定了很好的基礎。獨立營運平台帶來的開闊性，讓美樂樂更加自由地探索到適合家具行業的電商銷售規則。

如今，美樂樂已經根據自身條件和市場需要，在網站建立了家具的「限時達」、四十五天無理由退換貨、買貴補差等服務條款，這些條款體現了美樂樂對客戶需求的重視，同時作為O2O新領域的探索成果，這些服務條款領先於業內眾多家居電商。美樂樂的O2O戰略主要包括四個方面，如**表1-4**所示。

圖1-3 美樂樂線上主頁

美樂樂獨特的O2O模式，從平台、線下、產品與服務多個方面獨特的創新，讓其在六年間迅速成長，成為一個發展較為強勁的企業。在眾多家具企業紛紛止步電商的情況下，美樂樂在電商界的成功立

表1-4 美樂樂的O2O戰略

O2O戰略	主要內容
線上線下優質體驗	線上開設美樂樂家居體驗頻道，線下增設美樂樂家具體驗館，提供優質服務。線上線下形成互動，互為補充、相互依託，滋生出更多的機會和市場
	以消費者需求為導向，進行門市改造，使之成為現代化的智慧型多元化門市。通過優化網路，加快店面的調整升級，提升單店盈利能力
線上電子商務	以盈利模式為導向的電子商務策略，採用自主經營與平台經營的協同發展，在線上全面推進高毛利的差異化產品及擴充新品類的發展，不斷地提升電商綜合毛利率
	啟動線上線下供需鏈共享體系，通過精細化運作管理，提升消費者購物體驗，實現電商的可盈利和可持續性發展戰略目標
強化供應鏈能力	增強多個關鍵領域的內部營運能力，包括開放ERP企業資源規劃系統平台，增強新產品推出的快速反應，以提升周轉效率、降低缺貨率
	推出了「限時達」服務，承諾在服務覆蓋的區域內，現貨商品最快能夠七天送貨到家
	無可挑剔的海外供應鏈，不斷感知時尚，以最快的速度推廣最潮流的家具品牌，堅持國際一線品質與平價價格，成就溫馨美好的家居夢想
商品拓展	通過自主經營和平台經營模式進行新品類的擴充，提高商品的豐富度
	優化供應鏈和謹慎選擇商品品類，努力打造自身品牌：韓菲爾、凱撒豪庭、卡富亞

足，也許能證明這種「美樂樂O2O」模式，可以撬動家具電商的「藍海」市場，在電商日益發達的今天，這樣的嘗試或將引起家具行業銷售模式的一場「革命」。

美樂樂可以在「線上線下融合的多通路零售商戰略」的領航下，把握零售市場的發展機遇，不斷發揮自身的優勢，可以為公司業務帶來可持續的增長動力，並為股東創造更高的回報。

◆藉助知名第三方平台：傳統行業可以藉助比較知名的第三方網路平台來開展O2O業務，如大眾點評、拉手網、窩窩團等。與其聯手，實現加盟企業和分站系統的完美結合，藉助第三方網路平台的龐大用戶流量，迅速推廣自身的品牌和商品，為自己帶來客戶，是比較節省成本的一種方法。

◆建立小型的網上商城：通過建立小型的網上商城，開展各種類型的促銷、預付款等消費形式，線上銷售、線下服務，這樣的方法比較適用於本地化的企業和消費群體比較集中的企業。

專家提醒

再次強調，並非所有的傳統企業都適合O2O模式，入駐前要考慮清楚自己的產品是不是已經形成了規範化、標準化，在線上開展銷售的同時會不會影響原有的線下通路，同時需要看清楚市場中的消費人群，是否會從事網路購物，只有這些問題都清晰了，才能做進一步的O2O發展規劃。

❖ O2O的重要特點

O2O模式最重要的特點是：推廣效果可驗證，每筆交易可追蹤。詳細介紹如下。

對於商家而言

能夠獲得更多的宣傳和展示機會，吸引更多新客戶到店消費。推廣效果可驗證、每筆交易可追蹤。掌握消費者的資料，大大地提升對老客戶的維護與行銷效果。經由與消費者的溝通、釋疑，可以更好地瞭解他們的心理和需求。通過線上有效預訂等方式，可以合理安排經營，並節約不必要的成本，對拉動新品、新店的消費更加快捷。降低線下實體店對黃金地段旺鋪的依賴，大大減少租金支出。

✧ 對於用戶而言

獲取更豐富、全面的商家及其服務的內容資訊；更加便捷地向商家進行線上諮詢，並可以隨時預訂；獲得相比線下直接消費較為便宜的價格。

舉個例子，快週五了又該出去聚餐了。用戶登錄團購平台，並挑選本地美食，根據自己的喜好，選擇了美食標籤，最先看到的是最新的團單，用戶看中了一單火鍋的團購，點擊進入詳情頁，可能發現該團購並不十分吸引人，但此時用戶會注意到頁面上有一欄「猜你喜歡」的欄目。該欄目不僅有火鍋單品，還有用戶平時經常購買的川菜類單品，雖然優惠的力度參差不齊，但至少都有優惠。在經過進一步的欄目對比之後，用戶選定了排在第七位的「海底撈」火鍋，它的優惠力度很大，且菜色設置合理，而且去過的用戶反應也極佳。於是用戶最終購買了這單「海底撈」火鍋，同時通過平台或電話預訂了座位。

週五一到，用戶到店消費。消費過後，用戶覺得該店的確非常不錯，於是給了「海底撈」一個五星的評價。「海底撈」因為這顆五星排名得到了提升，同時這個評價也為其他用戶提供了更豐富的商家資訊。如**圖1-4**所示為「海底撈」火鍋評價體系。

從以上整個流程來看，O2O模式給用戶提供了最佳的選擇和最新的體驗，讓用戶省力更享受、省錢更方便。

✧ 對於O2O平台本身而言

O2O平台與消費者的日常生活息息相關，能給消費者帶來便捷、優惠，並能提供消費保障等，從而吸引大量高黏性用戶；對商家有強大的推廣作用及其可衡量的推廣效果，並且可吸引大量線下

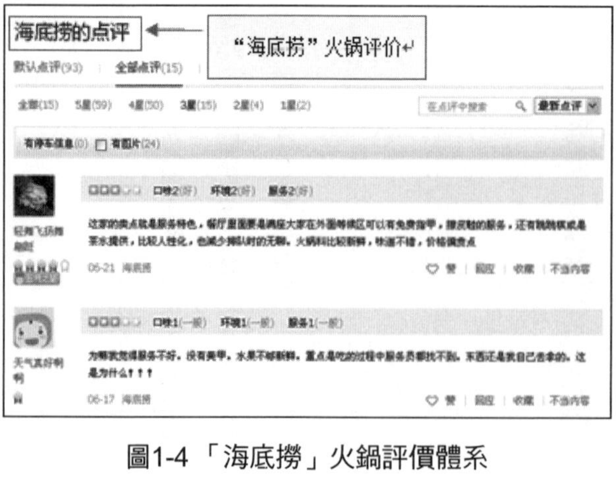

圖1-4「海底撈」火鍋評價體系

生活服務商家加入；產生數倍於C2C、B2C的現金流；具有巨大的廣告收入空間及形成規模後更多的盈利模式。

❖ O2O的分類

O2O是一個很廣泛的概念，作為一種全新的商業模式，在國際間都很難找到可遵循的分類標準，目前比較普遍的分類標準是根據當地服務的介入程度來劃分的。按照此標準，O2O可以分為輕型O2O和重型O2O。

✧ 輕型O2O本地服務

網路的本質是帶給人們更加便利及快捷的服務，目前有四大基本形態：入口及搜尋等資訊平台解決人與資訊的關係，社群平台解決人與人的關係，電子商務平台解決人與商品的關係，而當地生活消費平台（即O2O）解決人與服務的關係。

輕型O2O本地服務介入程度淺，例如大眾點評、布丁優惠券、美團、搖搖招車、易到用車等，它的優勢是資產相對較輕、網路型應用、易於追蹤數據、流量購買相對容易、團隊構成單一、文化衝突較少。

輕型O2O面臨的挑戰是對服務體驗缺少真正的控制，容易進入同質化競爭，初期商家合作中議價能力較低，佣金獲取面臨一定的挑戰。

例如，大眾點評網的觸角延伸到了線下的傳統商店，開始涉足線下商品的O2O團購。大眾點評的

O2O團購用戶，可在店內試穿後通過手機掃描二維碼進入大眾點評團購頁面線上購買，如圖1-5所示。

大眾點評的O2O團購實際上跟虛擬團購業務沒有什麼本質的區別，只是把虛擬業務換成了穿戴這類的實物，並且讓消費者主動來到門市。想像一種場景，當某個消費者來到一個健身房，掏出手機開始團購這家健身房的團購券時，同樣可以立刻購買，立刻體驗。

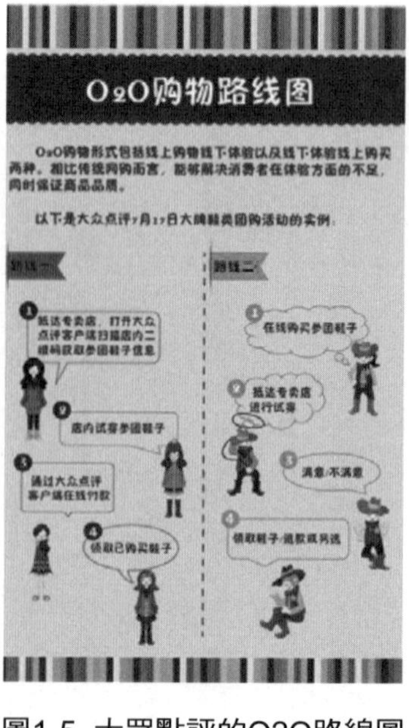

圖1-5 大眾點評的O2O路線圖

大眾點評的做法對傳統商家而言，最直接最明顯的是為其減少了物流配送環節的費用，商家可以用這部分節省的費用攤銷店鋪的租金成本，進行打折。

專家提醒

從當地生活消費來講，網路服務的對象就是消費者和店家，而消費者有三大需求：找資訊、找優惠和享受服務。行動網路對大眾點評最大的價值在於，它是形成O2O閉環的關鍵。這就好比物流對於電子商務的意義，電商和O2O都連接「買賣」雙方，電商是「零售＋物流」，物流把商品帶到消費者家裡；O2O是「服務＋行動」，即「行動把網路帶到了服務中」。

✧重型O2O本地服務

由於線下服務業的標準化程度低、規範化程度低、從業人員資訊技術水準低、業務定位隨時間和市場改變等因素，導致重型O2O本地服務的出現。重型O2O本地服務的介入程度較深，例如「安居客」、「美餐」、「神州租車」、「到家美食會」等。

重型O2O主要是以龐大的線下品牌商戶聯盟，以及為消費者提供大量現金券優惠、折扣優惠、推廣活動、增值服務等，以二維碼以及VIP會員卡為紐帶，吸引龐大的消費者去線下進行實體消費，並以現金優惠券、線上活動等線上推廣，實現把線上消費人群，向線下的消費引導。

重型O2O模式的核心首要是商戶，其次才是消費者，一旦擁有了強勢的商戶群體，藉助商戶群體與平台結合的行銷手段，就可以為消費者持續提供優惠及增值服務，從而利用傳播、行銷、推廣等手段實現消費者引導。重型O2O的側重面在於線下的行銷。

重型O2O的優勢包括對服務體驗有較強的控制和保障，在商家合作中有較強的議價能力，能很快收到佣金，能提供個性化服務，而且不易被複製。重型O2O面臨的挑戰主要包括實體資產比重大、規模化難度大、推廣有較大限制、團隊構建難度高等。

例如，二〇一〇年四月成立的到家美食會，是中國領先的O2O電子商務網站，提供一站式訂餐及配送的服務平台，它與另一個美餐網的O2O模式有很大的區別。如**圖1-6**所示為到家美食會重型O2O服務平台。

與到家美食會相對的美餐網可以說是一個標準的輕型O2O模式，主要針對線上，提供大量相關資訊。這種模式的優點是資產較輕、前期容易推廣和積累用戶；缺點是服務不可控，容易被複製。

而到家美食會作為典型的重型O2O模式網站，強調線下服務和資訊流的建設。到家美食會建立了非常強悍的地面部隊，規定所有送餐全部由到家專業的員工進行配送，並且還統一服裝、車輛、服務，

圖1-6 到家美食會重型O2O服務平台

甚至連食品包裝和保溫都想得非常周到。同時到家美食會的資訊系統能追蹤到每個訂單的情況。

這種重型O2O模式在前期可能會遇到發展速度較慢、人員成本較高的問題，但盈利模式較為清晰，在未來的發展中可能更有競爭力。

看來，到家美食會應該建立一個對訂單訊息進行全面分析的系統，以便做更有針對性的行銷，提升用戶的消費頻率。到家美食會是做家庭用餐的，必須知道用戶的準確位置，這樣才能在推廣的時候兼顧到物流。比如某個區域的訂單很多，但是覆蓋的餐廳和物流配送團隊卻不夠，這時候就應該重點去那個區域做推廣，讓相近的餐廳增加更多的訂單，並且縮短配送距離。

與此同時，到家美食會還必須做好當地生活服務，只有把重要的點覆蓋完了才能形成一個面，是一個由點到面的過程。而且能不能開下一個點，和這個點沒有關係，更多的是取決於它有多少開下一個點的資源。有人管理這個點嗎？商務團隊是不是騰得出手來洽談商家？這些都是做當地生活服務必須考慮的問題。

❖ O2O與傳統電子商務的區別

O2O與傳統的電子商務有很大的區別，傳統的電子商務主要包括B2C、B2B以及C2C三大模式，如**圖1-7**所示。

- B2B：B2B（Business to Business）是企業對企業之間的行銷關係，它通過B2B網站將企業內部網與客戶緊密結合起來，通過網路的快速反應，為客戶提供更好的服務，從而促進企業的業務發展（Business Development）。比較知名的B2B網站有阿里巴巴、慧聰網、Makepolo、企匯網等。
- B2C：B2C（Business to Customer）電子商務是以網路為主要手段，由商家或企業通過網站向消費者提供商品和服務的一種商務模式。B2C模式節省了客戶和企業的時間和空間，大大地提高了交易效率，特別對於工作忙碌的上班族，這種模式可以為其節省寶貴的時間。目前中國市場上的主流B2C電商品牌當屬天貓商城、京東商城和凡客誠品了。
- C2C：C2C是指個人與個人之間的電子商務。C指的是消費者，因為消費者的英文單詞是Customer（Consumer），而C2C即Customer（Consumer）to Customer（Consumer）。比如一個消費者有一台舊電腦，通過網路進行交易，把它出售給另外一個消費者，這種交易類型就稱為C2C電子商務。比較知名的C2C網站有淘寶網、拍拍網、易趣網、一拍網、百度有啊、D客商城等。

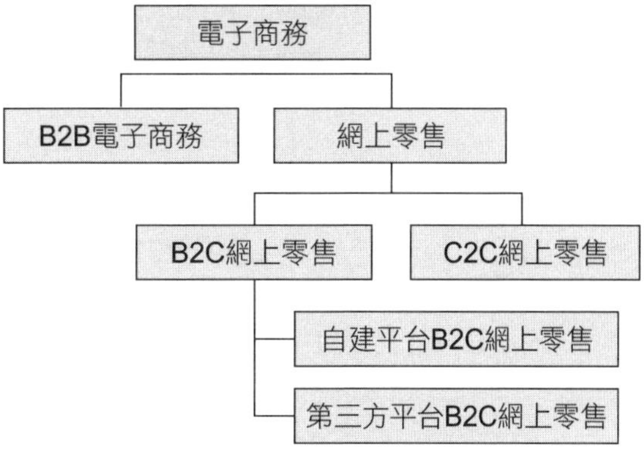

圖1-7 傳統電商模式的劃分

如圖1-8所示，可以看出傳統的電子商務有很大的局限性，很多日常消費項目無法通過快遞公司裝到包裝盒裡送到消費者家中，而這些服務正是O2O模式的根基。O2O通過打折、提供資訊、服務預訂等方式，把線下商店的消息推送給網路用戶，從而將他們轉換為自己的線下客戶，這就特別適合必須到店消費的商品和服務。

雖然O2O模式與B2C、C2C一樣，均是線上支付，但不同的是，通過B2C、C2C購買的商品是被裝箱快遞至消費者手中，而O2O則是消費者在線上購買商品與支付後，需去線下享受服務。例如機票類、旅遊類都可以在線上進行消費，線下進行服務。O2O是支付模式和為店主創造客流量的一種結合，對消費者來說，也是一種新的「發現」機制。O2O模式吸引的資金區別於增值服務以及實物B2C行銷模式的最關鍵點在於，O2O模式所預期的現金流來源於用戶現實生活，即具有持續性、剛性。如圖1-9所示為O2O與B2C、C2C的範圍比較。

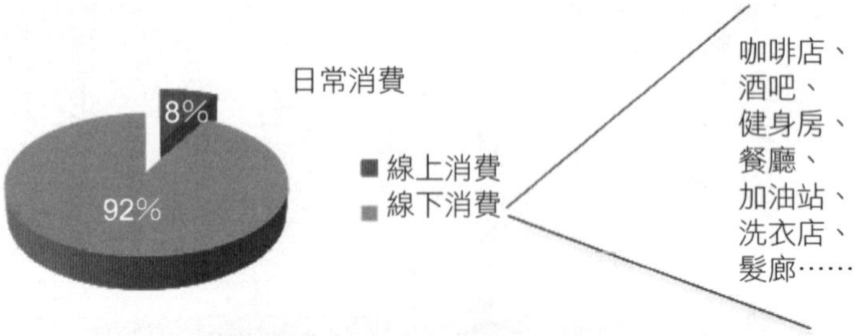
日常消費
8%
92%
線上消費
線下消費
咖啡店、
酒吧、
健身房、
餐廳、
加油站、
洗衣店、
髮廊……
圖1-8 傳統電子商務的局限性

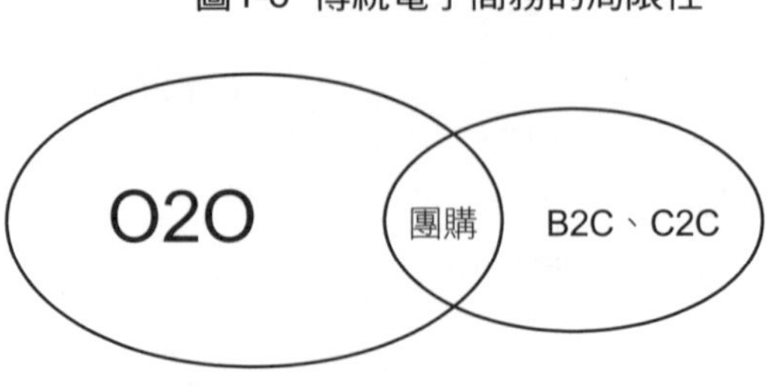
O2O
團購
B2C、C2C
圖1-9 O2O與B2C、C2C的範圍比較

總的來說，O2O模式和傳統電子商務模式最大的區別就是：一種是把消費者從線上帶到線下消

費，一種是把線下的群體帶到線上消費，如圖1-10所示。

專家提醒

O2O和B2C、C2C的區別在於：O2O是消費者在線上購買商品與服務後，到線下享受服務；B2C、C2C是線上支付，購買的商品會塞到箱子裡通過物流公司送到消費者手中。O2O和團購的區別在於，O2O可以是獨立的網上商城，而團購只是商家推出的低折扣的臨時性促銷。

圖1-10 O2O的特點

✣深入瞭解，O2O具體模式

O2O行銷模式又稱離線商務模式，是指線上行銷和線上購買帶動線下經營和線下消費。O2O通過打折、提供資訊、服務預訂等方式，把線下商店的消息推送給網路用戶，從而將他們轉換為自己的線下客戶，這就特別適合必須到店消費的商品和服務，比如餐飲、健身、看電影和演出、美容美髮、攝影等。

❖O2O之路的起點

騰訊憑藉微信，一舉在行動端佔據了巨大的用戶資源。二○一二年八月開始大力推廣公眾平台，同時微信二維碼也得到了推廣。目前在不少餐廳，已經有到店掃二維碼關注餐廳賬號獲得優惠的服務出現了。淘寶本地生活已經營運了一段時間，並開始在一些城市的部分領域初見成效，此外二○一二年十一月淘寶App推出了「查查附近的人在買什麼」的功能，說明淘寶開始進行一些行動端線上線下互動的嘗試。如**圖1-11**所示，為淘寶App的「查詢附近的人都在買什麼」的功能。

圖1-11　附近的人都在買什麼

百度成立了行動定位服務（Location Based Service, LBS）事業部，正是瞄準了行動網路領域的種種機會。以高德為代表的地圖服務提供商，開始依託強大的地圖數據，整合線下資源企圖搭建基於POI（Point of Interest，興趣點）點的服務一體鏈條。在未來的一段時間，從不同角度入手的商家們，將分別在自己優勢的基礎上大顯身手。

雖然現在很多企業都在採取各種方式進行線上線下互動的嘗試，試行O2O模式，但是在這種模式發展的同時，許多人也會有這樣一個疑問：對於線下商家來說，O2O之路該以什麼作為起點呢？對於這個問題，將以「陌陌」的發展歷程為例，來解答關於O2O的起點疑惑。

網路企業企圖「摧枯折腐」般改變傳統行業的氣勢，就如同當年工業革命時，人類面對自然的那股無與倫比的傲氣，但實際情況遠比想像中的要複雜和困難。正如同改造自然需要向自然鞠躬，革新傳統行業也需要遵循已經存在多年的規律。Offline to Online不僅指用戶需要從線下到線上，而且需求也應當產生於線下，同時採用線上方式優化。從這個意義上講，O2O的起點更應當集中於線下。

如果說微信的O2O偏重於個人消費，使用場景更多的是單個人對線下商家的選擇；那麼陌陌的O2O則是偏重於群體消費，使用場景更多的是兩個人或一個群體對某線下商家的選擇，並且能將線上關係成功的延伸到線下。例如，基於地理位置的行動社群產品陌陌發佈4.1版本增加了「發現」區塊，區塊內除整合「附近群組」、「附近留言」功能外，首次推出「附近活動」功能，如圖1-12所示。

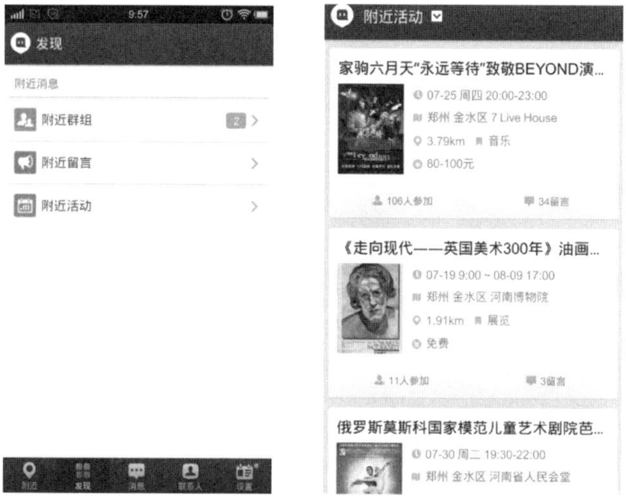

圖1-12 陌陌的「發現」區塊和「附近活動」介面

專家提醒

用戶可以通過地理位置查找最新活動，活動分為音樂、戲劇、電影、聚會、講座、展覽、其他七大類，同時包含活動時間、地點、距離、價格等相關資訊。該功能的推出讓用戶通過手機便可便捷地查看、參與並分享附近活動。用戶參與附近活動後，好友可以動態查看相關資訊，同時用戶也可以通過陌陌、微博等社群網站邀請好友一同參加。

如果說交友平台讓陌陌從零做到一千萬，那麼讓陌陌從一千萬跳躍到五千萬的，正是看上去並不起眼的群組功能。這種群組功能讓陌陌的競爭能力、發展空間和商業化可能性提升了不止一個層次。

另外，陌陌推出的「附近活動」可以清晰地看到O2O接下來的發展方向，那就是以地理位置為核心發現周圍的優質商家。無獨有偶，美國最大的點評上市網站yelp同時也在自己的手機客戶端推出了「Near BY」功能，如**圖1-13**所示。之前他們的使用流程是找餐館看評論然後看位置，而新功能則是按照位置找餐館看評論。

專家提醒

在臉書（Facebook）上，每月有近兩億五千萬條狀態更新是帶有地理位置資訊的。在最新發佈的Facebook應用中，也新增了Near BY功能，從而正式開始利用這些龐大的資料。通過Near BY，用戶可以查看附近的朋友去過或推薦過的酒吧、超市、餐廳等。

因此，如果陌陌做O2O的話，也會有不少屬於自己的優

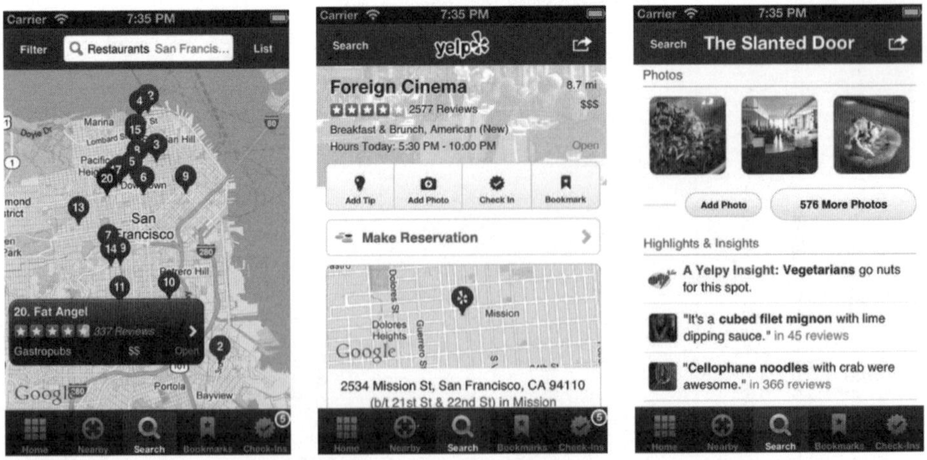

圖1-13 yelp在自己的手機客戶端上推出了Near BY功能

勢，如表1-5所示。

根據陌陌的官方數據，目前在陌陌群組出現最頻繁的三個搜尋關鍵詞分別是：LoL（League of Legends, LoL，「英雄聯盟」）、麻將、交友。對這個數據稍微解讀一下，就可以發現一個很有趣的現象：「英雄聯盟」群組背後所代表的是學生群體，這些群組主要出現在大學城和高校（對大學、獨立學院等高等教育學校的簡稱）附近；麻將群組則一般位於相對成熟的住宅區和公寓小區；至於交友，群組成員大多數都是大中型商圈的城市白領和藍領。這一方面說明了陌陌群組的確已經全面滲透到九〇後的學生群體和八〇後的上班族群體中，並深深地扎根在高校、小區、商圈等城市中人流量最集中的地方；另一方面，這些基於興趣圖譜形成的群組絕大部分都與線下活動緊密相連，正是這一點，展現了陌陌開拓O2O商業模式的可行性。

從陌陌、騰訊、淘寶和百度等企業如火如荼的O2O發展模式可以預見，在未來的一段時間，從不同角度入手的巨頭們，將分別在自己優勢的基礎上，不斷

表1-5 陌陌轉型O2O的優勢

主要優勢	細節說明
更廣泛地接觸普通消費者，符合他們的消費習慣	陌陌的核心功能就是用地理位置發現一切，在4.1之前的版本，陌陌主要做的是從發現周圍的人到發現周圍的群組，4.1版則順利地延伸到發現周邊的活動，發現周圍的優質商家和優惠商家。對於用戶來說，原本在陌陌上認識的朋友或者群組，都是在自己單位附近或者居住小區附近，那麼無論是一起吃飯還是一起娛樂，第一選擇必然是身邊的優質場所而不會捨近求遠，這時如果陌陌推送過來的商家都是周邊的優質商家並能拿到優惠的話，那麼用戶會非常認可
對於商家來說，可以獲得更優質的客戶	在以往的團購競爭中，經常發生的事情是，某餐館發起超低價團購，在某段時間內非常火爆，導致這些餐館超出了自己的承受能力，服務品質大幅度下滑。最大的傷害是品牌信譽受損之後，這些衝著團購低價來的人也不會再千里迢迢地跑來消費。如果陌陌能和眾多商家達成合作，那麼對於商家來說，來的消費者都是身邊的住戶，都有潛力成為回頭客，這帶來的是長期的利潤。另外，如果陌陌推薦身邊的商戶，那麼有幾大行業一定會因此而受益，例如餐飲、酒吧、飯店等。鮮明的用戶特徵更有利於O2O平台行銷，陌陌的用戶特徵比號稱「全民應用」的微信顯然要更鮮明，他們年輕、愛秀、有活力、消費能力高。因此，陌陌可以和一些年輕化、時尚化的品牌攜起手來，共同推出一些特色消費，例如一些快時尚的服裝品牌

瓜分市場，同時形成相對激烈的競爭，傳統行業的O2O發展，終於讓巨頭們更近距離地聚到了一起。

網路巨頭們在O2O市場上投入了大量資本，這些資本能夠建立起足夠靈活的平台，形成活的生態圈，在每一個垂直細分領域，甚至不同的城市，都會產生各式各樣的產業鏈。也就是說，巨頭建立平台，平台上有成千上萬的不同背景的人各展其才，提供成千上萬的服務，才是將來O2O領域的繁榮景象。

那麼，我們如何藉助這些成熟的O2O平台，來走好屬於自己的O2O之路的第一步呢？其實，中國已經有了不少優秀案例：「餓了麼」從長三角高校開始，逐步擴大送餐範圍，已經覆蓋到多個大中型城市；「易到用車」針對大城市打車難的問題，提供服務使得用戶可以通過行動應用程式叫車，目前價格已經能與出租車形成競爭關係；各類電影票應用和服務，則針對用戶「選座」的需求，提供服務，吸引用戶使用線上工具，享受更便捷、貼心的服務；以及前面提到的陌陌「附近活動」……

這些由網路創業者開創的服務，實際上都是針對傳統行業存在的明顯不足進行的改進，能夠獲得用戶足以證明這一點。O2O現階段更多的是一個概念和實踐，如果說傳統的網路是大海，那麼線上線下結合的O2O則是廣闊的天空。

❖ O2O模式的核心

O2O模式是什麼呢？簡單地說就是把線上的消費者帶到現實的商店中去，通過線上支付購買或者預訂線下的商品和服務，然後再到線下去享受服務，所以說O2O模式的核心就是：線上支付。

研究數據顯示，即使在電子商務最發達的美國，線下消費的比率依舊高達百分之九十二。TriaPay創始人亞歷克斯・蘭貝爾（Alex Rampell）在描述龐大的線下消費模式時舉例說：「普通的網路購物者每年花費約一千美元，假使普通美國人每年的收入為四萬美元，那麼剩下來的三萬九千美元到哪裡去了？答案是，大部分都在當地消費了。人們把錢花在了咖啡店、酒吧、健身房、餐廳、加油站、水電工、乾洗店和髮廊了。」這不僅僅是因為線上的服務不能裝箱運送，更重要的是快遞本身無法傳遞社交體驗所帶來的快樂。

O2O模式可以快速地將線下商品及服務進行展示，並提供線上支付「預約消費」，這對於消費者來說，不僅拓寬了選擇的餘地，還可以藉由線上對比選擇最令人期待的服務，以及依照消費者的區域性享受商家提供的更適合的服務。如果不採用O2O模式，沒有線上展示商品及服務，也許消費者會很難知曉商家資訊，更不用提「消費」二字了。另外，目前正在運用O2O摸索前行的商家們，也經常會使用比線下支付更為優惠的手段吸引客戶進行線上支付，這也為消費者節約了不少費用。

對於本地商家而言，線上支付使原本線上廣告的成效可以直接被轉換成實際的購買行為，由於每筆完成的訂單在確認頁面都有「追蹤碼」，因此商家在更為輕鬆地獲知線上行銷的投資回報率的同時，還能一併持續深入地進行「客情維護」。其次，O2O是一個增量的市場，由於服務行業的企業數量龐大，而且地域性特別強，很難在網路平台做廣告，就如同百度上很少出現酒吧、KTV、餐館的關鍵詞，但O2O模式的出現，讓這些服務行業的商家們也可在線上展開推廣。

O2O模式在一定程度上降低了商家對店鋪地理位置的依賴，減少了租金方面的支出。對消費者而言，通過O2O瞭解豐富、全面、及時的當地商家的產品與服務資訊，能夠快捷篩選並訂購適宜的商品或服務，且價格實惠。當然，這個對於同城來說更是一個不錯的發展方向。

例如，要在一個陌生商圈裡想找家咖啡館，只需打開手機上的行動應用程式進行搜尋就行，還能下載這家咖啡館的優惠券獲得消費折扣，既方便又省錢，這就是典型的O2O模式應用場景。

如今，行動支付時代已經來臨，任何行業的資金流動都會在行動終端佔有越來越大的比重。從智慧手機以及行動支付佔比的情況來看，中國市場與已開發國家市場幾乎是站在同一起跑線上，這也是中國網路應用在行動端實現「彎道超車」的一個重要領域。如**圖1-14**所示為二〇一三至二〇一四年一季度中國第三方行動支付市場的交易規模與增長率。

隨著行動通信設備的滲透率超過正規金融機構的網點或自助設備，以及行動通信、網路和金融的結合，未來幾年將是行動支付產業取得突破式發展的關鍵時期，整體市場會迎來三個浪潮，如**表1-6**所示。

行銷學中說：「用戶在哪裡，我們就在哪裡。」隨著用戶將越來越多的時間從網路轉向行動網路，網路企業的機會也轉向了那裡。並且，行動網路可以有更大的空間，可以開發出更多新鮮的應用。

例如，美國最大的行動支付公司不是PayPal，而是蘋果。據悉，蘋果共有四億三千五百萬綁定金融卡（銀行卡）的用戶群體。使用過的人就會明白，蘋果就是利用金融卡和iTunes賬戶的綁定來完成交易的。業界有人預測，如果蘋果未來能達到一兆美元的交易規模，靠的就是行動支付。而快捷支付也是利

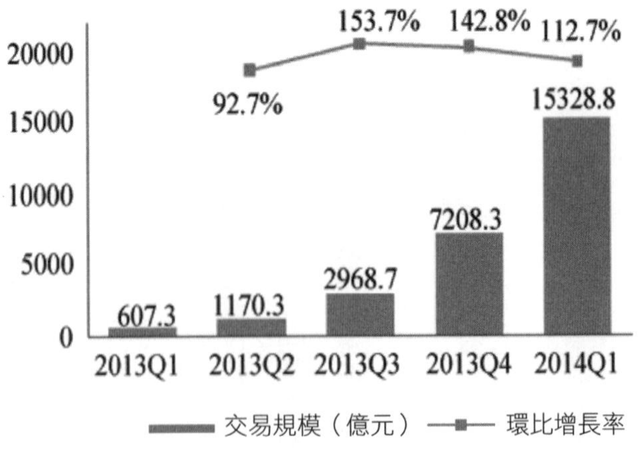

圖1-14 二〇一三～二〇一四年中國第三方行動支付市場的交易規模與增長率

表1-6 行動支付的三個浪潮

三個浪潮	時間階段	主導企業	應用場景	技術形態	發展現狀
遠程支付	2012～2013	網路支付巨頭	線上移動商務	遠程行動網路	從二〇一二年真正崛起並形成一定的量級，未來增長空間有限
O2O電商	2013～2014	網路支付巨頭	O2O電商	行動網路交互技術	各方均處於試錯階段，尚未形成成熟的產品模式；生態圈組建初見成效；交易規模較小，尚未形成較大量級
近端支付	2014～2015	銀聯、銀行、營運商	線下支付	NFC等近場通信技術	產業合作意向達成；線下受理終端初步普及；近場通信系統的智慧終端普及率低；產品模式尚不成熟；交易規模較小，尚未形成較大量級

用支付賬戶與金融卡的綁定來完成的，它可以將支付的成功率從百分之六十增長到百分之九十。

然而，快捷支付雖能助力第三方支付，尤其是行動支付的普及。但最後能促使行動支付爆發的，必然是O2O模式的成熟，因為用戶需求才是驅動增長的根本。從表面上看，O2O的關鍵似乎是網路上的訊息發佈，因為只有網路才能把商家資訊傳播得更快、更遠、更廣，可以瞬間聚集強大的消費能力。但實際上，O2O的核心在於線上支付，一旦沒有了線上支付功能，O2O中的Online不過是替他人做嫁衣罷了。就拿團購而言，如果沒有能力提供線上支付，僅憑網購後的自家統計結果去和商家要錢，往往會使雙方因無法就實際購買的人數達成精確的統一數據而產生糾紛。

看來，在O2O龐大的市場規模下，即便只佔有百分之一的市場份額，甚至千分之一，都可能成為一家上市公司。支付是O2O模式面臨的最大難題，而線上支付恰恰就是「突破口」。中國第三方支付機構整合多家銀行支付網關接口，憑藉享有「線上開戶」待遇以及信用擔保機制創新等多方面業務優勢。目前，中國業務規模排名前兩位的第三方支付公司是支付寶和財付通，第三方支付平台的市場佔有率如**圖1-15**所示。

專家提醒

據最新公佈的一份資料，二〇一三年中國第三方行動支付交易規模同比上漲百分之七百。僅僅是支付寶平台的付款便超過九千億元，已經超過美國的PayPal，支付寶已經成為全球最大的支付平台。

手機下單、手機支付在很多領域已是平常事。但線下購物、線上花錢的「O2O行動支付」卻依然是新鮮事物。目前，支付寶與線下賣場上品折扣共同推出行動支付服務，消費者在商場購物時，只要使用安裝支付寶客戶端的手機拍攝商品二維碼並完成支付，即可提貨離開，免去往返收銀台和排隊的辛苦。這是支付寶進入O2O支付領域後，首次與商場進行合作，這種「線下購物，線上付款」的方式也頗得用戶的關注和業界的認可。

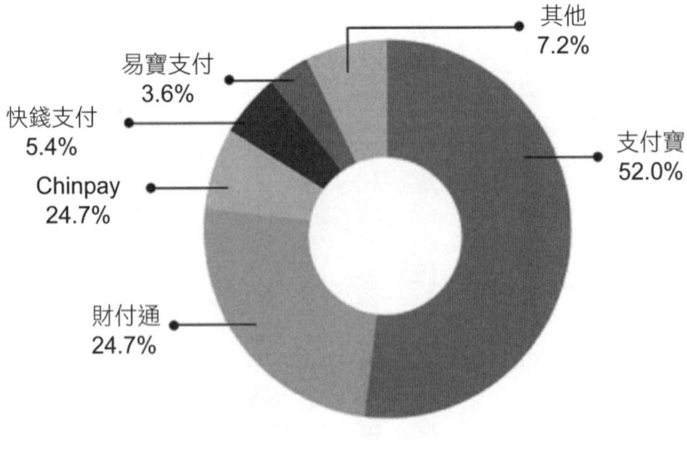
其他
7.2%
易寶支付
3.6%
快錢支付
5.4%
Chinpay
24.7%
支付寶
52.0%
財付通
24.7%

圖1-15 第三方支付平台市場佔有率

行動支付在O2O推進過程中主要解決平台營運商收益問題，激活平台營運商的利益保障；把顧客衝動型消費轉化為真實消費力，提高消費轉化率。隨著行動支付標準清晰化，未來行動支付將進入高速成長期。

行動支付不僅是支付本身的完成，是某次消費得以最終形成的唯一標誌，更是消費數據唯一可靠的考核標準。尤其是對提供Online（線上）服務的網路專業公司而言，只有用戶在線上完成支付，自身才可能從中獲得效益，從而把準確的消費需求訊息傳遞給Offline（線下）的商業夥伴。在以提供服務性消費為主，且不以廣告收入為盈利模式的O2O中，線上支付更是舉足輕重。

行動線上支付的成熟與不斷發展，對於O2O，尤其是行動網路時代的O2O具有重要的促進作用。如今，消費者只要帶著手機，就可完成買早餐、坐捷運、買報紙等一系列工作。當隨身攜帶的手機能解決一切支付問題時，也就說明O2O已融入消費者生活的方方面面。

❖ O2O的行銷模式

根據Online對Offline（即網路對用戶消費鏈）的滲透程度不同，可以將O2O分為不同層級的不同模式。不同層級的O2O模式，對平台的營運門檻要求不同，同時平台對線下服務企業以及消費者產生的價值也不同。

用戶的消費鏈包括五個環節：查找及對比資訊——確定商家——預約座位——點菜——付錢。根據這五個環節，可以把O2O的行銷模式分為以下三種。

✧ 做口碑的O2O模式

這種平台匯聚了大規模的人氣，通過消費者的口碑進行傳播，達到了為商家宣傳的目的，其涉及用戶消費鏈的前兩個環節，如點評模式。

「匯香坊」化妝品品牌近幾年發展快速，成為行業創新和發展的一個亮點。匯香坊突破傳統化妝品行業發展模式，推出了行業獨創的O2O模式，搶灘中國化妝品市場，匯香坊已經領先同行，並引起消費者的關注。

匯香坊在推動企業向前發展的同時，也注重品牌形象和消費者口碑的建設，不斷推出的新產品俘獲了年輕消費者的心。在品牌口碑度不斷增強的同時，匯香坊已經成為年輕消費者喜愛的品牌。如圖1-16所示為匯香坊做口碑模式。

✧做預約的O2O模式

這種平台作為餐館的預訂管道之一，可以幫助餐館分銷座位，但只涉及位子的預訂，不涉及點菜及支付環節，如「訂餐小秘書」、「飯統」模式。此平台涉及用戶消費鏈的前三個環節。

訂餐小秘書是一個強大的獨具特色的網站平台。在這個平台上，註冊用戶可以方便、快捷地線上預訂座位，享受餐廳的優惠促銷。訂餐小秘書美食商城依託訂餐小秘書強大的美食資源，提供最新最全的上海特色美食優惠訊息，並承諾隨時退款、餘額退款。這種全新的溫馨體驗的預約模式為其發展帶來了新的契機。

圖1-16 匯香坊做口碑模式

✧全消費鏈的O2O模式

這種平台通過幫助商家開設網路店鋪，將實體店鋪全面搬到網路上，從而實現了二十四小時不打烊，全消費鏈的O2O模式，如「千品網」模式。由於只是變化了消費者與商家的溝通管道，而溝通的內容不變，所以此平台涉及整個消費鏈的五個環節。

以上三種行銷模式都會對商家的發展產生無限的價值，但就這三種行銷模式進行比較，哪一種模式的行銷效果最好，還需要進一步分析，具體如**表1-7**所示。

由**表1-7**可以看出，全消費鏈的O2O模式，對商家產生的價值最大，行銷效果的可衡量性最高，但同時也決定了這種模式的營運門檻最高。而千品現金券的模式，可以很好地解決全消費鏈模式下，O2O平台對於消費者的營運門檻，因為現金券模式

表1-7 三種O2O模式的價值體現及營運門檻

模式	對商家產生的價值	平台的營運門檻（商家角度）	消費者的選擇成本	平台的營運門檻（消費者角度）
做口碑的O2O模式	將用戶口碑作為商家行銷宣傳的核心，但因對消費者的行為無法追蹤，因此行銷效果難以衡量	設計合理的點評機制，以確保點評內容的真實度	不高（未付錢，轉換到另一家餐館的成本為零）	設計有效的激勵機制，鼓勵用戶發表點評
做預約的O2O模式	藉助平台的用戶規模，達到分銷的目的。但只能追蹤到用戶預約座位，對後續的消費行為無法精準追蹤，因此行銷效果只有一定的可衡量性	與商家之間的系統對接，以確保對店內剩餘座位數量的即時掌握	不高（未付錢，取消預約的成本為零）	確保用戶預訂後的位置保留
全消費鏈的O2O模式	1.藉助平台的用戶規模，達到分銷的目的，可追蹤用戶消費的全過程，因此行銷效果可量化，商家投入產出比最高 2.可通過對消費者行為的全面統計分析，包括偏好、消費水準、選擇路徑等，幫助商家精準地找到新用戶、營運老用戶，並預測未來的消費趨勢	良好的數據體系搭建能力、數據挖掘能力與較強的電子商務營運能力	高（線上點菜，先付錢，後消費）	1.設計有效的商家合作機制，以保障消費者付錢之後的消費利益 2.設計標準化的產品，將點菜這種非標準化的方式標準化，以適應線上預訂的方式

可以將點菜環節放到線下，用戶到實體店鋪點菜，消費後再用現金券完成支付，既保障了用戶的利益，又實現了線上銷售產品的標準化。

❖ O2O的交易形式

對於O2O的整個商業模式來說，交易和購買環節是其得以存在的一個非常核心的環節。如果只是一個純網路媒體平台，那麼也就意味著它只在資訊流方面與用戶進行交互，提供相應的資訊，但並不介入到交易中去。如果是一個交易平台，就是要介入到交易中去，完成交易和購買動作，如**圖1-17**所示。

介入交易購買的O2O又可以分為以下兩種情況。

・線上預付：也就是在實際的交互使用和體驗之前就發生支付行為。比較典型的像「團購」、無線「一號店」等。

・到店付款：在貨到之後或到現場之後付款。採用到店付款模式的也有很多，最典型的像攜程網，消費者可到達選定的飯店之後，才支付相應的款項，這就屬於到店付款的模式。

隨著O2O模式的發展，已經有越來越多的商業模式，來豐富這種平台化機制，但是支付環節仍然面臨著許多挑戰。

例如，「今夜酒店特價」的整個商業模式都非常好，但最大的挑戰就在於支付。因為「今夜酒店特

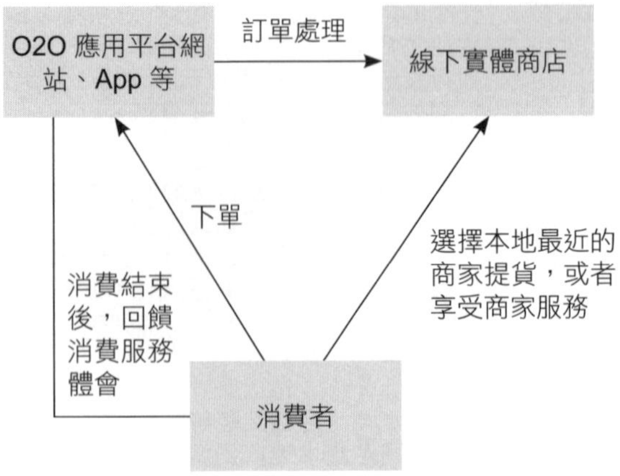

圖1-17 O2O的交易形式

價」採用的是用戶在手機上直接支付預定的模式，這是保證其獲得飯店尾房的關鍵一環，也是整個商業模式得以順暢運轉的關鍵一環。

當然，這種支付方式對用戶提出了高要求，用戶需要有支付寶客戶端以及金融卡的支持，而且還需要用戶能夠熟練地使用手機支付並且有這樣的消費習慣。雖然有數十萬用戶下載了「今夜酒店特價」的行動應用程式，但是真正使用了這個平台進行消費的用戶，僅佔百分之十，相當多的用戶都卡在了支付這個環節。

因此，在這個交易過程中需要O2O商家與第三方支付公司、應用程式商店平台、終端廠家不斷地磨合和改善。例如，上海翼碼的電子憑證就是很好的O2O交易方式，即消費者在線上訂購後，會收到一條包含二維碼的彩信，憑藉這條彩信到服務網點經專業設備驗證通過後，即可享受對應的服務，如**圖1-18**所示。這一模式很好地解決了線上到線下的驗證問題，安全可靠，且可以自動在後台統計服務的使用情況，在方便了消費者的同時，也方便了商家。

圖1-18　二維碼電子憑證

伴隨著O2O模式的發展在交易和購買過程中對行動支付的巨大需求，國外的一些網路企業也紛紛推出了自己的支付戰略，如**表1-8**所示。

按當前的趨勢發展下去，O2O在交易和支付領域的創新，將帶動整個行動網路產業電子商務水準的巨大飛躍。

表1-8 國外網路企業的支付戰略

國外網路企業	支付戰略
Google	Google聯合花旗銀行、萬事達卡等公司宣佈推出了基於近場通信（Near Field Communication, NFC）技術的Google錢包，如圖1-19所示。Google錢包是一款手機應用，它將塑膠信用卡轉變為手機上的電子信用卡，它可以讓用戶的手機變成錢包，還能使用戶享受各種優惠。Google錢包使用的是近場通信技術，通過在智慧手機和收費終端內植入的近場通信晶片完成信用卡資訊、折扣券代碼等數據交換，力圖通過智慧手機打造從團購折扣、行動支付到購物積分的一站式零售服務
亞馬遜	亞馬遜正在考慮基於近場通信技術的現場支付體系和服務體系
Facebook	Facebook的目標是圍繞Facebook虛擬貨幣，形成一個豐富的生態體系，再迂迴包抄行動網路市場
Square	利用一個可以插入iPhone耳機插孔中的白色小方塊形狀的讀卡設備來讀取信用卡資料，並配合iPhone中的行動應用程式與後端服務器通信完成支付，當前的日交易額已經超過三百萬美元，月處理交易高達一百萬筆，讀卡器的出貨量也有五十萬部，發展十分迅速

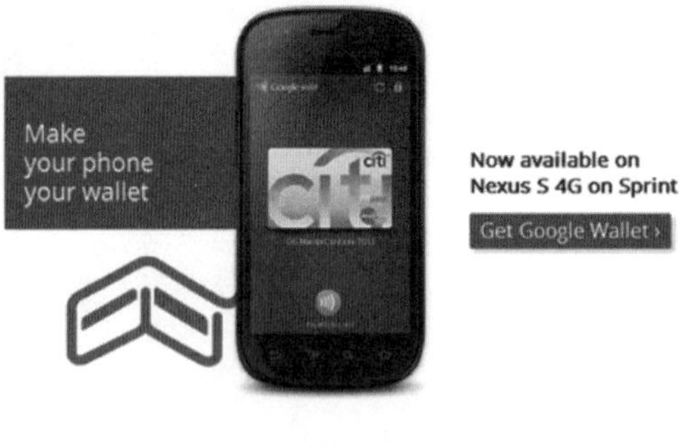

圖1-19 Google錢包

❖ O2O應規避的誤區

在利用O2O平台發展的同時，要規避以下五個誤區。

✧ 誤區一：O2O就是線上到線下

O2O不僅僅包括線上到線下的模式，而且也可以是「線下到線上」。對於已經錯過了最好發展時機的傳統企業來說，目前的任務就是如何從線下發展到線上，在線上「圈」到屬於自己的領地，並後發制人。

O2O可以用網路的方式改造傳統企業的生產關係，但O2O領域既要有傳統產業（線下）的基因，又要有網路（線上）的生產關係，才有可能成功轉型。

✧ 誤區二：在廣告上放幾個二維碼就是O2O

作為一種伴隨著行動網路

的興起而火熱起來的工具，二維碼的確能夠滿足人們很大的資訊需求。二維碼給那些O2O創業者們提供了更好的通路工具，大量的二維碼借勢成為O2O創業者們的得力助手。因此，大家都產生了一種誤區：做二維碼就是O2O。

如今，很多企業誤認為在廣告上加了二維碼就是O2O行銷，消費者一掃碼就是打通了O2O閉環，然後滿大街滿門市都放滿了各種二維碼，可是沒有消費者的場景，沒有消費者的需求驅動，沒有消費者的接觸點觸發，根本沒有人掃碼。

可見，二維碼不全是O2O，O2O也不全是二維碼。二維碼只是一個資訊載體而已，無論是電子名片，還是下載展示的網頁鏈接，二維碼只是一把讓你打開一扇你想要進入的大門鑰匙；而O2O代表的是一種新生代消費習慣，用戶可以通過線上和線下獲知訊息、享受服務，然後在線上或者線下進行金融交易。

✧ 誤區三：O2O就是線上購買，線下到本地享受服務

雖然O2O剛起源的時候的確是這個意思，但是現在的O2O並沒有這麼簡單。如今，線上購買只是O2O的方式之一，O2O還包括各類行銷活動，線上作為行銷引流的管道，而線下作為行銷業務的落地執行。

✧ 誤區四：行動支付就是O2O

在行動支付、第三方支付的鼓吹下，很多企業以為只要有了微信支付、支付寶等線上支付工具，就是實現了O2O的閉環。其實這種想法是錯誤的，就算真的存在O2O閉環，那也只是微信和阿里的內

部閉環，與其他企業沒有任何關係。

傳統企業只有依託微信、支付寶等支付工具來實現快速向線上滲透，佔領行動網路入口，獲得流量；通過行動支付建立了線上線下的交易體系，激活資金流；通過行動網路社交關係，進行傳播和點評，才能形成完整的閉環。

✧誤區五：O2O平台越多越好，O2O平台可以解決所有問題

很多企業為了跟進O2O的潮流，盲目相信各種電商平台、行動電商平台、導航、團購網站等，在每個平台都佔有一席之地，以為平台越多流量越大。其實結果恰恰相反，這樣不但要花費大量的時間、金錢和人力，而且平台不可能解決你的所有問題，尤其是線下問題。

O2O平台的一邊是海量規模的用戶，另一邊則是線下的資源，包括提供服務的實體資源以及提供商品的各類企業。O2O平台周邊還包括其需要輔助性的支持力量，包括搜尋引擎、行動定位服務、支付、社群媒體等多方支持力量，多方商業力量構成了這樣一個完整的生態體系。

因此，線下企業在選擇O2O平台時切不可貪多求全，而應該根據自己的實際情況和平台在當地的營運情況來權衡。

✣具體分析，O2O行銷方式

O2O行銷模式絕非新生事物，除團購外，攜程網的飯店、機票預訂服務，都可以看作是中國

O2O模式的雛形。而隨著行動網路的快速發展，O2O的趨勢更加兇猛。

O2O模式的益處在於，訂單在線上產生，每筆交易可追蹤，展開推廣效果透明度高，可以讓消費者在線上選擇心儀的服務，再到線下享受。但是，就行銷方式來講，O2O代表著一種行銷邏輯的改變，商家語言和網路語言的結合對O2O模式的成功至關重要。

❖ 體驗行銷

體驗行銷是指通過看（See）、聽（Hear）、用（Use）、參與（Participate）的手段，充分刺激和調動消費者的感官（Sense）、情感（Feel）、思考（Think）、行動（Act）、聯想（Relate）等感性因素和理性因素，重新定義、設計的一種思考方式的行銷方法。

作為一種新的行銷方式，體驗行銷已經逐步滲透到銷售市場的各個角落。體驗行銷方式以滿足消費者的體驗需求為目標，以服務產品為平台，以有形產品為載體，生產、經營高品質產品，拉近企業和消費者之間的距離。這種行銷方式到目前為止一共出現了五種行銷策略。

◆感官式體驗行銷策略：感官式體驗行銷是通過視覺、聽覺、觸覺與嗅覺創造和獲得感官上的體驗。通過這種體驗能加深、增加和提升產品的附加價值，引發消費者購買動機和購買慾望。

◆情感式體驗行銷策略：情感式體驗行銷是在行銷過程中，要真正瞭解哪些刺激可以引起消費者的共鳴，能自然地受到感染，觸動消費者的內心情感，創造情感體驗。其體驗的範圍可以是一個溫和、柔情的情境，如歡樂、自豪，也可以是強烈的激動的情境。在「水晶之戀」果凍廣告中，我們可以看到一位清純、可愛、臉上寫滿幸福的女孩，依靠在男朋友的肩膀上，品嚐著他送給她的「水晶之戀」果凍，就連旁觀者也會感受到一種「甜蜜愛情」的體驗。

◆思考式體驗行銷策略：思考式體驗行銷是通過啟發人們的智力，創造性地讓消費者獲得認識和解決問題的體驗。它運用驚奇、計謀和誘惑，引發消費者產生統一或各異的想法。在高科技產品創造的宣傳氛圍中，思考著現實或未來的一切新奇、怪異或未知世界的神奇和魅力。這種體驗行銷被廣泛使用。在好萊塢就設計了「魔幻世界」的場景，可以讓你置身在實際現場，身臨其境地進行氛圍體驗、環境體驗、險情體驗。

◆行動式體驗行銷策略：行動式體驗行銷是通過偶像、角色，如影視歌星或著名運動明星來激發消費者的情感，使其生活形態予以改變；或者通過設計各種艱險環境和氛圍，使消費者進入環境，或體驗角色，或體驗艱辛，或體驗超然，或體驗魅力，從而實現或擴大產品銷售的行銷策略。當前行銷實戰中的各種「拓展訓練」多是採用這種方法。

◆關聯式體驗行銷策略：關聯式體驗行銷包含感官、情感、思考和行動在外界因素的變化後引發的各種關聯反映或關聯變化，利用顧客在這種變化和反映中得到的體驗，來促進市場開發和產品銷售的一種行銷策略。關聯式體驗行銷特別適用於化妝品、私人交通工具、日常用品和眼鏡產品的銷售領域。

對於商家來說，掌握好以上五種行銷策略會更有利於企業的崛起。體驗行銷的行銷策略是商家發展的助力，要想讓這種助力得到更有利的發揮，還必須把它運用到具體的行業中。關於具體行業的體驗行銷策略，在此進行了簡單的歸類，如**表1-9**所示。

人們基本的物質需求得到滿足後，會追求更高層次的精神體驗。這時，價格的高低已變得不再重要，重要的是有沒有得到自己想要的精神體驗。於是，體驗行銷也就順理成章地成為行業發展的新趨

表1-9 具體行業的體驗行銷

行業	常用作法
汽車	・建立汽車展示店，讓消費者全面感受真車的樣式。 ・開展消費者試駕活動，讓消費者感受車的性能等。
家具／裝修	・與其他生活居家用品組合在一起，通過仿真的房間空間，如臥室、廚房等，形成不同形式的樣本間，供消費者觀摩其組合後的效果。
資訊科技／通信	・建立品牌體驗店，例如SONY的夢工廠等，消費者可以現場體驗其真實產品。 ・設計的空間或場所讓消費者現場感受出某種與產品特色一致的科技氛圍。
珠寶／名錶／工藝品	・在銷售場所設置大型櫥窗，比如封閉落地櫥窗，並使用其他物品進行襯托，營造一種高檔、名貴的氛圍。
房地產	・「免費試住」活動。 ・樣品間體驗活動 。
運動用品	・組織戶外攀岩等活動，讓消費者穿戴運動用品參加活動，體驗運動魅力，從而感受運動用品的舒適性等。
其他	・快速消費品的「體驗式」廣告、促銷的參與式活動等。

勢。而現在，這種體驗完全可以挪移到網路上來，使用戶在網上通過某種形式實現虛擬體驗，刺激消費者的購買衝動，從而帶動線下的直接購買行為。

Sweet & D-mousse（以下簡稱S&D）是美國一家採取體驗行銷方式進行經營的鄉村派甜品店，由於店址遠離市區，S&D在開店之初便採用了O2O電子商務模式，用戶不僅可以在S&D官網購買糕點，也可以通過S&D的Facebook主頁購買。

S&D成立之初為了提高影響力，特意尋找了一批網路上活躍的美食客，然後給這些達人們郵寄S&D的甜點，並且會寫一封真摯的邀請信：「你好，這些是我們手工烘焙的甜點，希望你能喜歡，我們也非常願意得到你專業的點評，幫助我們更好地提升產品品質。」這些美食達人本身就是熱於分享的社交狂人，於是收到甜點的美食客們紛紛在社群網站上傳播S&D的產品使用體驗，S&D也在一夜之間通過網路被更多的人所知曉。

S&D通過O2O模式的線上互動闖關升級和線下產品業務體驗兩個部分，試圖打造一種綜合效應，以增強美食客的消費體驗。區別於以往的單向產品概念灌輸，S&D在活動中與用戶建立了更為個人化的互動，向消費者提供一種細緻、體貼的服務。這種獨特的體驗行銷方式，為品牌帶來了口碑，並且迅速進行口碑傳播，使S&D走上了崛起之路。

S&D抓住了行業O2O契機，率先啟動了大規模的互動式體驗行銷活動，「改變」了傳統的營運商競爭格局。該體驗活動的亮點很多，不僅吸引了美食客積極參與，而且還通過美食客這些本身就具有影響力的人創造出更大的影響力。

體驗式行銷不同於其他行銷的關鍵點在於體驗式行銷把消費者看作是理性與感性的結合體，突破了對「消費者就是理性的」的假設，讓消費者在消費前、消費中、消費後進行全過程體驗。S&D不僅讓消費者在消費前和消費中得到完美的產品體驗，還讓消費者在消費後提供貼心的售後體驗，如贈送精美小禮品等。

專家提醒

企業全力塑造的顧客體驗應該是經過精心設計和規劃的，即企業要提供的顧客體驗對顧客必須有價值並且與眾不同。也就是說，體驗必須具有穩定性和可預測性。此外，在設計顧客體驗時，企業還須關注每個細節，盡量避免疏漏。

❖直復行銷

直復行銷起源於美國，一八七二年，蒙哥馬利・華德（Aaron Montgomery Ward）創辦了美國第一家郵購商店，標誌著一種全新的行銷方式的產生，但直至二十世紀八〇年代以前，直復行銷並不被人重視，甚至被看成是一種不正當的行銷方式。進入二十世紀八〇年代以後，直復行銷得到了飛速的發展，其獨有的優勢也日益被企業和消費者所瞭解。

傳統行銷涉及推銷費用、廣告媒體費用、倉儲費用、通路費用等，管理和銷售成本十分之高，而直復行銷在一定程度上費用降低了、效率提高了。

直復行銷剔除了中間商加價環節，降低了整體顧客成本；而且相比較逛街購物，現代人更願意把寶貴的時間投入到工作、學習、交際、運動、休閒等更有意義的事情中，而直復行銷電話（或網路）訂貨、送貨上門的優點為顧客的購物提供了極大的便利。通過直復行銷，生產商還可以根據每位顧客的特殊需要訂製產品，從而滿足顧客個性化的需求。

直復行銷，源於英文詞彙Direct Marketing，即「直接回應的行銷」，簡稱直銷。美國直復行銷協會如此定義直銷：運用一種或多種廣告媒介在任意地點產生可衡量的反應或交易。直復行銷是個性化需求的產物，是傳播個性化產品和服務的最佳管道，它的整合傳播系統如**圖1-20**所示。

直復行銷分為直接郵購行銷、目錄行銷、電話行銷、電視行銷、電腦網路行銷等，如**表1-10**所示，隨著電子商務的蓬勃發展，除電腦網路行銷處，其他的方式已逐漸式微。

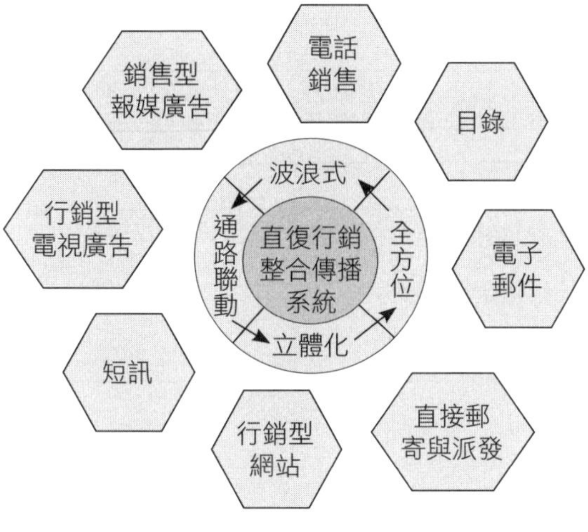

圖1-20 直復行銷整合傳播系統

表1-10 直復行銷的類型

行銷類型	細節說明	優　點	缺　點
直接郵購行銷	行銷人員把信函、樣品或者廣告直接寄給目標顧客的行銷活動。目標顧客的名單可以購買或者與無競爭關係的其他企業相互交換	隨著網路的迅猛發展，電子郵件的應用也越來越廣泛，更加節省費用，速度也更快	容易發生同一份郵寄品多次寄給同一位顧客的情況，會引起他們的反感
目錄行銷	目錄行銷是指經營者編製商品目錄，並通過一定的途徑派發到顧客手中，由此接受訂貨並發貨的銷售行為	內容含量大，資訊豐富完整；圖文並茂，易於吸引顧客；便於顧客作為資料長期保存，反覆使用	設計與製作的成本費用高昂；只能具有平面效果，視覺刺激較為平淡
電話行銷	電話行銷是指經營者通過電話向顧客提供商品與服務資訊，顧客再藉助電話提出交易要求的行銷行為	能與顧客直接溝通，可及時收集反饋意見並回答提問；可隨時掌握顧客態度，使更多的潛在顧客轉化為現實顧客	行銷範圍受到限制，在電話普及率低的地區難以開展；因干擾顧客的工作和休息時間所導致的負效應較大；由於顧客既看不到實物，也讀不到說明文字，易產生不信任感等
電視行銷	電視行銷是指行銷人員通過在電視上介紹產品，或贊助某個推銷商品的專題節目，開展行銷活動。在中國，電視是最普及的媒體，許多企業都選擇在電視上進行行銷活動	通過畫面與聲音的結合，使商品由靜態轉為動態，直觀效果強烈；通過商品演示，使顧客注意力集中；接受訊息的人數相對較多	製作成本高，播放費用昂貴；顧客很難將它與一般的電視廣告相區分；播放時間和次數都比較有限，稍縱即逝
網路行銷	網路行銷是指行銷人員通過網路、行動網路、通信和數位交互式媒體等手段開展行銷活動	發展最為迅猛，生命力非常強，活動空間非常廣泛	起步比較晚，網路技術更新比較快，會導致設備成本增加
整合互動行銷	整合互動行銷是指整合各類網路行銷方式，包括電視廣告、廣播廣告、廣告橫幅、網路影片、公關新聞稿等	互動行銷技術可以適應不同的環境，使互動式行銷影響消費者	行銷過程比較複雜

直復行銷的關鍵點是受眾的精準性。而在行動網路時代，以行動定位服務為基礎，「任意地點」不再任意，而是變為有針對性的地點。商家完全可以實現在特定地點向消費者發出「購買邀約」。

在O2O時代，直復行銷的體驗也正在發生改變。直復行銷和其資料庫關注的是每個消費者和潛在消費者的行為，根據消費者過去的購買行為來預測未來的行為。這些資訊是以個人為單位進行處理的，即使消費者數以萬計，仍可用它對個人行為進行分析並作出決策。

例如，「趣逛」App是由北京嘉宸聯通科技有限公司研發的一款客戶端軟體，如**圖1-21**所示。消費者在逛街時經常會遇到一些問題，比如想知道附近的賣場、購物中心的最新促銷訊息？想知道喜愛品牌的最新商品或折扣？是否不買東西也可以得到禮品？使用趣逛App，可以幫助消費者輕鬆地解決這些問題。

趣逛App的主要功能如下。

- 用戶到達趣逛合作商家，實現自動簽到，自動獲取積分。
- 用戶可在趣逛合作商家享受特殊商品、優惠和便利服務。
- 兌換中心提供幾十種時尚禮品，用戶憑藉積分輕鬆兌換。
- 內置上百個品牌、連鎖超市和購物中心的最新促銷折扣訊息。
- 即時推送關注商家和品牌的最新促銷折扣訊息。
- 為用戶推薦最受關注的消費熱點和促銷折扣訊息。
- GPS定位自動搜尋周邊各類品牌、連鎖超市和購物中心。

圖1-21 趣逛App 的介面

其中，趣逛App最值得一提的是其結合了直復行銷概念的自動簽到功能。開發公司通過與北京多家購物中心及超市賣場達成合作，使消費者在安裝了趣逛App之後，在逛到合作商戶區域時，會自動簽到、獲得虛擬獎勵，並得到個性化的折扣訊息或商品推送訊息。趣逛App之所以能實現這種功能，是因為運用了MQ100室內精準定位技術。

另外，趣逛為零售商家提供了更加精準、實效的行動行銷解決方案。例如，其提供的「D投商家行銷管理系統」可向趣逛用戶投放商家的最新產品、促銷活動等廣告宣傳，商家也可根據時令、庫存和消費需求隨時調整行銷策略。通過「D投商家行銷管理系統」，零售商家可以查看廣告訊息的閱讀數量、進店用戶數量和消費數量。

❖ 情感行銷

情感行銷就是把消費者個人情感差異和需求作為企業品牌行銷戰略的情感行銷核心，通過情感包裝、情感促銷、情感廣告、情感口碑、情感設計等策略來實現企業的經營目標。情感行銷是塑造品牌個性的過程，讓品牌具有獨特的情感，從消費者的五官出發來思考情感品牌，從而得出情感品牌的五官要素模型。如**圖1-22**所示為情感品牌的五官要素模型。

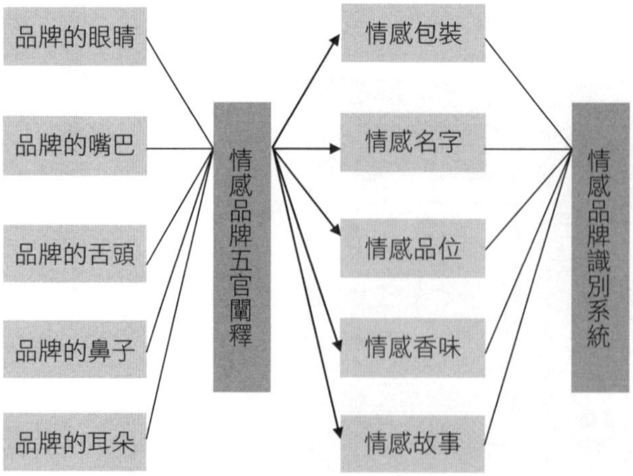

品牌的眼睛
品牌的嘴巴
品牌的舌頭
品牌的鼻子
品牌的耳朵
情感品牌五官闡釋
情感包裝
情感名字
情感品位
情感香味
情感故事
情感品牌識別系統

圖1-22 情感品牌的五官要素模型

・情感包裝：包裝是半秒鐘的廣告。消費者在見到產品的那一刻即可通過包裝來確定對這個品牌和產品的感情。如果包裝是從美學的角度設計，具有獨特性，消費者在第一印象中就能把她同其他產品和品牌區分開，使得這種品牌在消費者的心目中具有了獨特的價值。就像跟人交流一樣，第一印象非常重要。

- 情感名字：對語音特徵的研究表明，即使是講不同語言的人也會將同樣的情感聯繫起來，如悲傷的、不可靠的、活潑的和大膽的等。名字的語意和發音能喚起人們的某些慾望和情感。對一個品牌而言，一個好的名字是相當重要的。因此很多公司會僱用一批命名顧問的專家為品牌選擇好的名字。良好名字的發音對消費者的刺激有利於消費者回憶起該品牌。
- 情感品位：品位是品牌的抽象形式，她是在品質、品類的基礎上深化出來的。不同的產品，不同的定位，品牌的品位是完全不同的。在情感品牌中，選擇與之對應的品位相當關鍵，陽春白雪的品位是不能和下里巴人的產品結合在一起的，否則會讓消費者在情感上產生衝突，從而拒絕使用該品牌。
- 情感香味：香味是可以使人類大腦興奮的刺激物，在香味的刺激作用下，人們會感覺到非常愉悅，並且在這種情況下容易做出很多購買決策以和這種感覺相匹配。在情感品牌的操作過程中，可以讓品牌和某種香味結合在一起，特別是在化妝品的終端，情感香味尤為重要。很多消費者是根據終端環境來判斷品牌的品位的。如果品牌的香味適宜會給消費者良好的印象，並能夠促使消費者做出購買決定。
- 情感故事：每個知名品牌都會有很多故事。這種故事會給消費者帶來無限的聯想，正是這種聯想讓消費者欣喜若狂、趨之若鶩。情感故事成為承載消費者情感的一種工具。如果能將這種工具運用得當，那麼品牌就有無限擴張的潛力。因為在消費者的心目中，品牌故事被神化了。這種神化產生了豐富的聯想，增加了消費者忠誠的可能性。

餐飲行業的「海底撈」就得益於情感行銷，可以說情感行銷成就了「海底撈」。在低附加價值的餐飲行業，雖然家家都在喊「顧客至上」，但現實效果卻並不理想。但以經營川味火鍋為主的海底撈專注於細節，讓每個顧客從進門到出門都能感受到「五星級」的享受：有代客停車；等位時有無限量免費水、蝦片、黃豆、豆乳、檸檬水供給，有免費擦鞋、美甲以及寬頻上網，還有各類棋牌供顧客娛樂；為了讓顧客吃到更豐碩的菜色，還可以點半份菜；怕暖鍋湯濺到身上為顧客提供圍裙，為長髮顧客遞上束髮皮筋，為戴眼鏡顧客送上擦眼鏡布，為手機套上塑膠袋，當飲料快喝光時處事員自動來續杯；洗手間也有專人為你按洗手液、遞上擦手紙巾；當要求多送一份水或者多送一樣菜色時，服務員也會酌情給予回應。服務員不僅熟悉老顧客的名字，甚至還記得一些人的生日以及結婚紀念日。

專業化服務
親情化服務
個性化服務
專業化服務是最基礎服務
親情化服務是最基本服務
個性化服務是最根本服務

圖1-23　「海底撈」的情感行銷

服務員「五星級」的關心使得每一位顧客在內心深處感到欠了海底撈的熱情債，因此，消費者們經常回頭光顧，而且還處處輔佐海底撈進行宣傳，帶親朋好友頻繁光顧。海底撈自始至終的情感運作輕而易舉地打開了消費者的心靈之門，如**圖1-23**所示。

今要實現情感行銷，廣告主必須與消費者進行直接的情感溝通。無疑，現在的社群媒介，不但增加了品牌與消費者之間互動的可能性，也大大地降低了互動的成本。各種情感行銷正在悄悄「潛入」我們的生活，增加品牌知名度、維繫消費者的用戶黏性是情感行銷最主要的效果，而在O2O語境下的情感行銷甚至可以直接促成線下的消費行為。

當企業行銷滿足顧客情感因素時，就會引起顧客肯定性的內心體驗——滿意、愉悅、激情等積極的情感，使得顧客情感衝突得以消除並達到和諧狀態，進而直接影響到顧客後期的購買行為。

企業可以在品牌戰略的指導下，利用O2O的社群行銷相互滲透和交鋒，通過一系列情感化的品牌運作來影響和觸動消費者心靈深處的琴弦，從而使品牌在消費者心目中形成獨一無二的情感個性。

專家提醒

情感品牌的運作是一個系統的工程，需要企業從戰略品牌的高度來看問題，首先從戰略上規劃出情感品牌的基本框架，然後從基本的框架出發，細化執行到每一個細節。只有從戰略到戰術逐層推進，並在具體執行過程中總結實踐經驗來反饋到戰略制定中，才能形成一個閉環動態調節的情感品牌系統。完整的制度體系是保證情感品牌得以成功執行的關鍵因素。

❖ 資料庫行銷

資料庫行銷就是企業通過收集和積累會員（用戶或消費者）資料，並經過分析篩選後有針對性地使用電子郵件、短訊（短信）、電話、信件等方式進行客戶深度挖掘與關係維護的行銷方式，其核心工作是數據挖掘。

傳統的廣告形式（報紙、雜誌、網路、電視等）只能面對一個模糊的群體，究竟目標人群佔多少無法統計，所以效果和反饋率總是讓人失望。正如零售商巨頭約翰・沃納梅克（John Wanamaker）說過：

「我知道花在廣告上的錢，有一半被浪費掉了，但我不知道是哪一半。」資料庫行銷是唯一一種可測度的廣告形式，廣告主能夠準確地知道如何獲得客戶的反應以及這些反應來自何處，這些訊息將被用於繼續擴展或重新制定、調整行銷計劃。網路資料庫銷售服務流程如**圖1-24**所示。

資料庫行銷是有別於傳統行銷方式的一種市場推廣手段，在溝通上具有精準的特點，可以幫助企業將行銷預算的浪費降到最低。由於建立了明確的目標客戶資料庫，企業在行銷溝通上也能將溝通盲點盡可能控制在最小的範圍。從產品推廣、客戶開發、客戶維護的效果來看，資料庫行銷是更加有效的行銷手段。

如果把傳統行銷手段與資料庫行銷有效整合，企業將能獲得最大化的行銷效果。事實上，很多知名的跨國公司，如惠普、ＩＢＭ和戴爾等，都同時設有負責傳統行銷和負責資料庫行銷的職能部門。

廣告、公關和大型的市場推廣活動等傳統整合行銷手段在品牌的建設上具有優勢，但由於花費巨大，通常，中小企業沒有能力開展。對於目標客戶數量有限或客戶群較分散的企業（如Ｂ２Ｂ企業，客戶大多分散在多個甚至數十個行業），傳統行銷手段性價比低，因此投入的預算往往也非常有限。其

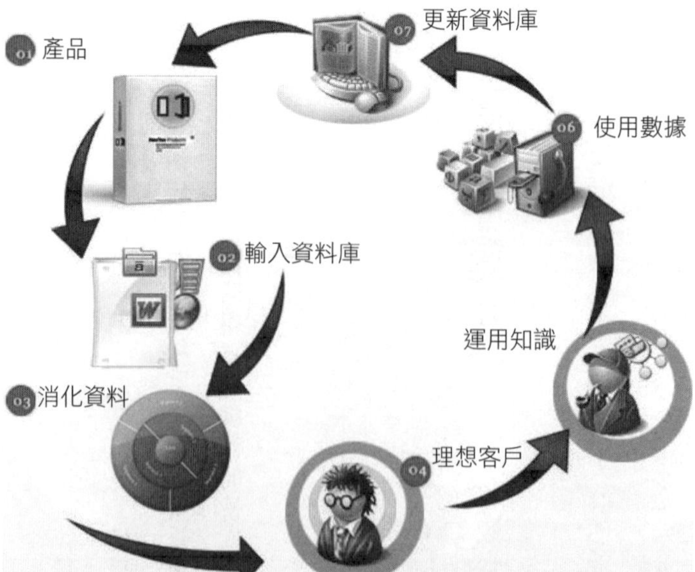
01 產品
02 輸入資料庫
03 消化資料
04 理想客戶
運用知識
06 使用數據
07 更新資料庫

圖1-24 網路資料庫銷售服務流程

實，對這兩類企業來說，所實施的行銷活動只要能有效地覆蓋目標客戶群，哪怕只是重點目標客戶群，或者在目標客戶群內建立起其優勢品牌形象，就已足夠了。因此，從這個角度看，整合傳統行銷與資料庫行銷的推廣模式更適合這兩類企業。

以一家企業為例說明整合傳統行銷與資料庫行銷手段的意義。有一家B2B商業服務業企業，其目標客戶是金融機構、高校、大型國有和外資企業以及某些政府機構，但總的目標客戶不超過五千家，最核心客戶為一千至兩千家。這家企業在業務拓展上以銷售為核心，但由於銷售人員有限，基本上只能覆蓋核心客戶。同時，面對這樣的高端客戶群，品牌的建設自然不可或缺，但這家公司在品牌建設上以公關和事件行銷為主，基本不投放硬廣告。

事實上，這家公司所有的行銷活動，只要能覆蓋這五千家客戶，行銷活動就足夠成功：不但產品的推廣目標可實現，品牌建設的目標也可實現。然而，單純依靠傳統行銷手段是無法做到這一點的。如果採取資料庫行銷，建立這五千家目標客戶的資料庫，就可以將行銷訊息送達目標客戶。

例如，通過電子郵件行銷方式，與顧客建立一對一的互動溝通關係，並依賴龐大的顧客資料庫進行長期的促銷活動。這一套資料庫管理系統內容涵蓋現有顧客和潛在顧客，可以隨時更新顧客的動態訊息，這對公司的行銷活動起到了很大的作用。如**圖1-25**所示為資料庫行銷項目管理流程。

在資料庫行銷項目管理流程中，我們可以看到，客戶的資料庫居於核心的位置。這是因為整合與清洗後的資料要放在資料庫中，完善後的客戶訊息和行銷活動反饋的訊息也需要存放在資料庫中；客戶分析與客戶細分是基於資料庫的資訊進行的；另外，利用客戶分析的結果，從第三方採購更多的潛在客戶數據也需要存放在資料庫中；行銷策略的制定與行銷活動的實施同樣離不開資料庫的支持。因此，建立

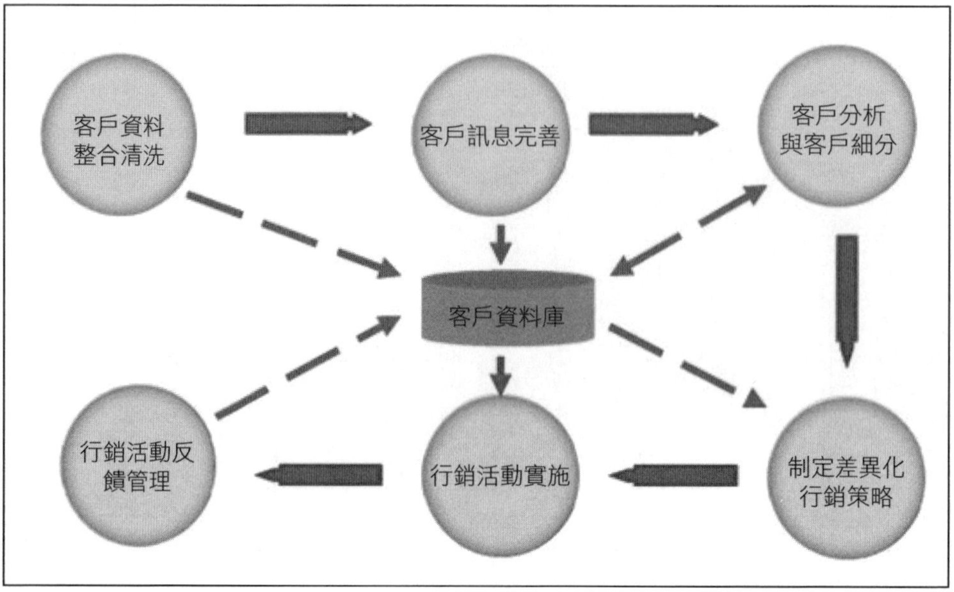

圖1-25 資料庫行銷項目管理流程

與維護好客戶的資料庫對資料庫行銷能否成功地執行至關重要。

對於建設與管理客戶資料庫，有以下幾點建議。

◆建立統一的資料定義與標準，保存需要的所有資訊。

◆對於從不同管道獲取的客戶與潛在客戶訊息，必須進行資料的比對與篩選，必要時求助第三方專業服務公司。

◆制訂定期的資料清洗計劃，更新或刪除無效的資訊。

◆讓公司的每位相關同事，尤其是銷售、客服部門的同事參與客戶資料庫的管理，他們往往能提供最新和更多的客戶資訊。

傳統的行銷手段如廣告、公關和促銷活動存在溝通盲點和成本浪費的缺點，資料庫行銷不但能有效地彌補這些的缺點，而且在開拓和管理客戶上更具有獨特的優勢。如果能把傳統行銷手段和資料庫行銷手段有效整合，企業將能獲得最佳的行銷效果。一方面，在對客戶資料庫資訊統計和分析的基礎上，可以制定最佳行銷策略；另一方面，藉助資料庫行銷，企業可以將產品、品牌和其他行銷活動訊息送達目標客戶，從而有效地推動行銷目標的實現。

專家提醒

在消費者的需求呈個性化發展的大趨勢下，建議零售商應該學會收集、儲存和分析大量的數據，並發揮這些數據的價值。基於大數據的業務模型將主導零售業未來的格局，大數據對零售業打破常規局面具有重要作用，能夠幫助零售商們篩選資訊、迎接挑戰，並且利用技術為客戶提供解決方案。

2

縱向分析，瞭解O2O的前世今生

學前提示

在電子商務增速如此之快的今天，將線上虛擬經濟與線下實體經濟完美結合的O2O模式，已經從眾多電商模式中脫穎而出。作為電子商務的後起之秀，O2O將在巨大的挑戰中逐步走向多元化、專業化與集中化的發展道路。

要點展示

◆追溯本源，O2O的前世之旅
◆俯瞰全景，O2O的發展現狀
◆憧憬未來，O2O的入世之路

✣追溯本源，O2O的前世之旅

迄今為止，O2O理念的傳播深度以及廣度已經遠遠超過了業內人士的想像，這足以體現該理念之深入人心。雖然O2O概念的確立與傳播是這幾年的事情，但如果進行深入的探索與思考，你會發現其實我們很早就進入O2O的世界了。歷數人類的O2O應用，當回溯近十年的電腦網路時代。其實，早在攜程網開始收購線下的旅遊公司，用網上訊息吸引遊客，再讓遊客到線下的公司接受旅遊服務時，O2O模式就已經開始了。後來O2O概念被提出，百度、阿里巴巴等大型企業紛紛開始測試O2O模式，一時間O2O成了企業轉型的代名詞。

❖O2O出現的原因

O2O為什麼會出現?因為隨著資訊技術和交通技術的發展，現實世界創造出了一個網路的虛擬世界，而經過網路十多年的發展，目前已進入網路這個虛擬世界全面影響現實世界的時期了，因此O2O出現了，它是商業社會下現實世界與虛擬世界互動的新商業模式。

❖O2O概念的來源

這種虛實互動的新商業模式，為什麼叫O2O呢?其實，O2O的概念在二〇一一年八月被亞歷克斯・蘭貝爾提出來，二〇一一年十一月份引入中國後就掀起了一股實踐和討論的熱潮。亞歷克斯從十歲起就開始經營公司，二〇〇六年他創辦了Trialpay公司——該公司的目的是為用戶提供免費的虛擬商品，鼓勵其前往Gap、Netflix等網站購物，而TrialPay則會從中收取佣金。

如圖2-1所示為O2O概念的提出者亞歷克斯・蘭貝爾。

圖2-1 亞歷克斯・蘭貝爾

亞歷克斯・蘭貝爾在分析Groupon、OpenTable、Restaurant.com和SpaFinder公司時，發現了它們之間的共同點：它們促進了線上—線下商務的發展。然後亞歷克斯・蘭貝爾將該模式定義為「線上—線下」商務（Online to Offline），簡稱為On to Off（O2O），這樣就可同其他商務術語一致，例如B2C、B2B和C2C。

亞歷克斯・蘭貝爾定義的O2O商務的核心是：在網上尋找消費者，然後將他們帶到現實的商店中。它是支付模式和線下門市客流量的一種結合（其實對消費者來說，也是一種「發現」線下行銷的機制），實現了線下的購買。O2O商務本質上是可計量的，因為每一筆交易（或者是預約，比如在OpenTable上預約）都發生在網上，這同目錄模式明顯不同（如Yelp、CitySearch），因為支付有助於量化業績和完成交易等。

二〇一一年八月，亞歷克斯・蘭貝爾在TechCrunch上的一篇客座文章中正式提出了O2O概念，他舉的例子是：美國電子商務每年的平均顧客單價大概是一千美元，但是平均每個美國人每年收入大概為四美元，剩下的三萬九千美元（這是一個不準確且概念性的數字，主要是用來說明消費者目前在電子商務上花的錢還不夠多）跑去了哪兒？答案是扣稅之後，錢都花在咖啡館、健身房、餐廳、加油站、乾洗店、美髮店等，還要扣除旅遊以及那些網路上購買後送到家的生活服務類商品。

目前，儘管O2O的概念已經脫離了亞歷克斯・蘭貝爾最原始的僅僅是「線上—線下」（Online to

Offline）的定義，增加了「線下—線上」（Offline to Online）、「線下—線上—線下」（Offline to Online to Offline）、「線上—線下—線上」（Online to Offline to Online）三個新的方向，但O2O商務本身是面向生活消費領域的，實際上也是生活消費行動網路化的過程，是不變的。由於生活消費的行動網路化，O2O將直接改變我們每個人作為消費者對生活服務類商品的消費行為，從而使作為消費者的每個人的生活理念從「為產品而消費」改變至「為生活而消費」，從這點來講，O2O可能會影響我們社會的最基本單元——家庭。

❖ O2O的發展歷史

O2O並不是新鮮的事物，在中國電子商務發展過程中，攜程網就是先行者代表。

攜程網成立於一九九九年，二〇〇三年十二月在美國納斯達克上市。攜程網使O2O模式成為中國最早的上市概念。甚至可以說，納斯達克是先認識了中國的O2O，後知道中國電子商務的。

像標準的O2O一樣，攜程網有線上和線下兩部分業務。

◆線上：提供「目的地指南」，涵蓋全球近五百個景區、一萬多個景點的住、行、吃、樂、購等全方位旅行資訊，如圖2-2所示。

◆線下：向會員提供飯店預訂、機票預訂、度假預訂等全方位旅行服務。目前，攜程網擁有國內外三萬餘家會員飯店可供預訂，是中國領

圖2-2 攜程網的線上業務

先的飯店預訂服務中心，每月飯店預訂量達到五十餘萬間。

在攜程網上市那一年，即二〇〇七年，北京百樂看購網絡科技有限公司正式推出「看購網」網路平台，觀眾可以通過看購網，實現網上訂購全中國二十一個城市、一百餘家電影院的影票。

專家提醒

攜程網成立伊始便採用了O2O模式，即收購線下的旅遊公司，用網上資訊吸引遊客，再讓遊客到線下的公司接受旅遊服務。攜程、藝龍飯店預訂都是採用到付模式，線上只發生資訊流，而不發生資金流；而青芒果則採用預付模式，與現在的O2O沒什麼兩樣。

看購網是融合了Web 2.0技術的團體電子票務解決平台，由尖端的網路技術人才和清華大學的數據金融顧問共同傾力打造的電影院團體票務、票房增值解決方案服務網站。另外，看購網將票務訂製、電影卡儲值、娛樂資訊、電影院陣地宣傳及周邊行銷活動等業務進行了整合，並打造了屬於自己的網路娛樂品牌「看購娛樂」，如圖2-3所示。

圖2-3 看購網線上平台

✣ 俯瞰全景，O2O的發展現狀

如今，O2O已經滲透到了大小商家，飲食離不開O2O、住宿離

不開O2O、出行離不開O2O，O2O的發展已經與我們的生活緊密相連。

作為企業家，他們離不開O2O模式，作為消費者，更是不能忽視O2O模式給我們的生活帶來的便利。O2O玩轉了一個又一個企業，在備受矚目的同時也因為一些商家的失敗嘗試而遭到質疑。

從中國最早的O2O電子商務模式的代表——攜程網開始，大眾點評網、藝龍、趕集網、愛日租等紛紛成了O2O模式的實踐者。那O2O的發展現狀到底如何呢？這無疑是現在投資者和預備投資人十分重視的一個問題。

❖ O2O的國際國內發展

隨著行動網路的發展，O2O在行銷市場的應用也越來越廣泛，特別是在中國，各大行業都紛紛測試O2O模式。

✧ 國外發展現狀

如今，O2O模式被越來越多的人所關注。其中生活類O2O是目前市場上唯一能產生超級電商的領域。國外運作比較成功的O2O模式的網站有J Hilburn、Trunk Club、Uber、Getaround、Jetsetter、Airbnb等。

◆J Hilburn：J Hilburn是一家支持男士購買個性化設計的襯衫和西褲的電子商務網站。其最大的優點就是能以更低的價格提供高端設計服裝。

J Hilburn如何運作？該公司在中國各地組建了一個八百人的時尚顧問銷售團隊，他們會和客戶約定拜訪時間。到達與客戶約定的地點後，他們會量尺寸，並拿出許多布料幫助你挑選適合自己的類型。然後，客戶只需要在網站上輸入自己的尺碼、布料等資料，就可以在一段時間後收到訂製的服裝了。

◆Trunk Club：Trunk Club是一家位於芝加哥的高端服裝網站。用戶登錄該網站後，可以選擇預設的樣式，回答一些問題，如「你一般在哪裡購物」、「你最喜歡哪種款式、尺碼、價格、顏色」等。然後，就會有一個時尚顧問和你交流（可能是電子郵件的方式）。在獲取了你的喜好和風格訊息之後，時尚顧問就會安排發送一些你可能喜歡的服裝、鞋子等商品，你只要挑選喜歡的樣式，然後付費，其他服裝和鞋子等商品退回即可。如**圖2-4**所示為Trunk Club的O2O服務流程。

◆Uber：Uber是一個允許消費者通過手機購買私家車搭乘服務的應用。其運作方式如下：下載Uber行動應用程式，發出搭車請求，幾分鐘內一輛私家車就會來到你的面前；到達目的地後，搭車費用和小費可以通過信用卡自動完成支付。

現在該服務已經在舊金山得到了很好的推廣，接下來預計會在其他很多城市展開該服務。雖然這樣搭車的費用比出租車要高一半，但是其舒適和快捷卻是出租車無法比擬的，很顯然，它將給出租車行業帶來重大革新。

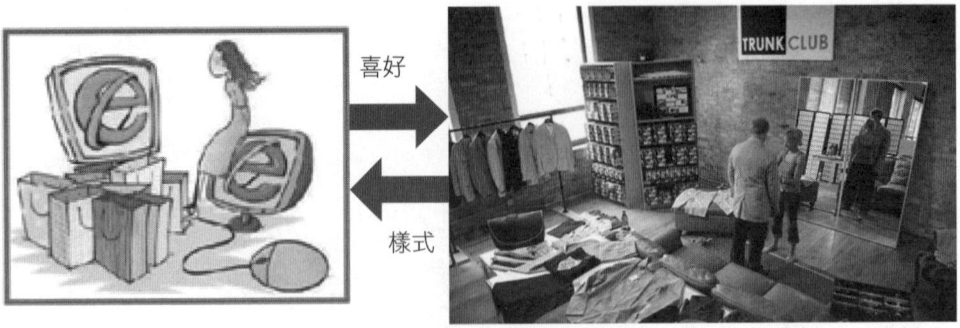

圖2-4 Trunk Club的O2O服務流程

◆Getaround：Getaround為人們提供出行共享的租車服務，用戶可以選擇租車一小時、一天或者一星期。

Getaround超越傳統的租車服務，給了人們更多的選擇機會，用戶不僅可以根據自己的支付能力選擇車的類型，而且還享受保險以及iPhone應用、Web應用、Car-kit等一系列設備的應用及服務。

二〇一一年六月在Getaround平台上已經註冊了一千六百輛汽車，短短的時間內達到了美國租車公司ZipCar汽車數量的百分之二十，Getaround的發展前景十分值得期待，如圖2-5所示。

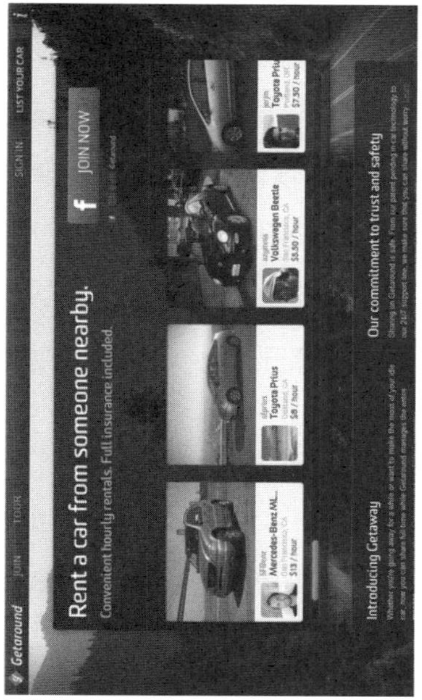

圖2-5 Getaround的租車服務網站

◆Jetsetter：該網站隸屬奢侈品折扣秒殺網站Gilt Groupe，代表第二代旅行社，通過一個兩百人的旅行報導記者網路為會員計劃出遊旅行。不過，由於服務非常高端，因此價格不菲。比如，三小時的諮詢，具體的旅遊計劃，加上安排服務預訂需要支付兩百美元，而作為補償，顧客通過Jetsetter訂購飯店則會有返利，如圖2-6所示。

儘管現在越來越多的人出遊會選擇線上旅遊搜尋引擎，但是更加高端的服務仍然需要依靠人工來完成。

◆Airbnb：Airbnb是一個旅行房屋租賃社群，用戶可通過網路或手機應用程式發佈、搜尋度假房屋的租賃訊息，並完成線上預訂程序。Airbnb用戶遍佈一百六十七個國家的近八千個城市，所發佈的房屋租賃訊息達到五萬條，被時代週刊稱為「住房中的eBay」。

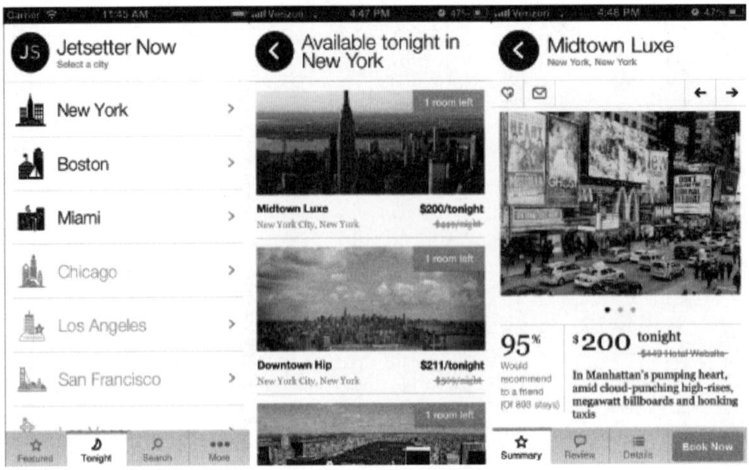

圖2-6 Jetsetter服務預訂

國外的線上線下O2O模式在自由的商業市場氛圍下，快速地發展起來，形成了自己獨特的商業風格。雖然，目前O2O商業模式已經發展得十分成熟了，但是這種模式卻不可能也不能完全被我們所複製。

比如，Airbnb房主可以將鑰匙留在某一個地方，讓租客自行去取就行了；而中國的短租網站，在敲定一筆短租後，需要銷售人員親自拿著鑰匙，坐地鐵穿城前往，親手將鑰匙交到租客手裡。

今國內外存在較大差異的市場環境下，企業家與創業者們需要審時度勢，走出適合自身發展的O2O道路。

✧中國發展現狀

隨著「千團倒閉」浪潮的出現，中國O2O市場大幕開始拉起。各電商商家也開始反思，陸續開始轉型決戰O2O領域，中國電子商務市場開始湧現出一批O2O模式新創企業。

在中國，出現了許多O2O行銷方面成功的經典案例，其中以騰訊、百度、阿里巴巴等企業較為著名。

◆騰訊O2O：騰訊公司的O2O模式有著其獨特的以「二維碼＋賬號體系＋行動定位服務＋支付＋關係鏈」構成的騰訊路徑。其中「微信掃描二維碼」已經成為騰訊O2O的代表型應用，如圖2-7所示。

圖2-7 騰訊O2O行銷模式

圖2-8 百度O2O行銷

◆百度O2O：二〇一〇年十一月，百度的行動定位服務產品「百度身邊」正式上線，其以美食、購物、休閒娛樂、飯店、健身、麗人、旅遊等類目為主，整體屬於訊息點評模式，並整合了各種優惠活動訊息，如圖2-8所示。

二〇一〇年六月，百度旗下的Hao123上線了團購導航，二〇一一年六月，「Hao123團購導航」被升級為「百度團購導航」，百度團購開始由單純的導航向O2O的方向進化。

◆阿里巴巴O2O：阿里巴巴是涉足O2O最早的企業之一，同時，它還是O2O佈局鏈條最長的一家企業。

阿里巴巴的O2O戰略格局十分清晰，首先它在淘寶上推出了地圖服務；緊接著開始投資本地生活資訊服務平台——丁丁網；最後，在二〇一四年對銀泰商業進行戰略投資，並將組建合資公司，如圖2-9所示。

阿里巴巴O2O行銷的工具主要包括三個。

一是淘寶旗下比價網站「一淘網」，提供有掃二維碼比價應用「一淘火眼」，可查詢商品在網上和線下的差價。

二是支付工具支付寶，支付寶已經在手機搖一搖轉賬、NFC傳感轉賬以及二維碼掃描支付方面有所佈局，並在線下和分眾傳媒、品牌折扣線下商場達成了合作。

三是淘寶地圖服務，行動定位服務在行動網路時代，基於地理資訊的搜尋，向用戶推薦與地圖及地理位置資訊相關的商戶訊息變得尤其重要。

◆百靈系：「百靈歐拓」作為中國首家O2O行動廣告平台，依託百靈時代傳媒集團的線下線上資源及品牌口碑，整合閃播、閃拍、閃樂購等多種新媒體資源，提供全方位媒體支持。百靈歐拓旗下有百靈閃拍、百靈閃播、閃樂購、拍院線等行動應用程式。

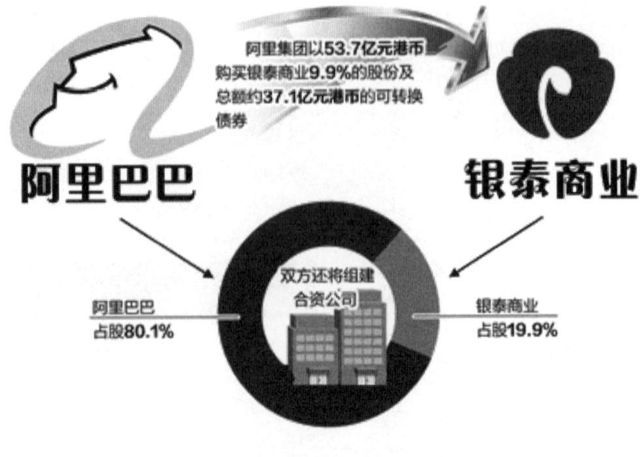

圖2-9 阿里巴巴O2O行銷戰略

❖O2O的發展優勢

O2O的優勢在於它能夠把網上與網下的優點完美地結合在一起。通過網購導購機，把網路與地面店完美對接，實現網路落地，讓消費者在享受線上優惠價格的同時，還可享受線下超值的貼心服務。此外，O2O模式還可實現不同商家的聯盟，如**圖2-10**所示。

對比傳統的電子商務模式，O2O帶給消費者和商家的好處是顯而易見的，列舉如下。

◆O2O模式充分利用了網路跨地域、無邊界、海量資訊、海量用戶的優勢，同時充分挖掘線下資源，進而促成線上用戶與線下商品與服務的交易。團購就是O2O的典型代表。

◆O2O模式可以對商家的行銷效果進行直觀的統計和追蹤評估，規避了傳統行銷模式推廣效果的不可預測性。O2O將線上訂單和線下消費結合，所有的消費行為均可以準確統計，進而吸引更多的商家參與進來，為消費者提供更多優質的產品和服務。

◆O2O在服務業中具有較為明顯的優勢，價格便宜，購買方便，且折扣消息能及時獲知等。

◆O2O模式將拓寬電子商務的發展方向，使其由規模化走向多元化。

◆O2O模式打通了線上線下的訊息和體驗環節，讓線下消費者避免了因資訊不對稱而遭受的「價格蒙蔽」，同時實現線上消費者「售前體驗」。

圖2-10 支付聯盟

❖O2O的應用壁壘

線上篩選、支付，線下享受產品和服務構成了O2O的全部，這樣一個看似簡單的閉環卻在商場中創造了無法估量的價值。在未來很長一段時間，無論是對於傳統行業，還是對於網路行業，O2O都將會是創業與行業轉型的最佳發展模式。

雖然，O2O模式有其獨特的優勢，但相對的它也存在著劣勢。商家們在O2O的佈局過程中，肯定會因為這些劣勢而碰到許多壁壘。要想實現O2O快速的跨越式發展，就必須打破這些壁壘的束縛。

◆O2O行業知識：很多從業者在侃侃而談傳統行業的網路改造與O2O利用時，往往容易忽略自身的行業知識水準。一些商家沒有考慮到的是，靠自己目前對O2O的認識水準，是否能夠真正深度地應用O2O模式以及成功轉型，打破行業壁壘。

專業的深度將會是O2O面臨的極大挑戰。網路給傳統行業帶來的是行業的進化，而不僅僅是簡單地將產品搬上網路。基於行業本身的全面轉型，在保證行業優勢以及產品服務的前提下，打破既有的商業規則，建立符合網路生態的跨界之舉，對於眾多行業來說，是必須要突破的難點。從業者需要花費時間與精力瞭解O2O模式，並在行業本身尋求突破點與結合點，如**圖2-11**所示。

◆產品與技術思維：網路的產品思維與技術思維的格局觀，造

圖2-11 學習O2O行業知識

就了很多不錯的平台以及小而美的模式。O2O除了解決線上的需求之外，更多的用戶體驗是需要在線下市場解決。今市場需要不斷地進化與嘗試，形成O2O相關行業的產品規則與提升O2O技術層面的應用，才能打破目前的僵局。

◆傳統模式基因：基因論在O2O領域同樣適用。在O2O面前，擁有良好的UGC（User Generated Content，用戶生成內容）基因的網路產品會有很好的機會，相對於傳統行業而言也是如此，好的產品服務本質與良性的商業模式對於O2O模式的發展至關重要，如**圖2-12**所示。

商家對消費群體的定位一定要精準，在選擇O2O平台時也必須要準確和實際，這樣才能使營運效果最大化。

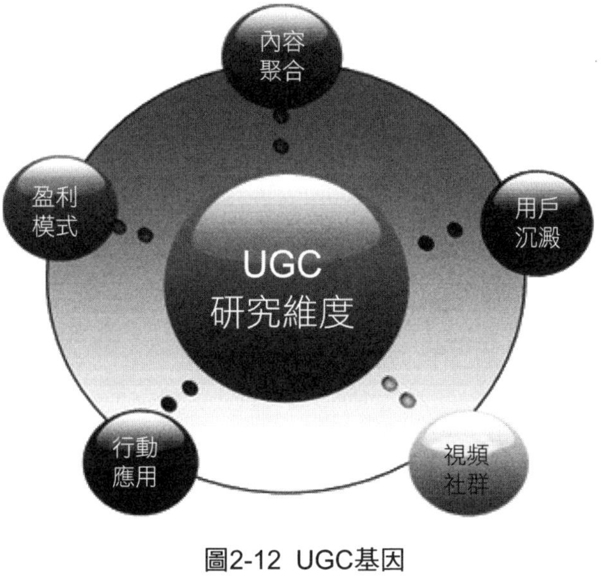

圖2-12 UGC基因

◆用戶流量入口：把用戶流量成功地引導到線下的前提是有大量的流量，所以流量入口就顯得尤為重要。尤其是在行動網路時代，流量入口成為眾多企業爭奪的焦點。

BAT（百度、阿里巴巴和騰訊）三大網路巨頭即通過大量的收購和資本運作事件來佈局O2O業務，如百度收購糯米網、阿里巴巴收購高德地圖、騰訊入股大眾點評。其目的都是希望打造行動網路入口，搶佔用戶規模，然後將更多的用戶從線上引導到線下。

在目前激烈的入口爭奪戰中，BAT三家都有自己的格局和分佈，以百度地圖和高德地圖為代表的地圖生活服務類應用，以及以新浪微博為代表的大眾傳播類應用，還有微信朋友圈類的社群應用，都將有可能成為行動網路上的一個超級入口。

◆行動支付習慣：線上線下融合的目的就是打造一種良好的用戶體驗，而支付的便利性在其過程中就顯得尤為重要。近年來，中國的行動支付有了很大的進步，隨著支付寶錢包的盛行以及微信支付的大力發展，用戶開始逐步接受行動支付業務。

以微信支付為例，根據iCTR的線上調研數據顯示，在擁有微信的被訪網民中，有百分之四十六的被訪網民都使用過微信支付。隨著使用的便捷性以及安全性的進一步提高，這一比例還將繼續提升。

在O2O的鏈條中，行動支付是非常重要的一個環節，它可以提升用戶在消費服務過程中的體驗。譬如二〇一四年非常火的打車軟體，用戶到達目的地後，只需要通過手機輸入密碼即可進行支付，無須涉及現金和金融卡，方便快捷，如圖2-13所示。

圖2-13 行動支付

不過，行動支付方便快捷的背後也存在著安全性問題，手機支付，實則是資訊交互傳遞的過程。在這個過程中，若手機用戶的消費指令只是以短訊的方式發送至交易後台，則會存在巨大的安全隱憂。

目前，手機支付出現資金安全性降低的原因主要有釣魚網站以及詐騙短訊。一旦用戶誤點了相關的鏈接，手機受到感染，會在一定程度上降低支付平台的安全性。

作為一種支付方式，安全性是首先應該解決的問題，而作為支付平台最關鍵的支付環節，相關的軟硬體技術還是相對成熟的。對用戶而言，良好的使用習慣也是增強支付平台安全性的關鍵所在，比如對手機上陌生的鏈接不要打開，注意安裝防木馬釣魚的軟體。

從上述分析來看，O2O的熱鬧背後，需要思考的話題還有很多，傳統行業與網路行業從業者應該靜下心來，讀懂O2O發展史，學會運用O2O思維，利用網路進行線上傳播，並且不斷地完善線下產品服務的標準化和品質升級才是最為重要的。

✣憧憬未來，O2O的入世之路

不可否認，把商品塞到箱子裡送到消費者面前，這個市場已經成熟。二〇一〇年網上購物銷售額已經達到了五千億元人民幣，網購用戶人均年投入兩千四百元人民幣。這個市場還有很大的潛力，但進入門檻已經很高了，從業者在進入與發展O2O模式之前，必須做好作戰準備，迎合未來的發展趨勢，找到適合企業本身發展的O2O之路。

未來的O2O將是一種多層次、多維度的複合生態體系。O2O模式會不斷地向著多元化和縱深化發展，比如會演變出平台型、外包型、直營型、合作型、區域型、垂直型等多種形態。這些模式形態之間雖然不會完全消除競爭，但更多的是互補與合作，是一種共生共贏的關係。

❖ O2O面臨的挑戰

經過近年來的摸索和試探，O2O在網路上已經變得非常流行了，O2O是電子商務的下一座「金礦」，但是這並不意味著人人都能淘到金子。外行人看著這個模式挺賺錢的，但業內人士都知道這個過程走過來並沒有那麼順利。以團購為例，經歷過「千團大戰」後，很多團購網站都已經倒下了，而一些瀕臨退出市場的團購網站不知道還能堅持多久。

從樂觀的角度看，O2O的優勢不用質疑，不管是給用戶、商家還是服務提供商，都能帶來諸多好處，O2O可以實現用戶、商家、O2O服務提供商三者之間的共贏局面。其實，O2O的發展依然面臨著很多挑戰，要想進一步打開O2O發展之路，必須要跨越誠信經營、商家資質、資金安全以及創新能力這四道坎。

✧ 誠信力不夠

團寶網執行長任春雷曾在「中國首屆團購網站誠信建設峰會」上表示，「誠信經營、服務大眾，團購才能生存」，並指出「要把消費者放在第一位，把商家利益放在第二位，把自己的利益放到最後」，以此來推動團購網站的誠信建設。

雖然「誠信經營」一直是商家們重點提到的一條經營守則，但真正做到以誠信為本的商家少之又少。就拿與O2O模式掛鉤的團購來說，其暴露出的誠信問題可謂層出不窮。據某網路調查結果發現，團購網站問題多多，諸如付款後捲款走人、網上貨品描述與實際不符、線上誘人線下限制、額外消費多、高標底價、發表虛假折扣訊息、服務灌水、退換貨物比較困難等。

正是由於這些問題，使得團購遭遇發展受阻以及虛假訊息氾濫而被消費者所不齒的狀況。團購的不良印象給O2O模式帶上了發展受限的枷鎖，所以，建立一套完善的誠信標準系統，對O2O的發展來講至關重要。

O2O雖然擁有較為廣闊的前景，但商家提供的線上線下資訊不相符，用戶遭遇付款後商家捲款潛逃以及其他支付上的問題，是企業亟待解決的，同時企業要時刻謹記自己的創業目標，否則O2O模式為企業帶來的龐大的現金流會迷住創業者的眼睛，以至於做出欺瞞消費者甚至違法犯罪的行為。

例如，二〇一一年關於「嘀嗒團」、「走秀網」的樂卡克鞋團購涉嫌商標侵權一案，樂卡克商標專用權人日本株式會社迪桑特向法院遞交訴狀，成為網路團購誠信問題被曝光以來，第一單被提交到法律層面解決的案件。如**圖2-14**所示為「樂卡克」某款男鞋。

這起案件最初起源於一次團購，一位消費者在團購網站「嘀嗒團」團購了一雙法國「樂卡克」旅行鞋。在收到商品後，發現商品存在品質問題，該消費者與嘀嗒團客服人員聯繫，被告知該旅行鞋「可以接受原店檢驗，絕不是假冒產品」。

隨後，他與「樂卡克」商標在中國大陸地區的被許可人取得了聯繫，同時經寧波樂卡克公司檢驗並經「樂卡克」商標專用權人株式會社迪桑特確認，確認他所購買的該款旅行鞋並非正品。一時間，團購網站的製假、售假等誠信問題頻頻被曝光，同時也成為制約團購網站發展的重要門檻之一。

圖2-14 「樂卡克」某款男鞋

團購網看似門檻較低，但是要想真正發展壯大，還需要經營者具有戰略眼光，能恪守誠信經營的原則。

◆從整個O2O產業發展的角度來看，應該建立完善的誠信機制。例如由第三方機構進行監管，根據消費者的反饋情況和其他的調查研究數據，對O2O經營者進行誠信評級，並將評級結果及時展現給消費者，消除他們的不安全感，並促使O2O經營者注重自身信譽的維護。

◆從消費者本身來說，應當多方瞭解O2O網站，查看其信用情況，並謹慎消費。切莫被低價誘惑，或者被其他噱頭所迷惑，以致做出不明智的消費舉動。

專家提醒

團購網模式可以理解為「本地＋電子商務」。電子商務的本地化營運，其實和現有的本地實體企業樹立口碑、招攬客戶、取得客戶的信任是一致的，所以說，本地化營運其實是解決團購網站誠信問題最好的辦法。

不過，團購的問題雖然存在，但其優惠依然吸引著很多人，對於消費者來說，如何避免團購的陷阱呢？下面列舉了一些團購需要注意的事項。

◆重點檢查團購網站資質：例如，是否公司化營運，網站版權頁面有無營運企業名稱及地址、電話等，客服熱線能否接通，相關論壇消費者評價怎樣等。

◆面對低價和折扣要冷靜：團購前要看清網站對商品的細節描述、消費規則，向網站客服諮詢清楚後再下單。

◆選擇有擔保的商家：最好選擇具有第三方支付擔保交易或貨到付款、有問題准許退貨的網站或商家。

◆團購的相關證據要保留好：包括電子形式或書面形式的交易紀錄、訂單、聊天紀錄、交易成功的畫面截圖等，一旦受騙可立即報案。

◆注意刷出來的數據：團購網站需要人氣來烘托，消費者要明辨其中虛假的交易數據，盡量多看有效的評論。

◆索取保證書（保修卡）：參加團購一定要索取廠家的保證書，以免掉入「特價商品不保證」的圈套。

◆兌現能力有限的團購不要參加：如果很多人同時參加一家公司的團購，則公司發貨可能會存在壓力，交貨期可能會拖很久。

✧商家資質存疑

擁有大量優質的商家資源是O2O經營者的巨大優勢，但是有時候為了獲得商家資源，O2O經營者會降低對商家資質的審核，造成很多損害消費者利益的不良後果。

即使一些知名的團購網站也會爆出商家資質的問題。造成這一問題，一方面是因為團購網站對商家資質不夠嚴格，另一方面，還在於其對於O2O經營模式理解不到位。有些團購網站為了提升用戶數量，擴大經營領域，不斷地擴張，結果固然能夠為消費者提供更多的產品或服務，但是卻無法保證這些產品和服務的品質。

O2O本身是非常強調在地化經營的商業模式，在某個區域內做精做透，這樣才能長久地維持客戶。一旦O2O經營者無法把握住這一點，就一定會在經營中發生策略上的失誤。

二〇一三年六月十三日，王小姐在愛麗團網站花兩百八十八元團購了一張稱作史上最給力的聯通3G資費卡一張。下訂單後，卻一直沒有收到商品，王小姐於是向該店客服諮詢未發貨的原因，該店稱目前暫時無貨，後來經過雙方協商賣家同意退款。王小姐於二〇一三年六月二十五日申請退款，客服答覆按原付款路線返款兩百八十八元，並告知會在五到十天內到賬。王小姐在十天後查詢賬戶，發現該賣家並未返款，撥打客服電話也一直打不通。

之所以出現像李小姐這樣的情況，除了商家的誠信問題之外，網購商家的資質認證問題也是需要關注的重點。有些網購平台對商家的認證資質的要求很不嚴格。在這種情況下，難防一些商家渾水摸魚，藉機騙錢。

對於此類問題，解決辦法主要有以下兩個。

◆秉持本地化經營的原則，O2O經營者對商家資質的審核相對容易一些。

◆與政府或消費者協會進行合作，對商家的經營資質和經營行為進行審核。一旦發生商家信用問題，及時找到相關部門進行解決。有了監督和約束關係，商家的行為就會更加規範。

✧資金安全難保障

O2O可以為服務提供商帶來立即可見的現金流，但這些現金流並不一定是安全的。且不說O2O網站可能面臨被駭客攻擊的風險，即使對於服務提供商本身，面對現金流的誘惑，也難保他們不會做出違法違規的行為。

例如，李小姐在某團購網上花一百八十八元錢團購了個人寫真一套，但遲遲沒拿到成片。直到兩個月後，她才聽說商家已經關門的消息，「敲門沒人開，電話也打不通，老闆一定是跑路了。」據悉，很多人都在團購網上參與了這家影樓的團購活動，預付了現金，甚至有人照片還沒拍，店就關門了。僅李小姐團購的那一批就有兩千兩百多人參與，每人損失一百到兩千元不等。

「我們也已經無法聯繫到該商家，目前正在墊錢給客戶辦理退款。」一個團購網站的相關負責人稱。但個別團購網也表示，需要進一步核實情況，才能決定是否退款。

專家提醒

當消費者若碰到這種收錢之後捲款潛逃的行為，應及時向警方報案，由警方調查是惡意潛逃還是經營不善而倒閉，若屬於惡意捲款潛逃，則涉嫌詐騙。同時，團購網站負有對商家資質進行審核的義務，若盡到職責，則不負賠償責任，反之則應負賠償責任。

✧ 創新的能力不足

縱觀目前中國O2O的營運狀況，普遍凸顯創新能力不足。O2O的營利模式相對不清晰，行銷模式大同小異，僅僅鎖定低價路線，競爭力不強。

而國外在O2O經營模式上就相對多元化，而且在營利模式上也非常靈活，通過挖掘多種多樣的增值業務提高O2O的經營魅力，而不只是在商言商。

如美國化妝品商AMLE.PLI除了在網上提供打折、贈品等優惠外，還有提供二十四小時在線顧客購物挫折的免費心理關懷諮詢，線下實體店則提供十二小時美容指導培訓的免費服務，這使AMLE.PLI網上流量每天高達五十萬人次，全美數百家實體店生意也火紅。

針對創新形式不足的問題，在經營思路上，O2O經營者應發揮自身的優勢，在線上客戶諮詢、線下免費體驗等環節下功夫，挖掘多種多樣的增值業務。

另外，利用行動網路等新技術手段拓展業務、重視行動網路終端通路也變得越來越必不可少，和擁有巨大用戶群體的手機應用程式提供商進行合作也非常有效。

目前不僅淘寶、當當、凡客、麥考林等電商都已佈局了行動客戶端戰略，許多傳統企業如沃爾瑪、徐福記、統一等也都已上線了WAP版本，並推出了行動客戶端應用，直接佔領用戶手機介面。

對於行動網路時代的O2O發展，總結了三種創新模式，供O2O企業與創業者借鑑。

◆虛擬超市：被沃爾瑪控股的B2C商城一號店推出了新奇的「無限一號店」虛擬線下商店。用手機打開行動應用程式並走到指定地點後，一個空曠的廣場中就會出現一個虛擬的賣場，消費者走到相應商品「貨架」前進行點擊，就可以查看商品詳情，未來還可能實現購買，如**圖2-15**所示。這種被網友稱為「超現代」的購物方式一下子吸引了很多人的目光。

圖2-15 無限一號店虛擬超市

「無限一號店」虛擬線下商店最大的特點是把電子商務搬到線下，並充分結合了傳統零售與電子商務的優勢。「顧客既可以充分享受『逛超市』的樂趣，又能夠享受到一站式購齊、方便實惠、送貨上門等電子商務的便捷。」

◆逛街簽到：二〇一三年四月正式上線的逛街類應用「趣逛」已與北京多家購物中心及超市賣場達成合作，並頗得資本青睞。消費者在安裝此行動應用程式後，在逛到合作商戶區域時，會自動簽到、獲得虛擬獎勵，並得到個性化的折扣訊息或商品推送訊息，如**圖2-16**所示。

有業內人士認為，這種客製化的行銷方式「適合品牌或零售商用來維護VIP顧客」。未來，手機簽到與商場會員卡進行綁定或統一化，也被看作實體零售商「輕觸網」的保守方式之一。

圖2-16 「趣逛」逛街簽到

專家提醒

與實體零售商傳統的行銷模式相比，基於技術手段的行銷不僅可以精確地反映行銷效果，也為實體零售商提供了相對完善的用戶到店及消費行為紀錄。

◆O2O行動支付：支付寶與線下賣場上品折扣共同推出了行動支付服務，消費者在商場購物時，只要使用安裝支付寶客戶端的手機拍攝商品二維碼並完成支付，即可提貨離開，從而可以免去往返收銀台和排隊的時間。這是支付寶進入O2O支付領域後，首次與商場進行合作，這種「線下購物，線上付款」的體驗方式也頗得用戶關注和業界認可。

對於O2O模式創新能力不足的問題，除了上述三個新型模式可供參考之外，商家企業還可以從以下三點入手，解決這一難題。

◆經營模式多元化。例如可以提供房屋短租、租車、訂製服裝服務等多元化的服務，而且在營利模式上也可以非常靈活，如面向用戶收費，面向商家收費的，或通過廣告來收費的。只有根據具體的情況因地制宜地確定經營策略，商家才能夠共生共存、互利共贏。

◆在經營思路上，O2O經營者也不能僅僅鎖定低價格路線，而是應當藉助自身的媒體優勢，幫助商家挖掘一些增值業務。很多商家並不是沒有推出多元化的業務體系，但是因為宣傳不到位，這些服務沒有獲得用戶。針對這種情況，O2O經營者就可以同商家協力合作進行多元化業務的開發。

◆O2O本身是非常強調線下體驗的經營模式，現有的團購網站並沒有把握住這一精髓，僅僅依靠低價吸引用戶。而O2O本身是可以做出很多「花樣兒」的，在線下實體店的客戶諮詢、免費體驗等環節都有文章可做。關鍵看O2O經營者和商家是否有足夠的創新意識。

❖O2O的發展方向

O2O很熱，二〇一二年這個市場有大量的資本進入和創業公司誕生，BAT也在積極佈局。二〇一三年O2O行業迎來爆發式增長，各公司都會按照自己對市場的理解切入。

O2O的發展方向主要有以下三個。

✧趨勢一：多元化發展

除去既有的OTA（Online Travel Agency，線上旅行業）模式，現在市面上O2O的玩家有團購、優惠券平台、微信CRM、分類資訊、生活搜尋、本地生活門戶、點評類網站、線上服務商城、垂直行業行動工具、社群平台與商家自營平台等十一大類，O2O服務呈現一個多元化、全方位發展的趨勢。

◆團購：團購是從電商市場細分出來的，由於其主要經營本地生活類服務，而團購模式日漸成熟穩定，所以團購被認為是O2O的代表性模式。團購行業已經基本覆蓋本地生活服務市場的方方面面，主要可分為餐飲類、服務類、娛樂類三大類，如**圖2-17**所示。

◆優惠券：手機優惠券是結合了行動網路的最為基礎的O2O模式，用戶只需在就餐時向商家出示手機上的優惠券即可，商家通過優惠券做行銷來吸引消費者光顧，如**圖2-18**所示為肯德基手機優惠券。

優惠券O2O最初是通過與知名的快餐連鎖店，如麥當勞、肯德基、真功夫、一茶一坐等建立合作

圖2-17 團購平台

圖2-18 手機優惠券

關係來發展的。

目前，優惠券O2O不再局限在餐飲業，它正逐步涵蓋本地生活服務市場的各個領域，並結合行動定位服務，根據用戶位置即時推送周邊的相關服務。

專家提醒

優惠券O2O確實簡單實用，但它只是處於O2O市場的初級階段，並沒有太高的門檻，網路巨頭都可以提供類似的服務。而且隨著O2O市場的進一步發展，商家也不會只滿足於通過優惠券的形式吸引消費者，因為用這種形式商家根本無法與用戶建立更深入、更直接的聯繫。

◆微信CRM：CRM（Customer Relationship Management，客戶關係管理）最初是由高德納公司（Gartner Group）提出來的，而最近才開始在企業電子商務中流行。CRM就是通過對客戶詳細資料的深入分析，來提高客戶滿意程度，從而提高企業競爭力的一種手段。

微信CRM的本質，就是利用微信的特點和接口擴展的CRM系統。微信與O2O之間可謂關係密切，對於O2O行銷來說，微信的億萬用戶是巨大的潛在市場。商家可以通過微信建立CRM，把本地生活服務市場形成與網路零售市場相同的數據化管理方式。

對於用戶來講，這種「微信模式」的O2O既可以在好友圈內進行互動，又可以滿足突發的即時性消費需求。比如，可通過微信與好友互動到哪家飯店聚餐或者走在路上時可以尋找附近滿足需求的餐館，通過微信預訂座位點餐等，如**圖2-19**所示。

這種方式縮短了用戶與商家之間的空間距離，用戶可以隨時瞭解目標餐館的具體情況。雖然這種形式的O2O普遍適合本地生活服務的各類市場，但不同的本地生活服務還需要進行不同的交互設計。

◆行動支付：在未來的行動網路時代，O2O將會成為又一種主要的消費形式，O2O代表了本地生活服務市場的發展方向，行動網路又是O2O模式的主要載體，本地生活服務將會與行動網路緊密結合，行動支付則擔負著結合後的資金流通重任，行動支付對O2O市場的重要性可想而知。

圖2-19 微信CRM訂餐

✧趨勢二：專業化與高度集中化

現在好多所謂的生活服務類平台，要麼是層次分類資訊非常淺，要麼是平台混亂，既不像團購又不像生活商城的線上平台，這些專業化程度不高且沒有集中化的平台都不是真正意義上的生活服務平台。

在未來，隨著較大的商家慢慢地浮出水面，O2O的發展將逐漸專業化、集中化。另外，一些向O2O轉型發展的傳統企業，也會是一股不可低估的力量。隨著大公司和不斷創新的專業類公司的加入，整個O2O行銷發展行業的專業化會越來越高，也會越來越集中。

✧趨勢三：廣告化到訂單化

現在，一些靠廣告發展的公司模式將走不遠，網路上賣資訊、賣銷售線索、訂單化將是未來O2O的主流模式。

❖O2O與電子商務

數據顯示，二〇一三年中國電子商務市場交易規模達十四兆四千億元，同比增長百分之四十七・一，二〇一四年之後的未來幾年增速放緩，二〇一五年電子商務市場規模達二十六兆五千億元。如**圖2-20**所示為中國電子商務市場交易規模。這其中，O2O扮演了舉足輕重的角色。

O2O電子商務的發展趨勢主要有以下三方面。

◆電子商務逐步由分散化向品牌化、專業化、綜合化演變。電子商務由原先的C2C、B2B到B2C再到目前的O2O進行演變。各大電商由初期的淘寶網、阿里巴巴發展到目前的天貓商城、京東商城等專業的B2C商城，並藉助行動網路的發展，加速了線下融合，促進了O2O電子商務模式的發展。

◆平台型電子商務發力，垂直型電商開始向O2O演變。目前，像天貓商城這種平台型電商憑藉其良好的平台基礎以及用戶口碑迅速地擴張其規模，傳統的垂直型電商越來越受到平台型電商的擠壓，發展空間受到極大的限制。因此，垂直型電商在橫向擴張受限的情況下更多地開始依託O2O向縱向發展，通過提供高品質的、特有的服務挖掘線下的商機和潛力。

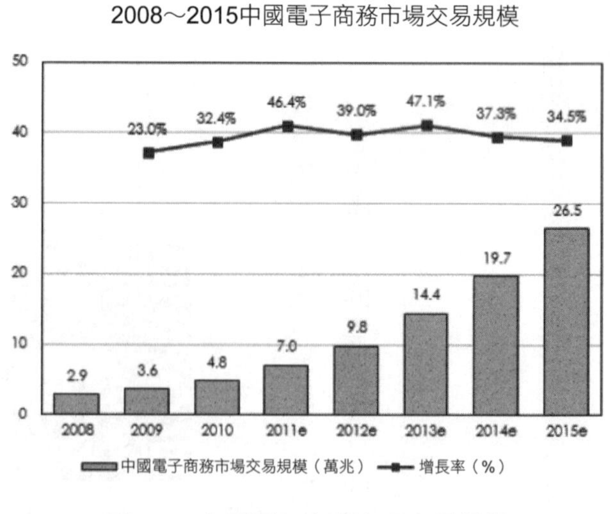

圖2-20 中國電子商務市場交易規模

◆線上和線下融合共同發展是電子商務未來的發展趨勢。依託LBS、SOLOMO（Social Local Mobile，表示社交、行動、本地）等行動網路最新技術和概念，可以讓線上電商更加精準地鎖定消費群和價值鏈，也可以讓線下的消費資訊更加精準、及時、有效地傳遞。

對於很多傳統企業，電子商務的轉型絕對是一個坎，一個需要企業脫胎換骨的過程，未來幾年我們將會看到越來越多的商業案例，O2O電子商務發展道路將會是勢不可擋的。

❖ O2O二維碼行銷

行動網路時代，行動電商成為未來電商市場的主力軍，但受到使用門檻高、行動支付存在安全瓶頸等制約，當下行動電商的發展面臨著不小的挑戰。O2O模式被認為是打開行動電商大門的一種很好的方法，而二維碼又是線上和線下的關鍵入口，可以將後端蘊藏的豐富資源帶到前端，因此受到各大網路廠商的重視。國際上已有很多企業與機構都爭相開始佈局二維碼應用，下面列舉一些應用場景與行業。

✧二維碼在國外的應用

二維碼在國外的應用已開展很多年並且有了廣泛的應用空間，在一些已開發國家，二維碼在城市管理服務體系和民眾日常生活服務中，都得到了有效應用。據瞭解，二維碼技術已經在美國、韓國、日本、法國、英國等眾多國家廣泛普及。

◆美國：波士頓Taranta餐廳用二維碼讓顧客能很快瞭解餐盤中的魚的有關資訊：何時、何地被捕捉，何時被送到餐廳等。由於二維碼比無線射頻識別（RFID）技術更具有安全性和保密性，美國政府要求軍用裝備必須用二維碼進行標識，如圖2-21所示。

◆法國：法國開展了一個QR Code展覽，展出的所有QR Code作品都有二維碼供用戶掃描。通過掃描二維碼，可以知道製作該作品的藝術家以及他的其他作品。

◆英國：在倫敦奧運會沙灘排球測試賽上，現場許多球迷和攝影師都無所顧忌地對著英國沙灘排球成員莎拉・鄧普妮（Sara DengPuni）和蕭娜・莫林（Shauna Maureen）的臀部狂拍，因為她倆的短褲上竟然印上了二維碼廣告。

◆韓國：首爾在市內六千三百個公車站牌佈設二維碼，提供公車查詢、旅遊指南、生活資訊等貼心服務，這一舉措不僅為乘客提供了便利的公車服務，而且還帶動了首爾的觀光旅遊。

◆日本：所有入境人員的護照都貼有二維碼，在方便管理的同時也有利於為入境人員提供更多的便利服務。

專家提醒

二維碼興起於二〇〇三年，在二〇〇六年得到廣泛應用，在日本、韓國等地區，二維碼的應用普及率達到百分之九十六以上。二〇〇六年，日本使用手機二維碼的用戶就已經達到六千萬，在街頭隨處可見標有二維碼的商品、廣告、電影票、優惠券，其流行和普及程度

圖2-21 美國軍用裝備二維碼

不亞於短訊。

✧二維碼在中國的常見應用

如今，二維碼已經成為行動網路市場上眾多產品的「標準配備」，各項應用、服務，甚至連大陸央視的節目在播放時也通過二維碼與手機用戶進行互動。

◆政務服務應用：在人口資訊服務管理方面，利用二維碼和一碼多識技術對人口計生流程進行網路化管理再造，實現了以服務對象需求為主的鏈條式追蹤服務，並將政府管理和便民服務有效地融為一體，創新了社會管理思路和方法。

◆媒體出版應用：二維碼技術將文字、圖片、音頻、視頻等媒體元素與資訊播放存儲技術結合，推動了平面媒體向商務化、物聯化時代過渡，並實現了報紙與手機、電視、網路即時互聯互通。

◆食品安全應用：利用二維碼技術不僅可以對食品進行追溯，也方便了對生產經營企業進行管理，如圖2-22所示。二維碼不僅實現了食品行業監管常態化、智慧化、即時化，而且還為企業產品的防偽溯源、行銷方案、市場精細管理和電子商務等提供了便利。

◆交通管理應用：二〇一〇年一月一日，中國新版火車票的發售是二維碼一次較大範圍的應用。新版火車票最大的特點是從一維條碼變成了方形圖案的二維碼，這不但使其防偽功能更強，驗證起

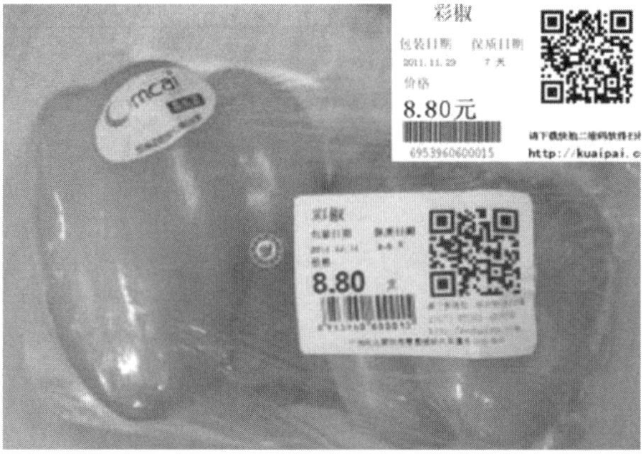

圖2-22 食品管理二維碼

來也更便捷。檢票時，乘務員只要用手持終端刷一下車票，便能驗證真假，如圖2-23所示。

專家提醒

相比歐美等地，二維碼在中國的應用並未普及。不過，隨著近年來中國通信網路的升級、智慧手機的普及以及民眾生活理念的轉變，二維碼的應用範圍也將越來越廣。

✧ O2O二維碼行銷的未來

目前，線上的O2O嘗試和二維碼行業非常火爆，因為都是網路出身，所以關注的焦點都在用戶身上，希望用高品質低價格來吸引用戶的使用，從而建立消費習慣，並基於此去打造營利模式。

網路巨頭之所以對二維碼如此熱中，很重要的原因在於希望通過二維碼來搶佔O2O入口。對於很多企業而言，二維碼本身並不能作為一項獨立的產業來發展，但是，它是行動網路產業不可缺少了一項內容，二維碼可以被當作行動網路的重要入口。

在如今的行動網路各項業務中，O2O因其具有很大潛力而脫穎而出。O2O將線下的商機與網路結合在了一起，使網路成為線下交易的前台。商家的線下服務可通過線上來招攬顧客，而顧客可在線上搜尋自己需要的服務，並在線下消費。隨著智慧手機的不斷普及，很多網路業務被移植到行動網路上，

圖2-23 火車票防偽

並取得了很好的效果，消費者刷二維碼就能獲取自己需要的服務，非常便捷，因此二維碼就被看作是進入行動網路、進入O2O的重要入口，因而受到眾多企業的重視。

O2O模式依靠二維碼技術搭建智慧化決策和控制的網路體系，包含採購、生產、銷售、配送、行銷、服務、管理等各個環節，涉及生產製造、品質追溯、物流管理、庫存管理、供應鏈管理、專賣管理、協同行銷等產品生產經營的各個方面，對企業優化產業升級、創新技術以及提升管理和服務水準具有重要意義，如**圖2-24**所示。

經過近年來的發展實踐證明，企業利用二維碼進行全通路行銷，有利於推進企業行銷體制的改革，實現各種資源在企業的優化配置，並建立起完整統一、先進實用的現代行銷系統。另外，手機購物與O2O二維碼行銷模式將成為下一個行銷趨勢。隨之而來的將是一場消費習慣和通路行銷模式的變革，消費者通過手機掃描產品的二維碼就可以進行購買，商場會變成體驗店。這是O2O行銷所帶來的改變。因此要掌握未來的行銷發展趨勢，基於二維碼的O2O行動物聯行銷將是企業不得不面對的選擇。

當O2O模式普及之後，未來商場可能就是作為一個展示和體驗中心，消費者去那裡體驗，覺得合適了，用手機掃碼購物，商品就直接送到自己的家中。這將顛

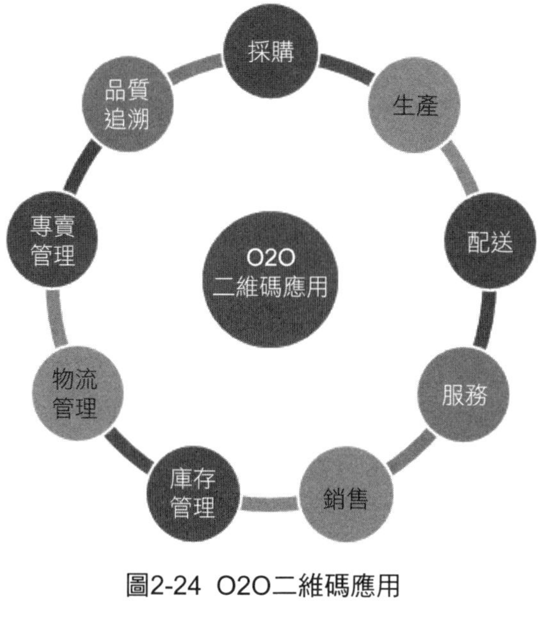

圖2-24 O2O二維碼應用

覆傳統的零售模式和電子商務模式，形成未來全新的購物模式。這種模式同時具備電子商務與終端體驗的優勢，而且能夠快速聚合數以億計的手機用戶，實現企業與消費者的利益最大化，以後必然會成為主流的商業發展模式。

專家提醒

利用二維碼技術，企業可以搭建連接線上與線下的橋樑，讓消費者通過手機掃碼隨時隨地進行行動購物，從而幫助企業將O2O模式完美落地，節約各種成本，實現利益最大化。如中國碼通為企業量身定做的手機二維碼防偽技術，不僅可以讓企業實現高科技防偽，同時也能讓企業打通電商入口，把每一件附有「中國碼通」二維碼的產品變成讓消費者實現「掃碼購物」的入口。

❖ O2O社群行銷

社群媒體行銷是指利用社群媒體（微博〔微網誌〕、論壇、新聞、博客〔部落格〕、視頻等）把握不同人群在不同社群的行為特點，進行作品的創意化設計，從而傳播產品的品牌、提高用戶忠誠度、提升品牌和促進銷量的行銷方式。

社群行銷的精神，就是一個英文單字：Engagement（社交）！要和消費者「社交」：聊天、互動、玩遊戲、開玩笑，放下身段，讓他們成為口碑傳播者，讓品牌活在人群裡，成為一個鮮活的品牌！

未來，企業要想在O2O行銷市場佔有一席之地，就必須把握好下面三種社群行銷策略，如圖2-25所示。

精準定位
全面的策略
數據的監測和報告

圖2-25 三種社群行銷策略

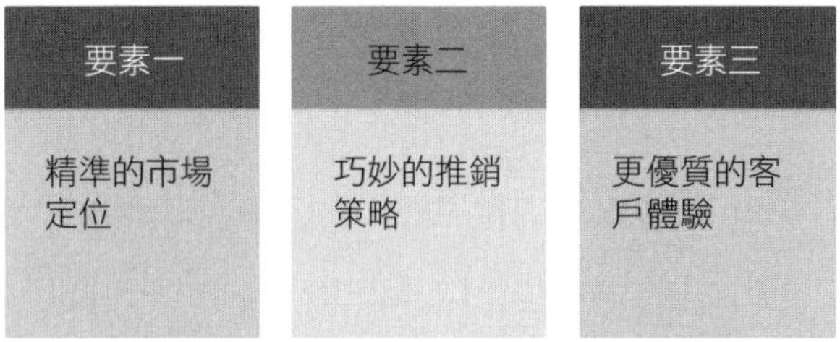
要素一
精準的市場定位
要素二
巧妙的推銷策略
要素三
更優質的客戶體驗

圖2-26 精準定位行銷的三大要素

✧ 精準定位

精準行銷是指在精準定位的基礎上，建立個性化的顧客溝通服務體系，實現企業可度量的低成本擴張或銷量增長的目的。首先，企業應該明白自己的定位和目標群體，不同的社群平台有著不同的用戶群特徵，企業第一步就要根據自身定位和客戶群特徵來判斷和選擇適合企業的社群平台，客戶群體在哪裡，企業就應該在哪裡。精準定位行銷的三大要素如**圖2-26**所示。

精準行銷可以藉助資料庫的篩選，尋找目標客戶，實施有效的推廣策略，實現精準銷售，從而大大地降低行銷費用的浪費。同時，精準行銷還能在目標客戶的行銷過程中，與客戶交流互動，更直接地瞭解用戶需求，並根據用戶需求的變化，修正企業的行銷戰略。

✧ 全面的策略

全面行銷是指行銷應貫穿於「事情的各個方面」（涉及整合行銷、關係行銷、內部行銷和社會責任行銷四個方面），而且要有廣闊統一的視野。如**圖2-27**所示為全面行銷觀念的簡圖和它的四個主題。

◆整合行銷：整合行銷是指以整合企業內外部資源為手段，重組再造企業的經營行為，充分調動一切積極因素，以實現企業目標的全面、一致化的行銷。

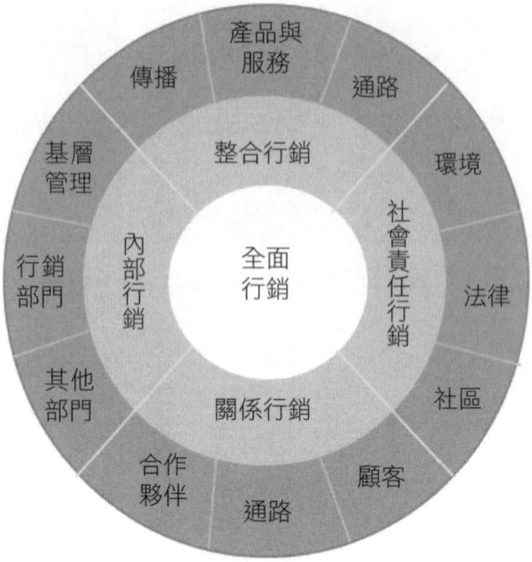

圖2-27 全面行銷簡圖和四個主題

◆關係行銷：關係行銷是企業與關鍵成員（顧客、供應商、經銷商）建立長期滿意的關係，以保持長期的業務和績效的活動過程。

◆內部行銷：內部行銷是指將雇員當作顧客，將工作當作產品，在滿足內部顧客需要的同時實現組織目標。內部行銷也是整合企業不同職能部門的一種工具，因此，內部行銷不僅要將員工個體當作顧客，而且要考慮高層管理者以及與其他職能部門之間的協調。

◆社會責任行銷：行銷不僅僅要從微觀角度注重消費者利益、企業利益，而且要從宏觀角度注重社會利益，注重企業的社會責任。在行銷中要遵守法律法規、注重行銷道德、注重對生態環境的保護、注重為所在社區的發展做出貢獻。

✧數據的監測和報告

在社群行銷過程中，即時的監控和定期的資料分析是必不可少的。企業需要有一套監控機制來服務，找到關心的問題和相關人物。哪些客戶在社群網絡上提到了自己？他們對品牌的評價如何？哪些人是最關心自己的，他們是否有消費的需求？企業需要找到這些內容，並加以回饋。

另外，企業還需要做好定期的報告和總結，這也是推動企業社群行銷的關鍵，網路上的訊息千變萬化，企業的行銷策略也應該與之相適應。

例如，二○一三年七月，中國第三方支付企業易寶支付正在低調測試一款餐飲行銷類產品「哆啦寶」，欲憑藉其掌握的支付數據反向嘗試客戶管理和精準行銷。這也標誌著易寶支付將從消費後端的支付環節正式涉足消費前端的行銷環節。

「哆啦寶」是針對線下商戶的智慧支付行銷解決方案，集硬體智慧銷售終端POS（銷售點資訊系統（Point of Sales））、軟體會員行銷解決方案、商戶網路行銷平台以及社群媒體行銷平台於一體的效果行銷解決方案，旨在掀起線下支付行銷按效果付費的風潮，幫助企業一起挖掘「消費後市場數據」，如**圖2-28**所示。

圖2-28　「哆啦寶」的行銷特點

「哆啦寶」主要面向餐飲類商戶，通過在商戶POS機中內置一套系統，來採集用戶交易資料、進行客戶管理。消費者第一次在商家刷卡消費時，在POS機上輸入手機號，可以收到商家的紅包訊息。下次到店刷卡消費時，POS機內置系統將自動識別紅包訊息，並扣掉相應的優惠金額，並再生成一個紅包，依次循環。

數據顯示，截至二○一三年年末，全中國累計發行銀行卡四十二億一千四百萬張，較上年年末增長百分之十九．二三，增速放緩○．五七個百分點。中國人均擁有銀行卡三．一一張，較上年年末增長百分之十七・八。其中，信用卡人均擁有〇・二九張，較二〇一二年年末增長百分之十六。二〇一三年，全中國共發生銀行卡業務四百七十五億九千六百萬筆，同比增長百分之二十二・三一；金額為四百二十三兆三千六百億元，同比增長百分之二十二・二八，增速加快十五・三八個百分點；日均一億三千零三十九萬八千八百筆，金額為一兆一千五百九十八億九千一百萬元。

易寶支付也發現了其中的大機遇，並與近百家金融機構達成戰略合作關係，支持三十四家銀行卡升級為紅包銀行卡，普通銀行卡只要刷「哆啦寶」POS，即可為此卡創建一個紅包賬戶，完成智慧升級。此後，在任何一家「哆啦寶」合作商戶刷卡，即可獲得商家消費後返還的現金紅包，並直接存入紅包銀行卡，下次刷卡消費可自動抵現。此模式不改變商戶使用傳統POS系統的任何操作，無聲無息地就可幫商戶完成消費後行銷，同時消費者只需激活一次，即可盡享「哆啦寶」合作商戶的個性化優惠折扣。如**圖2-29**所示為哆啦寶刷卡送紅包行銷。

透過內置的軟體，POS機產生的每一筆刷卡交易都將在「哆啦寶」形成紀錄，「哆啦寶」可以基於交易資料做精準的客戶行銷，提高二次消費率，其營收主要通過商戶返點獲得。據悉，「哆啦寶」試營運期間，合作商戶的回客率已高於百分之十六，超過了團購行業大約百分之十的回頭率。據悉，易寶支付旗下目前在中國鋪設了約十萬台POS機商戶（佔中國終端POS機總數的百分之一・七左右）。

易寶支付的「哆啦寶」代表了一種近期正在流行的新趨勢：深入商

圖2-29 哆啦寶刷卡送紅包行銷

戶後端，精細化營運老客戶，而不是一味追求前端行銷。「哆啦寶」的服務歸根結柢，也最有價值的部分其實是數據服務。

社群行銷的核心就是「深化與客戶的關係」。因此，未來企業要把與客戶的「弱關係」轉變為「強關係」，只有把關係放在首位，深化與客戶的關係，才會有長期的、高品質的發展和收穫。

3

精心佈局，直擊O2O線上推廣

學前提示

對於O2O的發展來說，線上推廣是其關鍵性的第一步，能否走好這一步，對O2O的整個環節至關重要。在本章，將介紹多種線上行銷與推廣的方式，並結合案例，對這幾種方式的O2O線上行銷應用進行具體分析。

要點展示

◆全面出擊，O2O線上行銷

◆焦點關注，O2O線上互動

✣全面出擊，O2O線上行銷

O2O的行銷分為線上與線下兩個層面，其中線上的行銷方式主要有社群網站行銷、垂直門戶行銷、視頻行銷、搜尋引擎行銷、論壇行銷與軟文行銷等。

❖社群網站行銷

社區，就是同一地區或同一國的人所構成的社會；網站正如其字面傳達的訊息，就是一種通信工具，就像公告欄一樣，人們可以通過網站來發佈自己想要公開的資訊，或者利用網站來提供相關的網路服務。社區與網站結合起來就形成了一個網路上的小社會，既然是社會，就必須有用戶，而用戶就一定需要有身份，社群網站就是為用戶提供身份的，用戶通過註冊和登錄，可以在社群網站上享受其提供的服務，如遊戲、交易等。

如今，知名的社群網站主要有天涯社區、百度貼吧、貓撲社區、人民網、中華網、21CN社區等，這些社群網站為用戶提供了論壇、博客、相冊、影音、站內消息、虛擬交易等多種服務。如**圖3-1**所示為著名的社群網站。

圖3-1 著名的社群網站

社群網站的內容主要傾向於為用戶提供生活上的需求與服務，如二手物品轉讓、上下班拼車等。社群網站為用戶帶來了大量的資訊，它不僅帶動了用戶的社區生活，而且還帶動了整個商圈、訊息圈、娛樂圈的發展。由於社群網站具有如此強大的功能，目前已經成為O2O商家線上推廣的重要工具之一，商家可以通過社群網站這個平台進行廣告宣傳與資訊傳遞，吸引大量客戶。如**圖3-2**所示為天涯社區廣告宣傳。

在社群網站這個平台，商家通過廣告宣傳與資訊發佈可以傳遞自己的產品和服務訊息，而用戶因為社群網站資訊發佈的及時與全面，也能快捷地找到自己所需求的訊息。社區和網路的鏈接在很大程度上促進了O2O行銷的發展，它不僅帶動了網路消費，還促進了網路文化與社區文化的傳播，在一定程度上大大地提高了用戶O2O的生活水準。

圖3-2　天涯社區廣告宣傳

未來，社群網站要想得到更多的用戶與商家的信賴，就必須立足用戶的基本資訊需求，不僅僅是在日常生活上面，還要在求職就業、教育、社區文化、房地產、交友娛樂等方方面面進行O2O的轉型探討。

社區和生活是分不開的，社區的網路建設也要和生活息息相關，因為扎根基層才能建設輝煌。在這方面我們可以借鑑社區生活網，社區生活網不僅為用戶提供日常的需求資訊，更是把社區用戶的生活和網路聯繫起來，把用戶的需求和商家的供應需求資訊聯繫起來，全方位地給用戶和商家提供了一個交流O2O平台，讓資訊服務於居民，讓需求服務於商家。

專家提醒

企業利用社群網站進行O2O行銷，不僅要注重線上推廣，更要堅持多做線下活動，增強用戶線上線下的互動，這樣才能保證社群網站的行銷效果。

❖垂直門戶行銷

垂直門戶是一種入口網站類型，相對於內容廣泛而全面、覆蓋各行各業的傳統入口網站而言，垂直門戶更專注於某一領域（或地域），如資訊科技、娛樂、體育、汽車等，它的發展目標是成為某一領域（或地域）的第一站。

典型的垂直門戶有專注於資訊科技領域的「中關村在線」、專注汽車的「汽車之家」、專注體育的「虎撲NBA」、專注財經的「東方財富」、專注房產的「搜房網」、專注教育資源的「中國教育出版網」與專注工程機械的「中國工程機械商貿網」。如圖3-3所示為垂直門戶汽車之家。

圖3-3 垂直門戶汽車之家

垂直門戶網站的特色就是專一，它不追求大而全，只做自己本身熟悉領域的事，相比傳統綜合網站而言更具權威性與專業性。由於垂直門戶網站對本身行業瞭解得更深刻，採取吸引顧客的手段就顯得更加專業、權威、精彩，這對於O2O的線上推廣來說，無疑是有巨大幫助的。

垂直門戶網站的用戶不是一般的閒散用戶，他們基本上都屬於該行業的消費者，每一個用戶都代表著強大的購買力，他們的消費平均水準比綜合網站用戶要高出許多倍，所以，對於O2O行動電商來說，在垂直門戶網站上進行線上推廣將會比在綜合網站上推廣的效果好得多。

垂直門戶網站加上O2O電子行銷將能以更權威、更專業的內容吸引和刺激用戶消費。在行動網路行銷的O2O時代，商家如果能夠抓住垂直門戶網站的發展優勢，在垂直門戶網站上進行線上推廣，或建立自己的垂直門戶網站，為顧客提供一條龍式的服務模式，將會吸引越來越多的消費者。垂直門戶O2O電子商務因為有專家的指引，使用戶購物變得更方便，目前已是發展O2O推廣的重要工具之一。

專家提醒

行業垂直門戶網站比傳統入口網站更專注於某一業務領域，不似入口網站卻勝似入口網站。行業垂直門戶網站都是各自行業的權威、專家，通過把網站資訊做得更精彩來吸引顧客，從而帶來了網路消費發展的新高潮。

研究表明，隨著網路用戶的增加和對各種服務要求的差異，網上充斥著海量的各種資訊，這就為專業化、細分化的網路平台和網路資訊服務提供了充足的發展空間。所以，對於商家來說，目前，只從事某一個或幾個專業領域的網站平台，將會為O2O贏來黃金般的發展時機。

❖ 視頻行銷

目前，製作視頻、利用視頻進行線上推廣已經成了O2O線上行銷的重要方式之一。視頻行銷指的是企業將各種影音短片以各種形式放到網路上，來達到一定的宣傳目的的行銷手段。網路視頻廣告的形式類似於電視影音短片，平台卻在網路上，「視頻」與「網路」的結合，讓這種創新行銷形式具備了兩者的優點。如**圖3-4**所示為視頻行銷。

視頻行銷主要有以下三大策略。

✧「病毒」行銷策略

視頻行銷的厲害之處在於傳播精準，首先會讓用戶產生興趣，關注視頻，再讓用戶由關注者變為傳播分享者，而被傳播對象勢必和其有著一樣的特徵與興趣，這一系列過程就是在對目標消費者進行精準篩選傳播。

網民看到一些經典的、有趣的、輕鬆的影音短片總是願意主動去傳播，通過受眾主動自發地傳播企業品牌訊息，視頻就會帶著企業的訊息像病毒一樣在網路上擴散。病毒行銷的關鍵在於企業需要有好的、有價值的視頻內容，然後尋找到一些易感人群等幫助傳播。

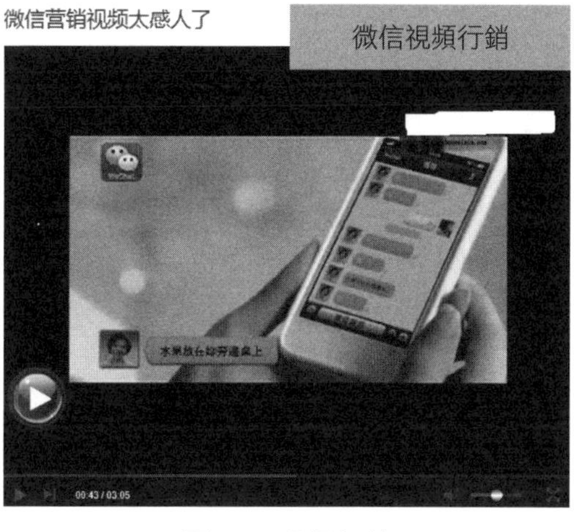
微信营销视频太感人了
微信視頻行銷
00:43 / 03:05

圖3-4 視頻行銷

✧ 事件行銷策略

事件行銷一直是線上推廣的熱點，中國很多品牌都依靠事件行銷取得了成功，其實，策劃有影響力的事件，編製一個有意思的故事，將這個事件拍攝成影音短片，也是一種非常好的方式，而且，有事件內容的影音短片更容易被網民傳播，將事件行銷思路放到視頻行銷上，將會開闢出新的行銷價值。

著名的寵物社群平台「聞聞窩」便是憑藉視頻的事件行銷策略獲得成功的。打著情感牌進行行銷的聞聞窩，拍攝了一部微電影《聞聞的世界》，講述了聞聞窩創始人與愛犬的故事。這部微電影一經播出，就受到了眾多愛寵網民的關注，在短時間內迅速走紅。而藉助電影的聞聞窩也因為其特別的視頻行銷策略，得到眾多商家的投資與眾多用戶的關注，如圖3-5所示。

圖3-5 微電影行銷策略

✧ 整合行銷策略

由於每個用戶接觸的媒介和網路接觸行為習慣不同，這使得單一的視頻傳播很難有好的效果。因此，視頻行銷首先需要在公司的網站上開闢專區，吸引目標客戶的關注；其次，也應該跟主流的門戶、視頻網站合作，提升視頻的影響力。而且，對於網路的用戶來說，線下活動和線下參與也是重要的一部分，因此通過網路上的視頻行銷，整合線下的活動、線下的媒體等進行品牌傳播，將會使視頻的線上推廣達到更好的效果。

對於企業與商家來說，要想利用視頻做好線上推廣，不僅要學會視頻行銷的策略，還要掌握視頻行銷的技巧，如圖3-6所示。

商家如果能夠掌握視頻行銷的策略與技巧，利用視頻行銷直擊O2O線上推廣，將會在這個網路行銷時代獲得更多意想不到的好處。如圖3-7所示為視頻網路推廣優勢。

❖ 搜尋引擎行銷

搜尋引擎行銷是英文Search Engine Marketing的翻譯，簡稱SEM。簡單來說就是基於搜尋引擎平台的網路行銷，利用用戶對搜尋引擎的依賴和使用習慣，在用戶

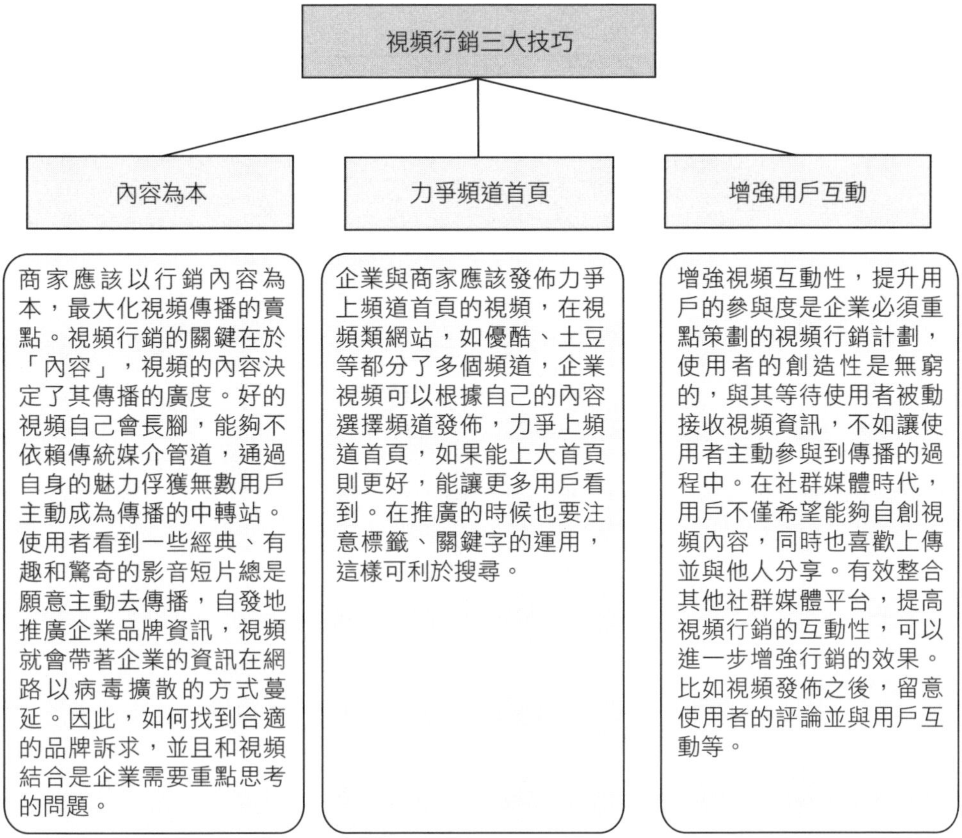

視頻行銷三大技巧
內容為本
力爭頻道首頁
增強用戶互動
商家應該以行銷內容為本，最大化視頻傳播的賣點。視頻行銷的關鍵在於「內容」，視頻的內容決定了其傳播的廣度。好的視頻自己會長腳，能夠不依賴傳統媒介管道，通過自身的魅力俘獲無數用戶主動成為傳播的中轉站。使用者看到一些經典、有趣和驚奇的影音短片總是願意主動去傳播，自發地推廣企業品牌資訊，視頻就會帶著企業的資訊在網路以病毒擴散的方式蔓延。因此，如何找到合適的品牌訴求，並且和視頻結合是企業需要重點思考的問題。
企業與商家應該發佈力爭上頻道首頁的視頻，在視頻類網站，如優酷、土豆等都分了多個頻道，企業視頻可以根據自己的內容選擇頻道發佈，力爭上頻道首頁，如果能上大首頁則更好，能讓更多用戶看到。在推廣的時候也要注意標籤、關鍵字的運用，這樣可利於搜尋。
增強視頻互動性，提升用戶的參與度是企業必須重點策劃的視頻行銷計劃，使用者的創造性是無窮的，與其等待使用者被動接收視頻資訊，不如讓使用者主動參與到傳播的過程中。在社群媒體時代，用戶不僅希望能夠自創視頻內容，同時也喜歡上傳並與他人分享。有效整合其他社群媒體平台，提高視頻行銷的互動性，可以進一步增強行銷的效果。比如視頻發佈之後，留意使用者的評論並與用戶互動等。

圖3-6 視頻行銷三大技巧

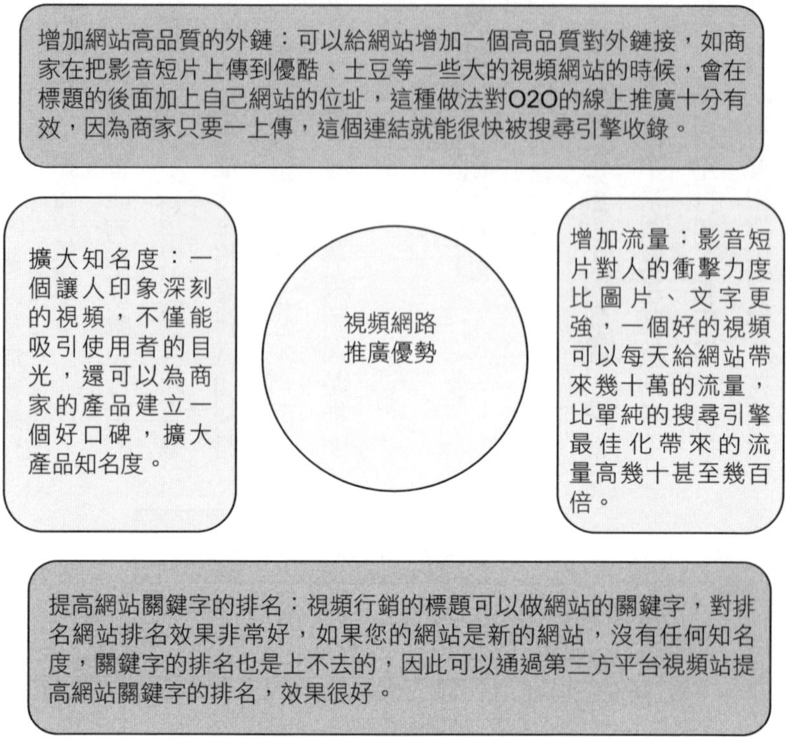
增加網站高品質的外鏈：可以給網站增加一個高品質對外鏈接，如商家在把影音短片上傳到優酷、土豆等一些大的視頻網站的時候，會在標題的後面加上自己網站的位址，這種做法對O2O的線上推廣十分有效，因為商家只要一上傳，這個連結就能很快被搜尋引擎收錄。
擴大知名度：一個讓人印象深刻的視頻，不僅能吸引使用者的目光，還可以為商家的產品建立一個好口碑，擴大產品知名度。
視頻網路推廣優勢
增加流量：影音短片對人的衝擊力度比圖片、文字更強，一個好的視頻可以每天給網站帶來幾十萬的流量，比單純的搜尋引擎最佳化帶來的流量高幾十甚至幾百倍。
提高網站關鍵字的排名：視頻行銷的標題可以做網站的關鍵字，對排名網站排名效果非常好，如果您的網站是新的網站，沒有任何知名度，關鍵字的排名也是上不去的，因此可以通過第三方平台視頻站提高網站關鍵字的排名，效果很好。

圖3-7 視頻網路推廣優勢

檢索資訊的時候盡可能將行銷訊息傳遞給目標客戶。

搜尋引擎行銷的基本思想是讓用戶發現訊息，並通過點擊進網站／網頁進一步瞭解他所需要的資訊。如圖3-8所示為搜尋引擎行銷流程。

現在搜尋引擎行銷逐步被商家應用到O2O線上行銷中，商家在利用搜尋引擎開展線上推廣活動的時候，首先必須通曉搜尋引擎行銷的層次步驟。搜尋引擎行銷主要分為四個層次，分別是存在層、表現層、關注層和轉化層。

✧存在層

存在層的目標是獲得被收錄在主要的搜尋引擎／分類目錄中的機會，這是搜尋引擎行銷的基礎之一，第二個基礎是通過競價排名方式出現在搜尋引擎中。離開這兩個基礎，搜尋引擎行銷的其他目標也就不可能實現。

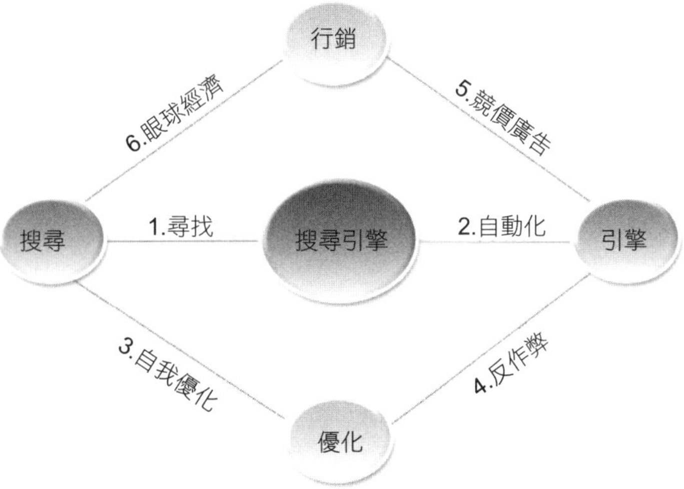

圖3-8 搜尋引擎行銷流程

搜尋引擎登錄包括免費登錄、付費登錄、搜尋引擎關鍵詞廣告等形式。存在層的含義就是讓網站中盡可能多的網頁被搜尋引擎收錄（而不僅僅是網站首頁），也就是為增加網頁的搜尋引擎可見性。

✧ 表現層

表現層的目標是在被搜尋引擎收錄的基礎上盡可能獲得好的排名，即在搜尋結果中有良好的表現。

因為用戶關心的只是搜尋結果中靠前的少量內容，如果利用主要的關鍵詞檢索時，網站在搜尋結果中的排名靠後，那麼就有必要利用關鍵詞廣告、競價廣告等形式作為補充手段來實現這一目標。同樣，如果在分類目錄中的位置不理想，則需要同時考慮在分類目錄中利用付費等方式獲得靠前的排名。

✧ 關注層

關注層的目標直接表現為網站訪問量指標方面，也就是通過搜尋結果點擊率的增加來達到提高網站訪問量的目的。由於只有得到用戶關注，經過用戶選擇後的資訊才可能被點擊，因此可稱為關注層。

從搜尋引擎的實際情況來看，僅僅做到被搜尋引擎收錄並且在搜尋結果中排名靠前是不夠的，這樣並不一定能增加用戶的點擊率，更不能保證將訪問者轉化為顧客。要通過搜尋引擎進行O2O行銷，實現訪問量增加的目標，則需要從整體上進行網站優化設計，並充分利用關鍵詞廣告等有價值的搜尋引擎行銷專業服務。

✧轉化層

轉化層即通過訪問量的增加轉化為企業最終實現收益的提高。轉化層是前面三個目標層次的進一步提升，是各種搜尋引擎方法所實現效果的集中體現，但並不是搜尋引擎行銷的直接效果。從各種搜尋引擎策略到產生收益，期間的中間效果表現為網站訪問量的增加。網站的收益是由訪問量轉化所形成的，從訪問量轉化為收益則是由網站的技術、功能、服務、產品等多種因素共同作用所決定的。

因此，第四個目標在搜尋引擎行銷中屬於戰略層次的目標，其他三個層次的目標則屬於策略範疇，具有可操作性和可控制性的特徵，實現這些基本目標是搜尋引擎行銷的主要任務。

搜尋引擎O2O行銷主要是指全面而有效地利用搜尋引擎來進行網路行銷和線上推廣。搜尋引擎行銷追求最高的性價比，以最小的投入，獲得最大的來自搜尋引擎的訪問量，並產生商業價值。如圖3-9所示為三六〇搜尋引擎奶粉搜尋熱榜。

360搜索 · 安全保障
展开
婴儿奶粉 热榜
展开
荐
牛栏奶粉
美赞臣
贝因美
进口奶粉 热榜
展开
荐
婴儿奶粉
惠氏奶粉
雀巢奶粉

圖3-9 三六〇搜尋引擎奶粉搜尋熱榜

搜尋引擎具有先天的行銷優勢，與傳統媒體被動推送訊息不同，在搜尋引擎上，用戶會主動尋找感興趣的產品和資訊。對用戶來說，其搜尋行為本身就表明了對產品的興趣度與關注度，由此來看，商家使用搜尋引擎行銷會使行銷效果更加精準，而精準無疑是所有O2O行銷者最關注的。

❖論壇行銷

論壇行銷就是，企業利用論壇這種網路交流的平台，通過文字、圖片、視頻等方式發佈企業的產品和服務的資訊，從而讓目標客戶更加深刻地瞭解企業的產品和服務，最終，成功達到宣傳企業品牌、加深市場認知度的網路行銷目的。如圖3-10所示為天涯論壇進行的飯店行業行銷。

論壇是網路誕生之初就存在的形式，歷經多年洗禮，論壇作為一種網路平台，不僅沒有消失，反而越來越煥發出它巨大的活力。其實人們早在論壇作為新鮮媒體出現時，就開始在論壇區塊發佈企業產品的一些資訊，利用它進行各種各樣的企業行銷活動。不過，對於現在來說，發佈產品資訊可謂是論壇行銷最簡單的一種方式了。

如今，在行動網路發展的推動下，論壇行銷與O2O結合，利用互相的發展優勢，成功地為企業的線上推廣打造了一個新的平台。

圖3-10 天涯論壇行銷

論壇行銷可以成為支持整個網站推廣的主要方式，尤其是在網站剛開始的時候，利用論壇進行推廣，絕對是一個絕佳的O2O行銷方式。企業利用論壇的超高人氣，可以有效地提供行銷的傳播服務，由於論壇話題的開放性，幾乎可以滿足企業所有的行銷訴求。

論壇行銷是以論壇為媒介，企業參與論壇討論，利用論壇建立自己的知名度和權威度，並順帶推廣自己的產品或服務。對於企業來說，如果能夠把論壇行銷運用好，將能為其O2O線上推廣帶來無窮的利益。

企業在利用論壇行銷之前，一定要先熟悉論壇行銷的基本策略，掌握論壇行銷的技巧。

✧選擇符合產品的論壇

在進行論壇行銷時，企業一定要根據網站產品的特性，選擇合適的論壇，最好是能夠直擊目標客戶的論壇。例如，法國的百吉福（Milkana）起士在面對不同的論壇時，沒有任何猶豫，準確出擊，開始佔領陣地覆蓋大的網路社群，尤其關注育嬰、育兒等版面，如**圖3-11**所示。百吉福在選擇了合適的論壇之後，通過普及起士知識，進行寶寶營養膳食的教育，不斷地吸引目標人群，在短期內吸引了大批用戶。

圖3-11 百吉福育嬰論壇發帖行銷

巧妙設計帖子的內容

作為傳遞產品訊息的載體，資訊傳達的成功與否主要取決於帖子的標題、主帖與回帖三部分，如果一個帖子能夠吸引用戶點擊，又巧妙地傳遞了產品的訊息，同時讓用戶感受不到它的廣告性，那麼這個帖子就是成功的。

◆標題：可以說帖子成功的關鍵在於標題寫得恰當與否。標題寫得誘人，可以增加帖子的瀏覽量，因此標題是帖子的關鍵。

◆主帖：當用戶被標題吸引到主帖時，帖子內容的品質直接決定了回覆，因此，企業在發佈帖子內容時，可以盡量傳達產品對用戶的重要性或相關性。企業也可以在回覆時設置懸念，傳達產品訊息。

中國最大的酵母生產企業安琪酵母股份有限公司選擇在新浪、搜狐、TOM等有影響力的社群論壇製造話題，策劃了「由一個饅頭引發的婆媳大戰」事件。

這個事件以第一人稱講述了南方的媳婦和北方的婆婆關於饅頭發生爭執的故事，帖子出來後，引發了不少討論，其中就涉及了酵母的應用。在論壇中，企業專業人士有意將話題的方向引入酵母應用功能上，讓用戶知道了酵母不僅能蒸饅頭，還可以直接食用，並有很多保健美容功能，比如減肥。由於當時正值六月，正是減肥旺季，而減肥又是女人永遠的關注點，於是，論壇上的討論成功地由婆媳關係轉移到了酵母的一個重要的功效——減肥，如**圖3-12**所示。

安琪酵母公司的這次論壇行銷十分成功，在帖子出來後不久，其

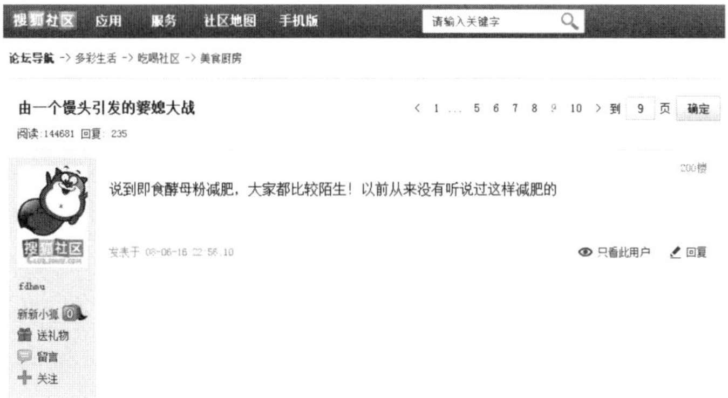

圖3-12 「由一個饅頭引發的婆媳大戰」論壇帖

公司的接入電話量陡增，此外，用戶在百度上輸入了「安琪酵母」這個關鍵詞時，頁面的相關搜尋裡就會顯示出「安琪即食酵母粉」、「安琪酵母粉」等十個相關搜尋，安琪酵母也因為此次活動獲得了較高的品牌知名度和關注度。

在這個案例中，安琪酵母公司正是首先採用了一個具有吸引力的標題——《由一個饅頭引發的婆媳大戰》，成功地吸引了用戶的注意力，其後，又繼續回覆誘導用戶轉而談論酵母菌的作用，順利地完成了此次酵母粉的行銷計劃。

◆回帖：回帖一般為用戶對於產品的「主觀」評論，評價過高會讓用戶察覺到整個帖子的意圖，影響產品傳達的效果。因此，在寫回覆時要採取發散性思維，聲東擊西，為產品資訊做掩護，將用戶可能產生的負面情緒降到最低。

✧及時有效地追蹤帖子

帖子發出後，如果不進行後期追蹤維護，那麼帖子很快就會沉下去，尤其是在人氣比較旺的論壇，沉帖後，帖子就再也不能起到任何行銷作用了。

對於論壇行銷來說，後期帖子的維護對於整個行銷環節來說至關重要，及時地頂帖，可以使帖子始終處於第一屏，會被目標用戶所瀏覽。維護帖子不要一味地去誇獎，或進行誇張的評價，應把握好尺度，可以從反面辯駁（挑產品不重要的缺點去說，比如顏色不好等），挑起爭論，進一步把帖子「炒熱」，引起更多用戶的關注。

> **專家提醒**
>
> 論壇行銷的主旨，無疑是討論行銷之道，論壇行銷應在多樣化的基礎上，逐漸培養和形成自己的主流文化或文風。比如，設一些專欄，聘請或培養自己的專欄作家和專欄評論家，就用戶廣泛關心的話題發言。
>
> 企業實行論壇行銷不是為了說服用戶或強行灌輸銷售訊息給用戶，而是應該引導論壇逐漸形成自己的主流風格。行銷論壇包容多樣化的觀點，多樣化的文風，是行銷人強烈自信心的表現。

對於O2O的線上推廣來說，採取論壇進行發帖散佈消息無疑是一個極好的尋找顧客的行銷方式，因為論壇不僅門檻低，有大量的流量，而且還有強大的群體通信功能。

❖ 軟文行銷

軟文行銷，就是指通過特定的概念訴求、以擺事實講道理的方式使消費者走進企業設定的「思維圈」，以強有力的針對性心理攻擊，迅速實現產品銷售的文字模式和口頭傳播。如圖3-13所示為軟文行銷。

從本質上來說，軟文是企業軟性滲透的商業策略在廣告形式上的實現，通常是藉助文字表達與輿論傳播使消費者認同某種概念、觀點和分析思路，從而達到企業品牌宣傳、產品銷售的目的。比如

圖3-13 軟文行銷

新聞、第三方評論、訪談、採訪與口碑傳述等都屬於軟文的一種。

軟文行銷是生命力最強的一種廣告形式，也是很有技巧性的廣告形式，軟文是相對於硬性廣告而言，由企業的市場策劃人員或廣告公司的文案人員來負責撰寫的「文字廣告」。與硬廣告相比，軟文之所以叫作軟文，精妙之處就在於一個「軟」字，好似綿裡藏針，收而不露，克敵於無形。等到用戶發現這是一篇軟文的時候，用戶已經掉入了被精心設計過的「軟文廣告」陷阱中。

軟文行銷追求的是一種春風化雨、潤物無聲的傳播效果。如果說硬廣告是外家的少林功夫；那麼，軟文則是綿裡藏針、以柔克剛的武當拳法。軟硬兼施、內外兼修，是O2O強有力的線上行銷手段之一。

據瞭解，軟文的撰寫，對網頁收錄起著至關重要的作用，因此，企業在O2O行銷中，也必須考慮軟文的撰寫，以及軟文在搜尋引擎中的收錄情況。好的軟文不光可以在發佈的平台上帶來一定的曝光率，並且還能讓搜尋引擎收錄，然後通過搜尋引擎帶來更多的流量和曝光率。

然而，如何發佈軟文才既能讓搜尋引擎收錄，又能提高用戶的體驗呢？發佈軟文時一定要注意以下三點，如圖3-14所示。

◆網站權重問題：企業在發佈軟文時一定要選擇權重相對較高的網站，因為在權重相對高的網站，軟文很容易被收錄，而在權重偏低的網站，軟文就不一定會被收錄了。

◆發佈平台問題：平台的權重不同會影響軟文發佈的效果，好的平台會為軟文行銷帶來大的流量，而差的平台則有可能阻礙軟文的線上傳播。

◆操作方式問題：軟文行銷的操作方式對O2O的線上傳播也有影響，文章該怎麼寫、怎麼發、發

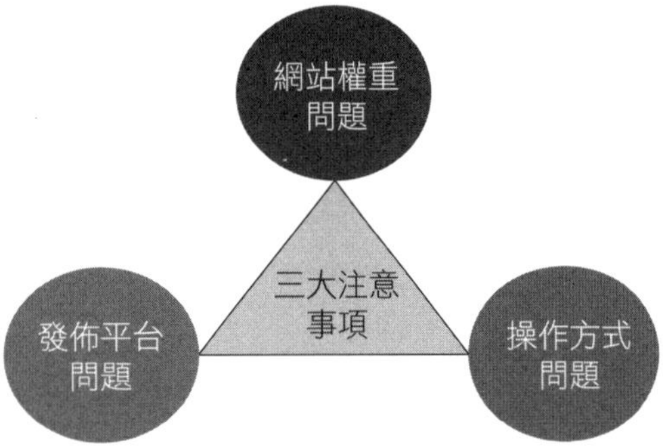

圖3-14 軟文發佈注意事項

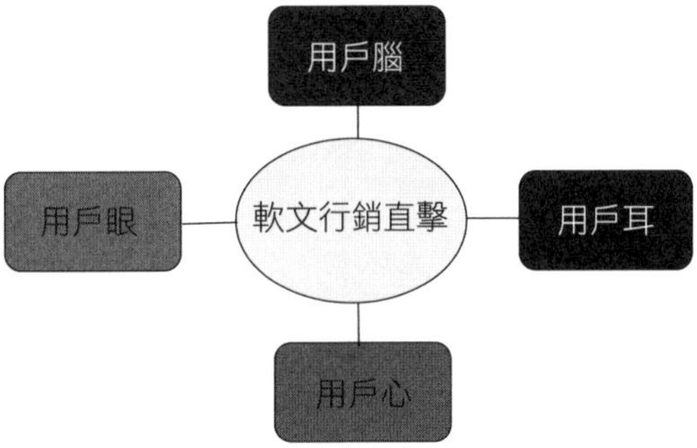

圖3-15 軟文行銷的特點

在哪裡、一篇文章一次可以發佈到多少個平台、什麼樣的文章更容易被收錄，什麼樣的文章更容易吸引來流量等，這些都是企業進行軟文行銷時必須考慮的問題。進行軟文行銷時最好是大批量地發佈，發佈得越廣效果會越好。

軟文行銷的特點是不僅能使用戶「眼軟」、「腦軟」，容易停留住目光，關注產品，對產品產生深刻印象，想要進一步瞭解產品；還能使用戶耳軟、心軟，能夠用心傾聽產品介紹，相信企業的描述，從而購買產品，如圖3-15所示。

從軟文行銷的特點來看，它對於O2O的線上行銷有著至關重要的作用，通過軟文行銷，商家可以吸引用戶的目光，從而進一步留住用戶的心，所以，對於商家來說，在轉型O2O行銷時一定要掌握軟文行銷的方法。

✧ 專欄行銷

早期的軟文大多是專欄形式，它起源於平面廣告的演變，因此專欄也被稱為「文字廣告」。當單純的平面廣告無法深層次地說明產品功效，以及所能表達的訊息通過廣告很難完成的時候，廣告就成了文字廣告，也就是今天所謂的「專欄」。

「專欄」多用於對保健、美容等類型消費品的宣傳，此類產品的特點是內涵較少，用戶對它們很少主動關注，因此簡單的平面廣告效果十分有限。相反，配上較吸引目光的圖片，圖文並茂地對消費者進行心理攻擊，就能使其產生強烈的購買慾望。

對於專欄，業內有一個不成文的說法，就是只要有錢，什麼樣的文章都可以上報紙。也就是說，實在沒轍了，走專欄總還能把文章發出來，讓用戶看到。正是因為這樣，專欄是日常傳播中不可缺少的一個補充，企業文化、產品深入介紹、消費環境模擬、試用手記等文章經常會需要專欄來配合，專欄行銷已經成為軟文行銷的重要手段之一。

✧炒作行銷

很多事情在普通人眼裡是小事，但是對於軟文炒作而言，一定是大事。只要把事情炒大了，並且最終能自圓其說，就能達到最佳的行銷效果。炒作要從各個角度同時進行，首先企業要對其產品進行強弱危機分析（SWOT Analysis），發現產品推廣的優勢、劣勢、機會和挑戰，然後根據發現，有效地制定軟文需要炒作的總體路線，最後針對行業、產業、企業、通路、消費者、品牌等各個角度進行全方位的炒作。

在進行軟文行銷時，不少商家希望通過一次軟文行銷就能帶來很高的銷量，或者是大幅度提高炒作網站的點擊率，其實這是很難實現的。因為軟文不如硬廣告那樣直接，它是通過文字潛移默化地影響人們的思想，只有通過長期的行銷宣傳，才能提升品牌的知名度和美譽度，進而才能在行銷上產生質的變化。

看來通過軟文行銷進行O2O線上推廣，不僅能夠提高品牌知名度，還能為網站引來大量用戶，高品質的軟文被轉載分享後更能為網站帶來大量的對外鏈接，這些對提高網站關鍵詞排名和權重的效果都不容小覷。雖然軟文行銷的效果十分明顯，但軟文的寫作能力卻成為眾多商家行銷的門檻，很多商家雖然能把一篇軟文拿出來，但卻往往不能達到其想要的行銷效果。對於商家來說，如何提高軟文行銷推廣的效果，已經成了一個令人十分困擾的問題。為了解決這個問題，將從軟文的標題、話題、結構和廣告融入四個方面入手分析，總結出軟文行銷的四點要素，如**圖3-16**所示。

✧ 要素一：標題具有吸引力

軟文文章內容再豐富，如果沒有一個具有足夠吸引力的標題也是徒勞的，文章的標題猶如企業的標誌，代表著文章的核心內容，其好壞甚至直接影響了軟文行銷的成敗。所以創作軟文的第一步，就是要賦予文章一個富有誘惑、震撼、神秘感的標題。

下面介紹幾種軟文標題的類型，如**圖3-17**所示。

不過，在這裡重點提醒，標題雖然要有誘惑力，但是切忌變成標題黨，以致給用戶帶來貨不對板、掛羊頭賣狗肉的感覺。

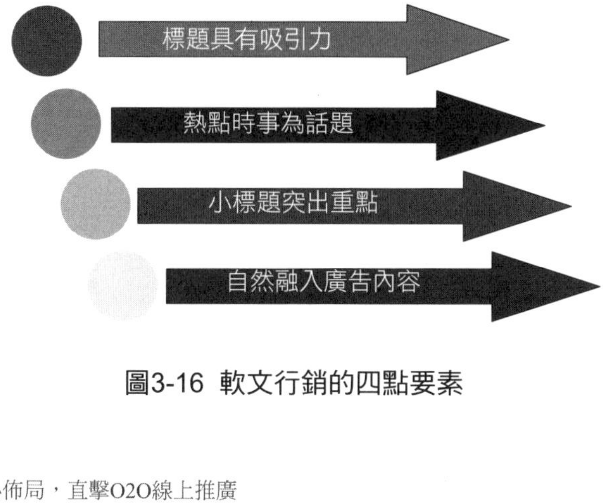
標題具有吸引力
熱點時事為話題
小標題突出重點
自然融入廣告內容

圖3-16 軟文行銷的四點要素

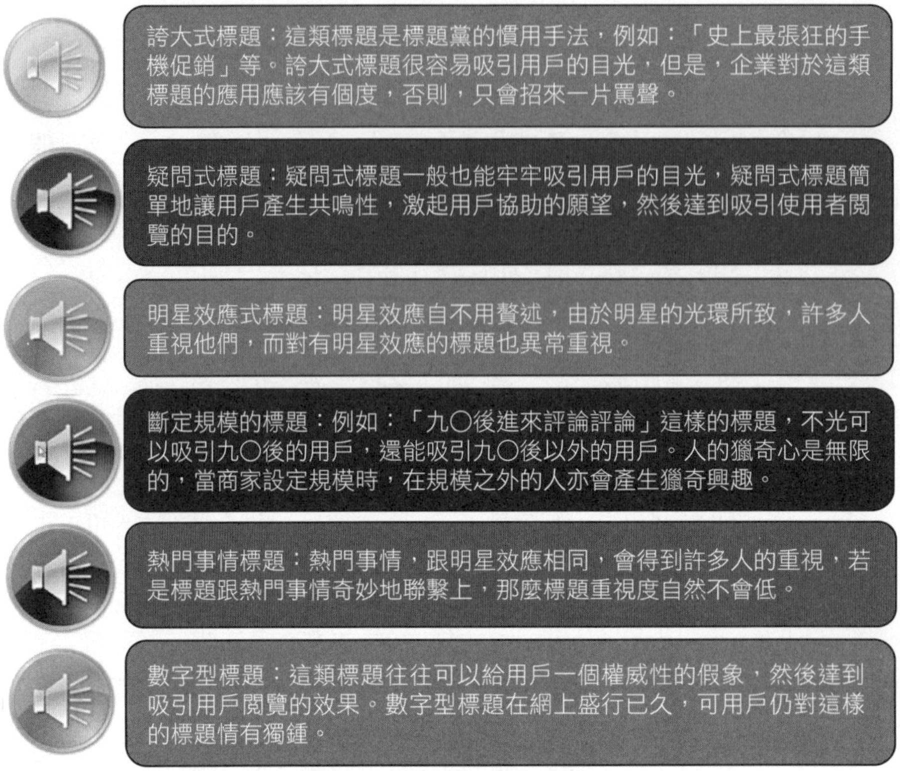
誇大式標題：這類標題是標題黨的慣用手法，例如：「史上最張狂的手機促銷」等。誇大式標題很容易吸引用戶的目光，但是，企業對於這類標題的應用應該有個度，否則，只會招來一片罵聲。
疑問式標題：疑問式標題一般也能牢牢吸引用戶的目光，疑問式標題簡單地讓用戶產生共鳴性，激起用戶協助的願望，然後達到吸引使用者閱覽的目的。
明星效應式標題：明星效應自不用贅述，由於明星的光環所致，許多人重視他們，而對有明星效應的標題也異常重視。
斷定規模的標題：例如：「九〇後進來評論評論」這樣的標題，不光可以吸引九〇後的用戶，還能吸引九〇後以外的用戶。人的獵奇心是無限的，當商家設定規模時，在規模之外的人亦會產生獵奇興趣。
熱門事情標題：熱門事情，跟明星效應相同，會得到許多人的重視，若是標題跟熱門事情奇妙地聯繫上，那麼標題重視度自然不會低。
數字型標題：這類標題往往可以給用戶一個權威性的假象，然後達到吸引用戶閱覽的效果。數字型標題在網上盛行已久，可用戶仍對這樣的標題情有獨鍾。

圖3-17 軟文標題寫作類型

專家提醒

對於軟文標題的設計，若使用長句作為標題，難免會讓人有一種軟文標題冗餘的感覺，而對於過度冗餘的軟文標題，則會讓讀者產生反感，產生不了閱讀軟文內容的興趣，因此軟文標題設計應盡量簡短，在通俗明瞭的前提下，呈現出一種畫龍點睛之感。

✧ 要素二：熱點時事為話題

企業在制定行銷計劃時，在軟文推廣上一定要有系統的行銷策略，根據時事的變換而有針對性地進行行銷策劃。這主要體現在企業在發佈軟文時對發佈契機的把握與對當時新聞熱點的巧妙跟從。當新聞媒體在連續「炒」某個話題時，企業要快速做出應變，撰寫與此類話題相關的軟文來吸引用戶的注意力。比如有位原創網友在新聞接連報導北京霧霾天氣時，寫的一篇文章「霧霾天氣看電商如何借勢行銷」，談論北京霧霾期間，各大電商的行銷策略，成功地提升了N95口罩的銷量，如圖3-18所示。

✧要素三：小標題突出重點

高品質的軟文排版應該是嚴謹的、有條不紊的，試想一下，一篇連排版都比較凌亂的文章，不但會令讀者閱讀困難、思路混亂，而且會給人一種不權威的感覺。所以為了達到軟文行銷的目的，文章的排版不可馬虎，需要做到最基本的上下連貫，最好在每一段話題上標注小標題，從而突出文章的重點，讓人看起來一目瞭然。在語言措辭方面，如果是需要說服他人的，最好加入「據專家稱」、「某某教授認為」等，以提高文章的份量，但務必言之有據，如圖3-19所示。

✧要素四：自然融入廣告內容

為什麼要把這一點放在最後呢？因為要把廣告內容自然地融入文章是最難操作的一部分。一篇高境界的軟文是要讓用戶讀起來感受不到一點兒廣告的味道，也就是說要夠「軟」，而且，如果用戶讀完之後還能夠受益匪淺，認為企業的文章為其提供了不少幫助，那麼這篇軟文就成功了。

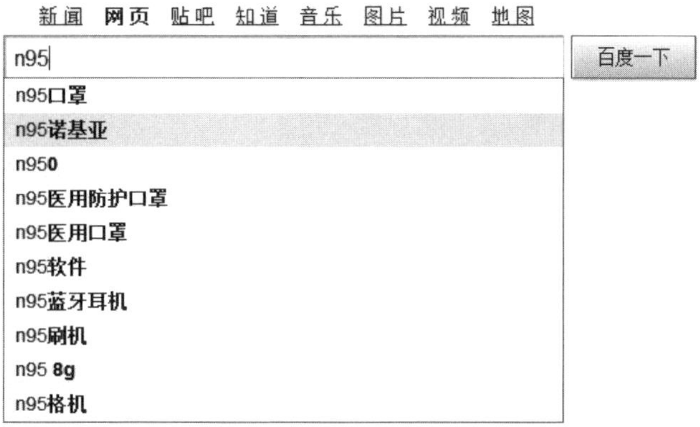

圖3-18 N95口罩得益於軟文行銷

圖3-19 小標題突出重點

當然，這一個要點雖然在最後才寫，但並不代表融入廣告是最後才操作的步驟，相反，在寫軟文之前就要想好廣告的內容、廣告的目的，而且如果軟文的寫作能力不是很強，最好把軟文放在開頭第二段，讓用戶被第一段吸引之後就能夠走入軟文的陷阱。如果沒有高超的寫作技巧，軟文的廣告切勿放在最後，因為文章內容如果沒有吸引力，用戶可能沒有讀到最後就已經關閉了網頁。

在高速發展的行動網路與資訊化時代，現在的行銷已經不單單局限於傳統的方式，行銷作為商業流程中重要的環節之一，同樣也隨著高速化網路資訊的發展而不斷地革新。軟文行銷作為行銷中最重要的方式之一，也開始不斷創新，與O2O結合，採用網路中知名新聞媒體傳媒網站發佈軟文，吸引O2O線上用戶，實現產品品牌影響力的擴大。

❖ 電子郵件行銷

電子郵件行銷簡稱EDM，是Email Direct Marketing的縮寫。EDM是在用戶事先許可的前提下，通過電子郵件的方式向目標用戶傳遞價值訊息的一種網路行銷手段，如**圖3-20**所示。

EDM行銷有三個基本因素：用戶許可、電子郵件傳遞訊息、訊息對用戶有價值，如**圖3-21**所示。這三個因素缺少一個，都不能稱為有效的EDM行銷。

電子郵件行銷是網路行銷手法中最古老的一種，可以說電子郵件行銷比絕大部分網站推廣和網路行銷手法都要老。它是利用

圖3-20 電子郵件行銷

電子郵件與受眾客戶進行商業交流的一種直銷方式，被廣泛應用於網路行銷的各個領域，對於O2O的線上行銷具有極大的推動作用。

最早的電子郵件行銷來源於垃圾郵件，著名事件是「律師事件」，因為這次事件，使人們對EDM行銷有了系統的瞭解，所以普遍觀點認為EDM行銷誕生於一九九四年。不過，將EDM行銷概念進一步推向成熟的是「許可行銷」理論的誕生，它的誕生使電子郵件行銷的內容更加完善。

一、用戶許可
二、電子郵件傳遞資訊
三、資訊對使用者有價值

圖3-21 EDM行銷三個基本因素

專家提醒

許可行銷是基於因特網的發展而出現的一種較新的行銷概念。企業在推廣其產品或服務的時候，會事先徵得顧客的「許可」，得到潛在顧客許可之後，再通過E-mail的方式向顧客發送產品、服務訊息，因此，許可行銷也就是許可E-mail行銷。

在進行電子郵件O2O線上行銷時必須滿足以下三大基礎條件，一是具有EDM行銷的技術基礎，二是掌握用戶的E-mail地址資源，三是創新EDM行銷的內容，如圖3-22所示。

企業如果滿足電子郵件行銷的三大基礎條件，則在利用電子郵箱進行O2O線上推廣時，會擁有更多的優勢。因為電子郵件行銷具有傳播範圍廣、操作簡單、效率高等特點，能夠簡單地吸引大量客戶，促進O2O線上傳播，如圖3-23所示。

在進行電子郵件行銷時，企業必須掌握正確的行銷模式，在發佈郵件內容時要從以下三個方面進行考慮。

EDM行銷的技術基礎：從技術上保證用戶加入、退出郵寄清單，並進行對使用者資料的管理，以及郵件發送和效果追蹤等功能。
用戶的E-mail地址資源：獲得足夠多的用戶E-mail地址資源，是EDM行銷發揮作用的必要條件。
EDM行銷的內容：郵件內容對使用者有價值才能引起使用者的關注，創新內容是EDM行銷發揮作用的基本前提。

圖3-22 電子郵件行銷三大基礎條件

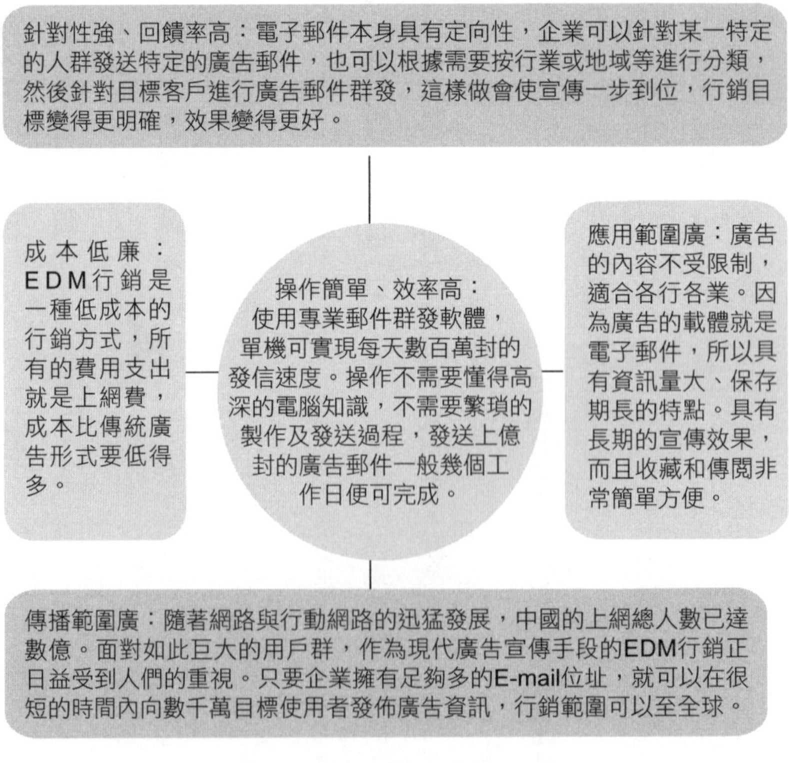
針對性強、回饋率高：電子郵件本身具有定向性，企業可以針對某一特定的人群發送特定的廣告郵件，也可以根據需要按行業或地域等進行分類，然後針對目標客戶進行廣告郵件群發，這樣做會使宣傳一步到位，行銷目標變得更明確，效果變得更好。
成本低廉：EDM行銷是一種低成本的行銷方式，所有的費用支出就是上網費，成本比傳統廣告形式要低得多。
操作簡單、效率高：使用專業郵件群發軟體，單機可實現每天數百萬封的發信速度。操作不需要懂得高深的電腦知識，不需要繁瑣的製作及發送過程，發送上億封的廣告郵件一般幾個工作日便可完成。
應用範圍廣：廣告的內容不受限制，適合各行各業。因為廣告的載體就是電子郵件，所以具有資訊量大、保存期長的特點。具有長期的宣傳效果，而且收藏和傳閱非常簡單方便。
傳播範圍廣：隨著網路與行動網路的迅猛發展，中國的上網總人數已達數億。面對如此巨大的用戶群，作為現代廣告宣傳手段的EDM行銷正日益受到人們的重視。只要企業擁有足夠多的E-mail位址，就可以在很短的時間內向數千萬目標使用者發佈廣告資訊，行銷範圍可以至全球。

圖3-23 電子郵件行銷的特點

✧獨特的個性化內容

利用電子郵件進行行銷與一般的行銷方式的最大區別是，電子郵件是一對一的溝通，會讓企業的用戶感覺到尊重，讓其感覺到這是為他所建立並且是為他所獨享的溝通方式。

當然在各種條件的制約下，電子郵件行銷往往很難徹底地實現一對一溝通，所以，行銷者必須通過技術手段，滿足用戶的個性化需求，讓用戶感覺這個電子郵箱是專門給他發的，而不是群發的。

✧引起用戶關注的內容

瞭解什麼是用戶所關注的，往往是企業在行銷過程中，必須掌握的重要環節之一。企業可以採取多種管道關注用戶蒐集需求資訊的環節，因為用戶在蒐集支持其做出決策所需資訊的環節，同樣也是行銷者傳播訊息最重要的實現實際銷售的環節。如果能夠把握住用戶關注的訊息，對於行銷者將潛在的銷售機會轉化為實際的銷售成果具有關鍵性的影響和作用。

比如，一個通信產品銷售企業的行銷人員，如果能夠獲悉某一個用戶幾乎每天都在瀏覽幾款手機的評測、報價訊息，那麼行銷人員就可以做出一個最基本的判斷，這個用戶極有可能有購買這幾款手機的意向。在這個判斷的基礎上，行銷者將該用戶分類到相應的數據類別，通過資料庫行銷系統為該用戶生成EDM，包括這幾款手機產品詳細的評測資料、評價資料、產品對比資料以及促銷訊息。用戶看到了他正希望看到的資訊，與企業行銷人員建立了一個循環型的互動關係，對於銷售機會的轉化有著十分重要的作用，如**圖3-24**所示。

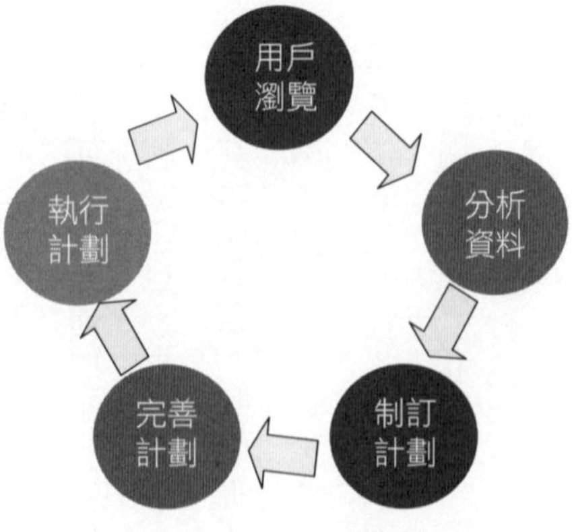

圖3-24 電子郵件行銷循環

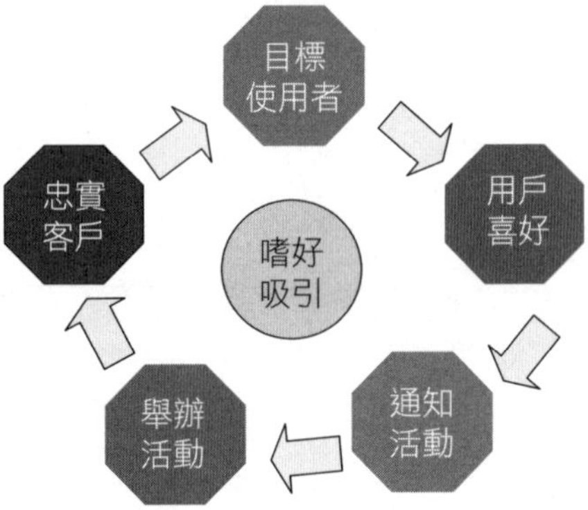

圖3-25 用戶嗜好吸引

掌握用戶嗜好的內容

用戶喜歡的內容對於吸引用戶的注意力有著很重要的作用，有時候用戶的喜好與企業的產品重疊度非常高，發現並利用用戶喜好的資料對銷售有著直接的影響作用。有時候用戶的喜好和企業的產品重合度相對比較低，但是先通過用戶喜好的內容吸引用戶的目光，之後再輔以相應的行銷措施，也是一個不錯的選擇，如圖3-25所示。

比如，某品牌的汽車製造商組織了一個車友會，它的目的在於與用戶建立一種長期的、互動的關係，培養用戶的忠誠度。該車友會每週都舉辦活動，通過長期的資料積累並結合用戶的基本資料，它開始準備一次汽車駕駛技巧挑戰賽。這次駕駛技巧比賽，對於那些喜歡駕駛的用戶來講是一件天大的好事，將這些內容製作成電子郵件發送給目標用戶，若得到這些用戶的熱烈反饋，這次行銷活動也就取得了成功。

總之，個性化的、值得關注的、針對嗜好的內容都是與用戶建立友好關係的內容，在堅持用戶友善的前提下傳播企業資訊是EDM行銷實施中的一個重要的原則，只有堅持這個原則，企業才能與用戶建立長久的良性互動關係，建立用戶忠誠度，為企業創造永續的利潤來源。

相比其他O2O線上行銷手法，電子郵件行銷具有快速的線上傳播優勢。搜尋引擎優化需要幾個月，甚至幾年的努力，才能充分發揮效果；博客行銷更是需要很長時間，以及大量的文章；社群網路行銷需要花時間參與社區活動，建立廣泛關係網；而電子郵件行銷只要有郵件資料庫在手，發送郵件後幾小時之內就會看到線上傳播的效果，產生訂單。

總的來說，電子郵件行銷對於企業的O2O線上傳播具有巨大的推動作用，掌握電子郵件行銷，將會具有無窮的O2O發展優勢。

❖ RSS行銷

RSS（Resource Description Framework Site Summary）的中文名為簡易資訊聚合，也叫聚合內容，它是一種描述和同步網站內容的格式。如**圖3-26**所示為RSS圖標。

圖3-26 RSS圖標

RSS目前廣泛用於網上新聞頻道、Blog和Wiki，其主要的版本有0.91、1.0、2.0。使用RSS訂閱能更快地獲取訊息，網站提供RSS輸出，有利於讓用戶獲取網站內容的最新更新，網路用戶也可以在客戶端藉助於支持RSS的聚合工具軟體，在不打開網站內容頁面的情況下，閱讀支持RSS輸出的網站內容。

RSS網路行銷是指利用RSS這一網路工具傳遞行銷訊息的網路行銷模式，RSS行銷的特點決定了其比其他郵件列表行銷具有更多的優勢，是對郵件列表的替代和補充。與郵件列表行銷相比較而言，

RSS行銷的優點主要體現在以下五個方面。

✧訊息聚合的多樣性與個性化

RSS是一種基於XML（Extensible Markup Language，可延伸標記式語言）的標準，是一種網路上被廣泛採用的內容包裝和投遞協議，任何內容源都可以採用這種方式進行發佈，包括專業新聞、網路行銷、企業，甚至個人等站點。若用戶端安裝了RSS閱讀器軟體，企業就可以按照用戶的喜好、有選擇性地將感興趣的內容來源聚合到該軟體的介面中，為用戶提供多來源訊息的「一站式」服務。

✧訊息發佈的強時效與低成本

由於用戶端RSS閱讀器中的訊息是隨著訂閱源訊息的更新而及時更新的，所以極大地提高了訊息的時效性和價值。此外，服務器端訊息的RSS包裝在技術實現上極其簡單，而且是一次性的工作，使長期的訊息發佈邊際成本幾乎降為零，這完全是傳統的電子郵件、網路瀏覽等發佈方式所無法比擬的。

✧訊息接收純淨度

RSS閱讀器中的訊息是完全由用戶訂閱的，對於用戶沒有訂閱的內容，以及彈出式廣告、垃圾郵件等無關訊息則會被完全屏蔽，因而不會有令人煩惱的「噪音」干擾。此外，在用戶端獲取訊息並不需要專用的類似電子郵箱那樣的「RSS信箱」來存儲，因而不必擔心訊息內容過大的問題。

✧訊息閱讀的安全度

在RSS閱讀器中保存的只是所訂閱訊息的摘要，要查看其詳細內容與到網站上通過瀏覽器閱讀沒有太大的差異，因而不必擔心病毒郵件的危害。

✧本地內容管理的便利化

對下載到RSS閱讀器裡的訂閱內容，用戶可以進行離線閱讀、存檔保留、搜尋排序及相關分類等多種管理操作，使閱讀器軟體不僅是一個「閱讀」器，而且還是一個用戶隨身的「資料庫」，如圖3-27所示。

RSS是一個很有用的O2O線上行銷工具，它不僅具有常用的資訊傳遞功能，而且還能應用到O2O行銷的方方面面。比如說，對廣告訊息進行分類、搜尋情報；追蹤商品貨運、通知商品打折與追蹤拍賣商品等。

圖3-27 RSS的多功能

專家提醒

在網路行銷應用中，為了讓RSS發揮最大的網路行銷價值，如同對網頁進行搜尋引擎優化一樣，對RSS源的搜尋引擎優化也很重要，因為經過優化後的RSS訊息源才能充分發揮RSS行銷價值。

❖ SNS行銷

SNS全稱為Social Network Site，即「社群網站」或「社群網」。如圖3-28所示為各種社群網站。

SNS行銷是隨著網路社區化興起的行銷方式，社群網站在中國快速發展的時間並不長，但是目前卻已經發展成為一種備受廣大用戶歡迎的網路交際模式。SNS行銷就是利用社群網站的分享與共享功能，在六維理論的基礎上實現的一種行銷，它通過病毒式傳播的手段，讓產品被更多的用戶所熟知。

行動網路的時代，O2O行銷快速進入了人們的視線，在各種行銷方式開始應用於O2O線上線下互動中時，社群網站由於其強大的訊息分享功能，也被挑選成為O2O線上推廣的重要平台。

社群是一種延時的通信工具，在情感表達方面比其他的行銷手段更加豐富多彩，是一種更加容易增加親密度的工具。由於社群能夠增加商家與用戶的親密度，所以在O2O的線上推廣中具有許多其他行銷工具所無法比擬的優勢，如圖3-29所示。

在中國，一方面，由於網路和社群服務的迅猛發展，另一方面，也因為3G商務手機應用帶來了新發展的機遇，SNS行銷在短時間內迅速發展起來。基於大規模的用戶基礎以及較強的用戶付費能力，中國的SNS行銷在未來會越走越遠，並逐步向行動社群化、娛樂社群化、內容社群化垂直化、購物社群化與全網社群化發展，如圖3-30所示。

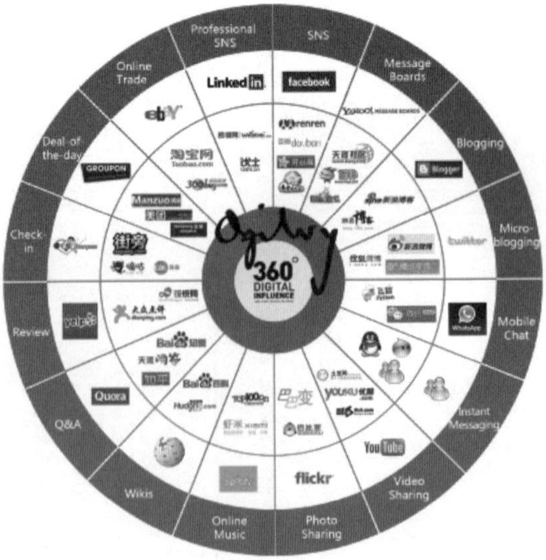

圖3-28 各種社群網站

滿足企業不同的行銷策略：作為一個不斷創新和發展的行銷模式，越來越多的企業嘗試著在社群網站上施展拳腳，無論是開展各種各樣的線上活動、產品植入、市場調查，還是病毒行銷等(植入了企業元素的視頻或內容可以在使用者中像病毒傳播一樣迅速地被分享和轉帖，都可以在社群網站上實現，因為社群網站最大的特點就是可以充分展示人與人之間的互動，而這恰恰是一切行銷的基礎所在。

實現目標使用者的精準行銷：社群網站中的使用者通常都是認識的朋友，使用者註冊的資料相對來說較真實，企業在開展網路行銷的時候可以很容易地對目標受眾按照地域、收入狀況等進行篩選，來選擇哪些是自己的用戶，從而有針對性地與這些用戶進行宣傳和互動。

SNS的O2O行銷優勢

符合網路使用者需求的行銷：社群網站行銷模式的迅速發展恰恰是符合了網路使用者的真實需求，參與、分享和互動，它代表了網路使用者的特點，也是符合網路行銷發展的新趨勢，除了它，沒有任何一個媒體能夠把人與人之間的關係拉得如此緊密。

有效降低企業的行銷成本：社群網站的「多對多」資訊傳遞模式具有更強的互動性，受到更多人的關注。隨著使用者網路行為的日益成熟，其更樂意主動獲取資訊和分享資訊，社區使用者顯示出高度的參與性、分享性與互動性，社群網站行銷傳播的主要媒介是使用者，主要方式是「眾口相傳」，因此與傳統廣告形式相比，無需大量的廣告投入，相反因為用戶的參與性、分享性與互動性的特點，很容易加深對一個品牌和產品的認知，形成深刻的印象。

圖3-29 SNS的O2O行銷優勢

圖3-30 SNS行銷未來發展趨勢

✧行動社群化

社群網路的出現無疑給網路產業的發展帶來了深遠的影響。在行動網路時代，如何將成功的網頁平台化模式移植到手機上，是社群網路競相搶佔的又一個戰略制高點。

✧娛樂社群化

社群網站可以以更低的門檻改變了真實關係的人際互動，突出了人與人之間的情感聯繫，使娛樂更加社群化。

✧內容社群化垂直化

社群網站內容可以加入更多的社交屬性，並朝著垂直化方向發展，基於興趣的關係，人們可以結識有相同愛好的朋友。

✧購物社群化

社群網站可以成為商品線上推廣平台，在這個平台藉助口碑推薦商品，可以提高O2O用戶購物轉化率。

✧全網社群化

由於社群屬性被廣泛地從社群網站延展到其他網站，因此有助於構建完整的網路生態鏈。比如一個好的視頻內容，可以通過社群網站實現很高的用戶覆蓋度，基於這樣的覆蓋度實現用戶之間的二次和多次傳播，實現廣告價值的最大化，同時也在視頻和社群網站之間形成了生態關係。

✣焦點關注，O2O線上互動

隨著網路上在地化電子商務的發展，資訊與實物之間、線上和線下之間的聯繫變得更加緊密，O2O讓電子商務行銷進入了一個新的階段。對於O2O的發展來說，線上推廣是其關鍵性的第一步，能否走好這一步，對O2O整個發展環節至關重要。上文介紹了多種線上行銷與推廣的方式，結合這些方式進行O2O行銷會讓企業的行銷效果事半功倍。

那麼，如何把這些方式應用到實戰行銷中來呢？下面將挑選幾種線上行銷方式，並結合案例，一一講解商家在進行O2O行銷時，如何準確利用線上行銷工具實現精準行銷。

❖星巴克O2O線上行銷策略

星巴克是目前全球最大的咖啡連鎖店，成立於一九七一年。公開數據顯示，在二〇〇七年，星巴克的單店銷售額十幾年來出現首次下滑，同時公司股價也應聲下跌，到二〇〇八年至二〇〇九年間，由於美國經濟的不景氣，星巴克的利潤危機繼續加大。為了改善這種狀況，走出困境，星巴克建立了「官方網站＋網路社群＋社群媒體」三者緊密結合的線上營運體系，直接出擊O2O線上推廣。為了更好地實現O2O，在二〇一一年八月，星巴克還開通了自己的購物網站，如**圖3-31**所示。

圖3-31　星巴克購物網站

從O2O的角度來講，星巴克的線上部分已經高效地承擔了品牌行銷、產品銷售及客戶關係管理的三重作用。因此，在結合行動網路特點的基礎上，通過行動支付領域的不斷創新，星巴克的線上和線下已經實現了高效融合。

✧社群網路推廣

二〇〇四年以後社群網路發展日趨成熟，Facebook、YouTube、Twitter先後上線，因此，此時通過社群網路進行線上品牌推廣的時機已經非常成熟了。為了能夠在社群網路進行品牌推廣，星巴克成立了專門的社群行銷團隊，負責社群網路賬號的營運。

在此之後，星巴克還進軍了YouTube、Facebook、Twitter、Foursquare、Google等社群網路，在社群網路上與顧客互動，不僅開始分享星巴克的相關訊息，還轉發眾多顧客感興趣的內容。

此外，星巴克還在Foursquare上為消滅愛滋病捐款二十五萬美元，在Google上通過Google Offer捐贈支持美國創造就業的倡議，通過公益提升自己的品牌形象。如圖3-32所示為星巴克社群網路圖譜。

通過這些努力，星巴克獲得了很好的線上宣傳效果，截至二

facebook
喜欢数：3426万
twitter
粉丝数：365万
Instagram
粉丝数：118万
Pinterest
粉丝数：81340
STARBUCKS COFFEE
Google+
粉丝数：153万
YouTube
订阅用户：17587

圖3-32 星巴克社群網路圖譜

〇一三年四月十七日，星巴克的YouTube賬號訂閱用戶達到一萬七千五百八十七位，其視頻被觀看次數達七百四十九萬次；同時，星巴克的Facebook賬號共收到過「喜歡」（Like）三千四百二十六萬次；而其Instagram賬號有粉絲一百一十八萬人，Twitter賬號更是有高達三百六十五萬的粉絲數；同時其Google+賬號粉絲數也高達一百五十三萬個。如今，星巴克已經發展成為Facebook、Twitter等社群媒體上最受歡迎的食品公司。

✧社群網路推廣

星巴克在進行線上推廣時，十分重視用戶反饋的訊息，它於二〇〇八年發佈了My Starbucks Idea這個網路社群，專門用來收集用戶的反饋訊息。在這個網路社群裡，用戶可以針對星巴克的某個問題提供自己的建議和想法，給星巴克留言，評論星巴克的產品，進行優惠互動，如**圖3-33**所示。

My Starbucks Idea提供了一種能使公司把焦點集中在顧客真正的抱怨和關注點上的方法，幫助星巴克聽取用戶意見，更好融入用戶群中。

很明顯這個網上社群是成功的，自從社群成立後，很多消費者都開始通過這個網站給星巴克提建議，截至二〇一三年三月My Starbucks Idea成立五週年時，星巴克共收到了十五萬條意

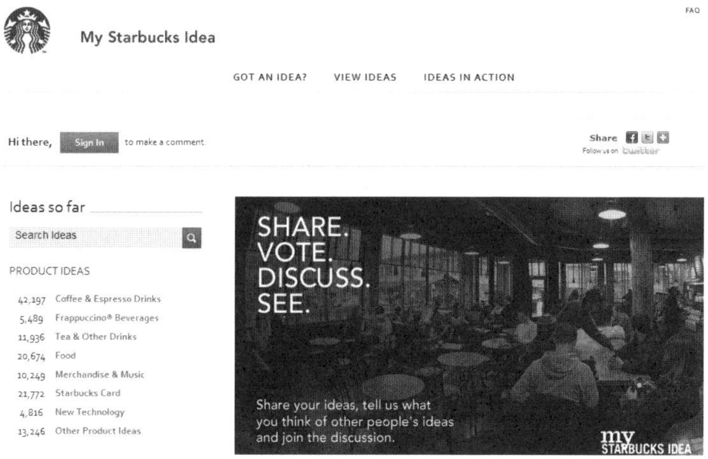

圖3-33 星巴克My Starbucks Idea網上社群

見和建議，其中有兩百七十七條建議被星巴克採納實施。

星巴克根據用戶的建議，提升了服務品質，建立並提升了星巴克在用戶心目中關注顧客、聆聽顧客、用心服務的品牌形象，最終贏得了消費者的信賴。

專家提醒

中國絕大多數餐飲企業並沒有從戰略上重視線上（Online）的作用，雖然很多中國本土餐飲企業已經開通了相關的社群媒體及社交網路賬號，但和國外餐飲企業相比，中國本土餐飲企業利用社群媒體或社交網路的能力還非常弱。在中國TOP30本土餐飲企業的官方微博發現，絕大多數企業的官方微博還處在擺設階段，粉絲少、微博數量少、和粉絲溝通少是它們的共同特點。

❖ 炒股軟體視頻火爆來襲

在二〇一一年，一段名為《乾隆來了之炒股遇見鬼》的視頻在網路上迅速走紅，如**圖3-34**所示。看過此視頻的絕大多數網友都稱它為「笑死不償命」的視頻。在這段八分鐘的視頻中，先後融入了很多經典的電影鏡頭：《二〇一二》、《猩球崛起》、《帝國的毀滅》、《〇〇七之黃金眼》、《非誠勿擾》、《竊聽風雲》、《唐伯虎點秋香》、《瘋狂的石頭》、《大腕》等。

圖3-34 《乾隆來了之炒股遇見鬼》行銷視頻

該視頻起初只是在優酷裡被少數網友在各自的朋友圈裡傳播，但接下來令人意想不到的奇蹟發生了。在短短的幾天時間裡，這個視頻在各大視頻網站已被瘋狂點播超過五十萬次，社群論壇的網頁瀏覽量也達到約二十萬次，微博轉發也有超過一萬兩千五百次。在開心網和人人網也登上了熱門區塊，在各大社群論壇也被推薦到首頁。

事實上，該視頻是為炒股軟體企業「錢龍」量身訂製的廣告視頻。從一些視頻網站上可以看到該視頻的走紅程度，從首次被傳到優酷後，就被各大視頻網站轉載，又被網友以各種惡搞標題、趣味性標題重新傳播視頻，很快就在其他媒介形成熱潮。從該視頻傳播的路徑看：從視頻網站轉移到社群網站和各大論壇，再到微博，《乾隆來了之炒股遇見鬼》創造了視頻病毒行銷的一個高潮。

在這個訊息像病毒一樣傳播和擴散的網路時代，視頻同樣可以營造出一個目標消費群體，在本次事件中，錢龍黃金眼的廣告會傳給無數對股票感興趣的人，其中有很多都可能是股票的潛在群體，從而激發了新的需求。

透過這個事件，能讓人看到的是，網路行銷在經歷了文字病毒、圖片病毒等之後，視頻也迎來了行銷的春天，如**圖3-35**所示。它可以和其他病毒行銷一樣，具有最清晰的一個特點，就是能譁眾取寵，能以出位博出名。

當用戶在微博平台評價某一微視頻的時候，同時也傳播了微視頻的內容，讓其他網友「所見即所得」。這種「口碑＋內容」的傳播組合形式，很容易誘發其他網友主動觀看：點擊一下就可以瞭解大致內容，有興趣可以接著看，當前頁面若不理想可以直接鏈接到視頻網站上，多層次的選擇為網友提供了良好的體驗。

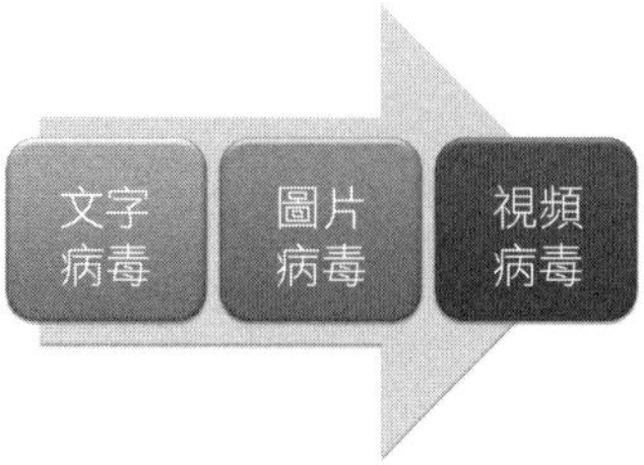

圖3-35 網路行銷流程

當網路視頻被傳播得更廣時，其行銷價值就越為明顯，也就更能得到發展。

對於O2O行業來說，視頻的傳播路徑不僅僅在網路上，行動網路才是更重要的領域。例如，「一下視頻」就是這樣一款支持手機視頻即時分享功能的應用軟體。啟動「一下視頻」軟體後，即可直接進入拍攝頁面，如**圖3-36**所示。選擇拍攝新視頻後，可以馬上開始錄製高品質視頻，同時「一下視頻」的視頻編輯功能，可以為用戶的視頻錦上添花。

在完成拍攝之後，即可進入「一下視頻」的廣場頁面，各種各樣的精彩視頻都匯聚於此。在「正在發生」頁面中，可瞭解網路上發生的所有新鮮事。在「最熱視頻」頁面中，彙集了近期最熱門的視頻。另外，在「附近熱點」頁面可以使用戶第一時間瞭解到身邊的熱門新鮮事，從而不會錯過生活中的任何一次精彩。同時，用戶看到了有意思的新鮮事，還可以拍攝下來製作自己的原創視頻。如果用戶堅持分享有趣的視頻片段，沒準某天你就會發現自己突然擁有數萬粉絲了。

在「動態」介面裡，可以及時瞭解到朋友們的動態，看到朋友所拍攝、轉發的視頻和拍攝位置，輕鬆地與他們進行互動，留下評論或@他們，他們會馬上收到提醒，如**圖3-37**所示。

圖3-36 啟動介面

圖3-37 「動態」介面

在「消息」介面裡，則記錄了所有提到你和評論你的消息，且提供快捷回覆。同時，用戶也可以關注一下其他用戶，並及時看到他們新發佈的視頻。

網路視頻廣告的形式類似於電視視頻短片，平台卻在網路上。「視頻」與「網路」的結合，讓這種創新行銷形式具備了兩者的優點。

在O2O領域，可以將視頻當作自己的線上平台，在其中加入相應的行銷手段，如宣傳產品的亮度，或通過優惠來吸引其他人的關注等。視頻行銷的厲害之處在於傳播精準，首先會使人產生興趣，關注視頻，再由關注者變為傳播分享者，而被傳播對象勢必是有著和他一樣特徵興趣的人，這一系列的傳播過程就是在精準地篩選目標消費者。

❖ Blendtec攪拌機創意視頻行銷

Blendtec是美國一家銷售蔬菜水果攪拌機的公司，這家公司並不大，也沒什麼預算做廣告，雖然商家認為自己的產品品質很好，但由於其知名度不高，一直未被消費者看好。如**圖3-38**所示為Blendtec攪拌機。

為了改變Blendtec的現狀，讓消費者熟知與認可自己的品牌，Blendtec的負責人開始懷揣著五十美元預算製作起了影音短片，用來給他的產品增加知名度和品牌度。雖然這種產品品質的宣傳並不好做，但是，Blendtec卻想到了一個很好的點子來證明它的產品品質很好，那就是把各種各樣的產品丟進Blendtec攪拌機，看看這個攪拌機是否能把這些產品攪拌成渣。

圖3-38 Blendtec攪拌機

在Blendtec的產品宣傳視頻中，蘋果系列產品幾乎無一倖免，從各代iPhone到iPad都被丟進攪拌機進行攪拌，另外，還有各種流行的手機、電腦配件、生活用品等熱門產品統統被Blendtec帶進了螢幕。在Blendtec的視頻宣傳中，最火的就是一個iPhone 4S被攪拌成渣的短片，如**圖3-39**所示。

這個短片一經播出，Blendtec就迅速走紅，在YouTube的頻道訂閱人數和瀏覽次數的增長可以用瘋狂來形容。Blendtec視頻行銷帶來了驚人的成果，在視頻播出後，僅在YouTube的累計觀看次數就達到了兩億次，其中的訂閱人數達到了四十多萬。

Blendtec的一切成果都來源於團隊的辛苦耕耘，他們累計製作了近兩百個視頻，只要是炙手可熱的產品都會成為他們攪拌的對象，如**圖3-40**所示。最讓人感到佩服的是Blendtec讓行銷變得無處不在，在攪拌完之後，它把iPhone渣子放在eBay上進行了公益拍賣，吸引了二十一萬人瀏覽，並拍出八百多美元的價格。

圖3-39 iPhone 4S被攪拌成渣的視頻

Blendtec的此次視頻行銷活動不僅使營業額暴增，還讓其品牌變得耳熟能詳，最終為眾多消費者所熟知與接受，消費者只要想買攪拌機，就會想起Blendtec。

從這個案例中，我們不難看出，視頻行銷給商家帶來了豐厚利益，利用視頻進行行銷不僅能給傳統行業帶來新生，同時也能為O2O的線上推廣帶來新的機遇。現在很多提供軟體和服務的網站都會採用

圖3-40 Blendtec多個視頻行銷

影音短片來介紹自己的產品，無疑是看中了視頻行銷的線上推廣力度。

雖然視頻具有極其強大的行銷效果，但要做出一個十分有效的行銷視頻是需要花費一番工夫的。視頻從創意、台詞、製作、後期、發佈、追蹤、分析、通路到優化這一整個過程都需要被照顧，商家只有做到全面兼顧，才有可能創作出一個成功的線上推廣視頻。

專家提醒

企業如果擁有雄厚的資金，可以請一個專業的團隊來操作視頻製作流程，這樣一來會使視頻的行銷效果變得更好。但是，企業如果資金不足，也可以自己組織團隊進行視頻製作，不過在製作視頻時必須注意兩點，一是視頻不適宜過長，對於產品介紹的視頻最好少於兩分鐘，因為時間多一點，就會流失很多用戶；二是注重視頻宣傳的個性化與後期製作的精心度，因為如今的用戶更為注重產品宣傳的個性以及產品的美觀度。

❖ 精耕細作O2O＋垂直電商

「我愛我家網」成立於二〇〇三年，是一個以裝修資訊平台為基礎，通過提供超大數量的裝修知識、裝修資訊將需要家庭裝修的人群緊密地聚攏在一起，成為需要家庭裝修人士的「家」。

我愛我家網擁有裝修指南、樣品房、裝修資訊、行業協會、裝飾企業等頻道，內容涵蓋家庭裝飾領域的各個方面，如圖3-41所示。另外，它還有裝修大學、自主預算、週三線上諮詢等網友互動功能。

我愛我家網依託強大的資訊平台和人氣極旺的網上裝修社區，建立了建材超市、家居商城、愛家裝修三個極有人氣的電子商務頻道，如圖3-42所示。這三個電子商務頻道利用其垂直門戶的特性和優勢，轉型O2O模式，在短時間內取得了令商家滿意的成績。

◆建材超市：建材超市共擁有三百種品牌的商品，網站依靠其成熟的銷售模式，電子商務所特有的低成本特性，已經全面實現了其促銷商品和集採商品的全市最低價，即使是正常銷售的商品，大部分也實現了全市最低價。低價策略加優質服務已成為我愛我家的特色，正是依靠這個特色，我愛我家已成為上海最受歡迎的網上建材超市。

◆家居商城：家居商城是我愛我家新開的一個頻道，實際上是為家具、家電、家居廠商提供的一個B2C平台，藉助於我愛我家的人氣，該頻道正越來越為廣大裝修網友所接受和採用。

圖3-41 我愛我家垂直門戶網站

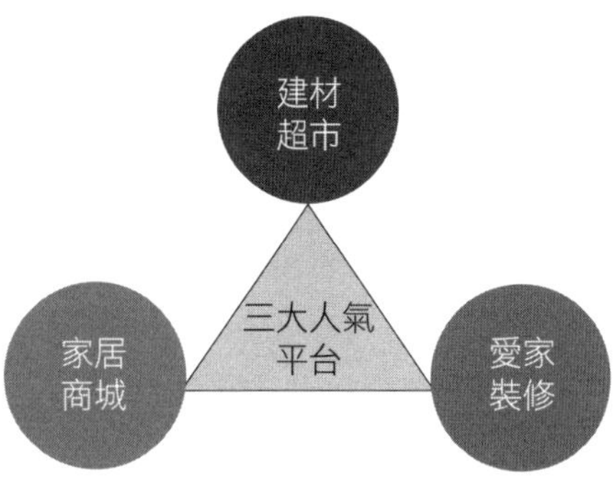

圖3-42 我愛我家三大人氣平台

◆愛家裝修：愛家裝修是一個線上線下相結合的頻道，線上部分有愛家裝修頻道和論壇愛家裝修區塊，線下有週末講座、看房車等，通過為需要裝修的用戶提供人性化、個性化的服務，幫助用戶瞭解家庭裝修，並為他們提供省時、省心、省力、省錢的裝修設計、施工一條龍服務。

作為名副其實的O2O模式，必須具備兩個前提條件，一是擁有兩個O的通路資源，也就是同時在線上和線下都擁有自身能夠掌控的通路，這是做O2O最基本的前提；二是必須實現兩個O（Online與Offline）的無縫協同，其中最基本的表現就是商品種類要融合、商品價格要同價、用戶數據要共享、支付要統一、服務要貫通，這就要求O2O模式的企業必須擁有自主經營商品和提供服務的能力。

我愛我家作為一個垂直門戶入口類網站，擁有大量的用戶，掌握了線上推廣的重要人力資源，而它的愛家論壇也成為線上行銷的重要管道。

✧垂直門戶行銷

我愛我家網始終堅持在裝修建材、家具、家居與家電領域的「窄領域、深開發、廣覆蓋」垂直門戶發展模式，它既不同於一些電商著力於將裝修、婚慶、飯店、母嬰等「一網打盡」，也不同於另一些電商急於獲得風險投資和資本市場的青睞而冒進擴張導致的發育不良。我愛我家網堅持做裝修建材，成為家具家居領域的專家，提供更加專業的一條龍服務，搶佔傳統市場份額，在垂直細分電商領域裡不斷拓展家居行業的新市場，探索傳統產業與電商結合的新大陸，並且積極高效地將各個相關支流，匯聚到這一片汪洋「藍海」中。

我愛我家網以客戶開發成本優勢、供應鏈總成本優勢、專業服務優勢引領家居市場，由於它只專注於提供家居方面服務，在裝修、裝修建材、家具、家居用品、小家電、家紡等方面擁有明顯優勢，逐步吸引了大量用戶，成為一家家居領域的「垂直門戶+O2O網站」。

✧愛家論壇推廣

為了更好地進行線上推廣，吸引更多的用戶，我愛我家建立了自己的愛家論壇，論壇最高同時在線人數曾高達一萬三千八百五十人，日發帖量達一千四百三十八個。在這個論壇上共建有裝修大討論、裝修日記、我家樣板房、愛家裝修、愛家團購、嘎三戶、投訴建議、企業專區等區塊，如圖3-43所示。

論壇的裝修大討論是廣大裝修網友學習、交流裝修知識的理想場所；裝修日記則是裝修網友記錄裝修過程中的喜怒哀樂的自由空間，裝修日記是Web 2.0理念的典型之作，在這裡無須論壇管理員的引導和管理，全部是網友之間真實感情的交流，網友會把自己兩個月的裝修過程

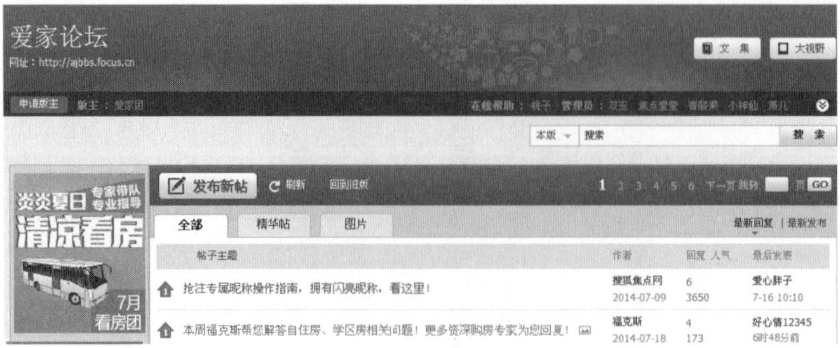

圖3-43 愛家論壇

真實地記錄下來，這樣，不僅能和其他網友進行交流，還能為後來者提供寶貴的經驗教訓。在愛家論壇上，大部分裝修日記的瀏覽次數都超過兩萬人次，精華帖更是會有多達六萬以上的瀏覽人次。

我愛我家網不僅憑藉其垂直門戶經營的專業度在線上吸引了大量的用戶，同時還利用論壇精心策劃線下推廣活動，留住了——眾用戶的心。對於O2O線上線下這兩個行銷通路來說，毫無疑問，我愛我家已經成功打通了其中的一個通路。

另外，我愛我家線下平台使大多數商戶實現了雲終端的聯網，如**圖3-44**所示，可以向顧客提供刷卡無訂單的服務，讓顧客省去了為訂單準備口袋的麻煩，讓消費者的購物變得更加便捷。

我愛我家作為中國家居類垂直門戶的踐行者，擁有的用戶數量眾多，因此利用高新科技實現無紙化訂單是一大趨勢，而利用雲終端這一先進技術，便於大數據的整理分析，瞭解客戶需求，提供個性化服務，實現完美的O2O模式。

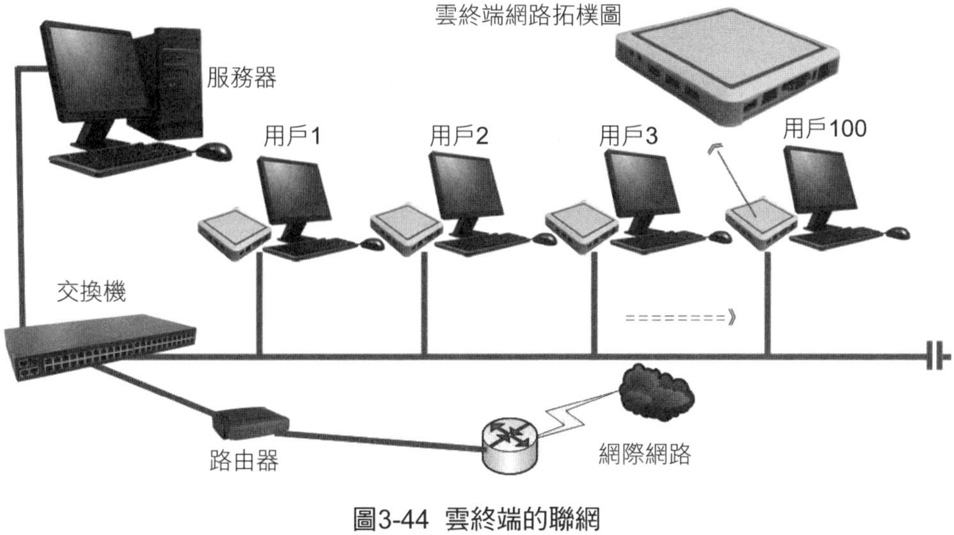

圖3-44 雲終端的聯網

專家提醒

雲終端是集雲計算概念、桌面虛擬化概念、計算遷移與分享概念於一體的網路電腦，和傳統意義的網路電腦（NC）相比具有價格上的巨大優勢，與所謂的「瘦客戶機」相比具有節省昂貴的軟體許可的優點。雲終端既可以作為迷你電腦單獨運行，進行網頁瀏覽，又可以構架共享網路以創新的成本優勢開展業務營運網路。

❖ 新浪微博升級搜尋引擎測試O2O

二〇一二年，新浪網微博搜尋進一步升級，全面整合新浪以及入駐商家的優質資源，打破了即時排序的傳統模式，對搜尋首頁、資訊來源、搜尋排序、口碑搜尋及人際搜尋進行全面優化。如**圖3-45**所示為新浪微博搜尋引擎升級版面。

在口碑類查詢下，微博搜尋重點突顯有社交關係的評價體系，同時提供相關商家基礎資訊，為用戶消費選擇提供了更優的服務。在行動網路時代，O2O行銷高調來襲，新浪網微博採取一系列手段升級搜尋引擎，無疑是為了利用社交搜尋的優勢來全面開展O2O線上線下的發展模式。

圖3-45 新浪微博搜尋引擎升級版面

✧ 搜尋引入全平台資源

新浪微博搜尋引擎全面升級微博搜尋介面，走發展個性化路線，除搜尋框外，首頁增加了即時熱搜榜、上升最快熱搜詞、個性化訂閱關鍵詞等訊息，用戶在搜尋首頁便能看到時事熱點、網路八卦，及時獲取自己關心的個性化內容，如圖3-46所示。

升級後的微博搜尋打破了只能搜尋微博內容的局限，並全面整合了微吧、微話題、微刊、微視頻、新浪新聞等新浪應用平台，利用其眾多的優勢資源，給用戶呈現多層次、多元化的搜尋結果。

新浪微博搜尋引擎沒有停留在一個發展層面，而是結合用戶的需求，不斷地升級，目前已經開發出了更加便捷的搜尋方式——滾動熱詞搜尋，如圖3-47所示。

✧ 搜尋打造口碑O2O平台

此次升級，新浪微博搜尋還在搜尋結果頁新增了商家優質圖片以及用戶對商家的評價訊息，營造出O2O口碑行

圖3-46 新浪微博個性搜尋

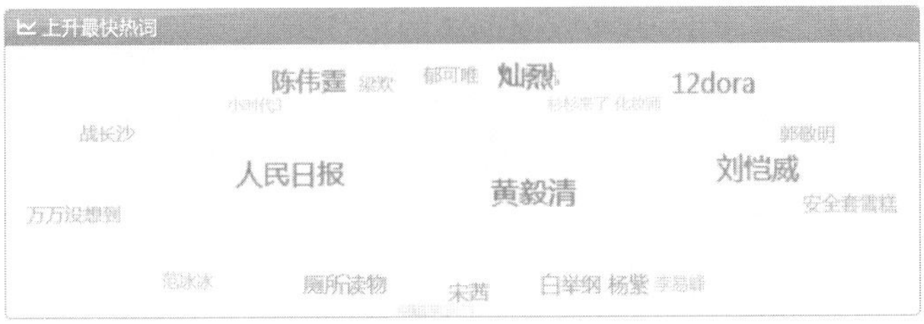

圖3-47 新浪微博搜尋引擎滾動熱詞搜尋

銷體系。以服裝企業為例，用戶不僅能在搜尋頁面看到商家的賬號訊息、詳細資訊及服裝圖片，還能看到微博好友對商家的各種評價，如圖3-48所示。

目前，新浪微博已有超過五億的活躍用戶，大量的真實用戶給予了新浪微博搜尋天然的訊息源優勢與O2O發展優勢。基於此，口碑評價類的關鍵詞搜尋已經成功變為了微博搜尋未來發展的重點方向之一。口碑類關鍵詞能夠更好地滿足用戶生活消費決策的需求，不僅受到了大眾用戶的喜愛，也因為其行銷效果絕佳，成為商家在新浪微博搜尋頁面切入測試O2O的重要原因之一。

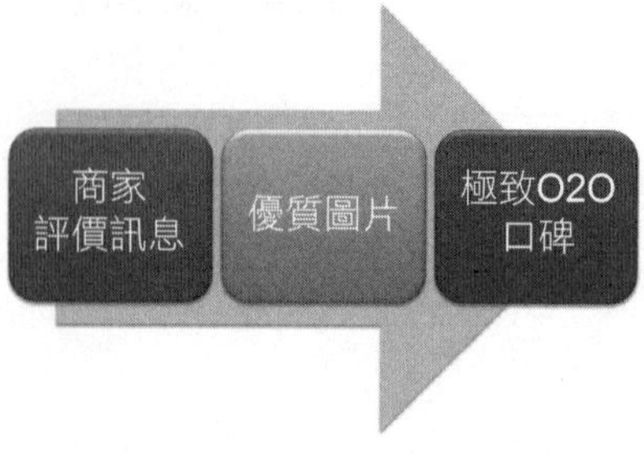

圖3-48 新浪微博O2O行銷體系

專家提醒

對於商家來說，若微博用戶出現了某個搜尋動作，則說明這個用戶對於某些關鍵詞具有較大的興趣，如果商家正好提供類似的付費業務，那麼用戶購買這個商家產品的可能性就會提高很多。

4

重磅出擊，推進O2O線下培育

學前提示

無論是傳統的行銷，還是新型的O2O行銷，商家的最終目標無非是找到穩定的客戶，而要想找準客戶，就必須精確定位。在推進O2O線下培育時，如何尋求精準的客戶資源和有效地藉助二維碼進行行銷是本章探索的重點。

要點展示

◆精準定位，O2O客戶資源
◆神奇助手，O2O二維碼
◆行動行銷，O2O實戰案例

精準定位，O2O客戶資源

「定位」也可以稱為「佔位」，是指讓產品在消費者心中牢牢地佔據一席之地，使品牌及其形象在目標消費者心中佔據一個獨特的有價值的位置；或者說，通過精準定位而牢牢鎖定目標顧客。從這個意義上說，定位時代即是「精準行銷」時代。

無論是傳統的行銷，還是新型的O2O行銷，商家的最終目標無非是找到穩定的客戶。而要想找準客戶，就必須精確定位。

那麼，O2O模式，或是利用O2O模式進行行銷的商家企業，該如何準確定位自己的客戶，進行精準行銷呢？

四樣工具找客戶

利用相關的行動應用程式或工具進行客戶定位，是十分便利的方式。目前，國際間較為成功的工具或平台包括Shopkick、ByteLight、覓ta以及好友美食等。本節的重點並不是介紹具體的工具，而是介紹平台背後隱含的定位模式。下面針對不同的定位模式逐一介紹。

工具一：定位精準Shopkick簽到

Shopkick是一款基於當前位置購物服務，獎勵消費者走進商店真實簽到的行動應用程式，於二〇一〇年八月在美國推出，如**圖4-1**所示。

Shopkick一經推出，便迅速佔領市場，短短的一年時間內，就與全美六十四個大連鎖商場、二十五萬家零售店、四十個大品牌建立了合作關係，並擁有三百萬用戶，六百萬次真實簽到，一千萬次掃描和十億次商品瀏覽，合作商家中包括百思買（Best Buy）、沃爾瑪、梅西百貨（Macy's）等零售業巨頭。

Shopkick成為搭建手機世界與現實世界的橋樑，用戶可以在互動的環境下感受購物和消費體驗。

Shopkick目前支持iPhone和Android手機。用戶打開Shopkick後，行動應用程式會根據用戶當前位置顯示附近支持Shopkick的店鋪資訊。當用戶走進店鋪或者掃描某個商品後，就能自動獲得kicks積分，而kicks積分可以在Shopkick的積分兌換平台兌換合作商家的禮品卡或者Facebook Credits等。除此之外，Shopkick還有提供店鋪優惠券的功能，如圖4-2所示。

Shopkick的核心是真實簽到，每個店鋪都要安裝Shopkick自主開發的硬體識別系統，並通過聲波技術識別用戶與店鋪之間的距離，規定一定距離內簽到有效，超過則無效。另外該設備還可以根據距離主動探測，實現自動簽到送分。通過這種技術，Shopkick防止了用戶不進店鋪也能獲得積分的作弊行為。

圖4-1 Shopkick App的介面

圖4-2 Shopkick優惠券功能

Shopkick有自己獨到的技術與服務，如對用戶的定位。Shopkick並未使用ＧＰＳ或Wi-Fi定位，而是在其合作商店搭建了實實在在的硬體及全套識別系統，稱為Shopkick Signal，這樣做有以下三個好處。

◆可以防止用戶進行虛假簽到，比如用戶只是經過某個商店的周邊而並未進入商店。Shopkick可以一目瞭然地洞悉用戶的行蹤。

◆可以對用戶在商店的位置進行更精準的定位，比如判定該用戶是在家電區還是在食品區，好為其推送符合地理位置的優惠活動，即所謂的Location-based Shopping（行動定位購物）。

◆Shopkick根據用戶Kickbucks（積分）的不同設定了人性化的激勵積分體系，一方面Shopkick會根據用戶簽到的次數給予積分，另一方面根據用戶在該商店逗留的區域及時間給予不同的積分獎勵，刺激用戶不斷地積累Kickbucks並進行實際的購買活動。

Shopkick的Ｏ２Ｏ模式、簽到、行銷、購物很值得借鑑。並且Shopkick還極具創新意識，不斷地推出新的業務模式，這點可以從以下兩個例子中看出來。

◆在傳統的定位服務淡出之際，以真實簽到為核心的Shopkick模式開始在中國萌芽，與Ｏ２Ｏ模式結合也成為大部分行動定位服務產品正在尋找的新出路。

「逛店寶」選擇的就是結合了Shopkick的「真實簽到＋Ｏ２Ｏ＋積分獎勵」的商業模式。逛店寶首先在合作商家的店鋪內安裝了其擁有專利技術的定位設備（類似Shopkick的超聲波定位設備Shopkick Signal）。用戶必須走入商戶的門市才能完成簽到這個動作，這也解決了從Check-in到Walk-in這個難題，如圖4-3所示。

在Shopkick所提供的真實簽到、積分獎勵的模式中，用戶在購買商品時，還有額外的獎勵，這無疑是一個吸引顧客的好方式，而且，店內定位系統的安裝也在一定程度上減少了聘請簽到人員的成本。

◆Shopkick還曾與visa和MasterCard卡組織合作，用戶首先要在Shopkick上綁定金融卡，然後到店簽到獲得優惠、折扣訊息後，如果在POS機上刷綁定的金融卡，就能額外獲得kicks積分，如圖4-4所示。

圖4-3 逛店寶Shopkick真實簽到

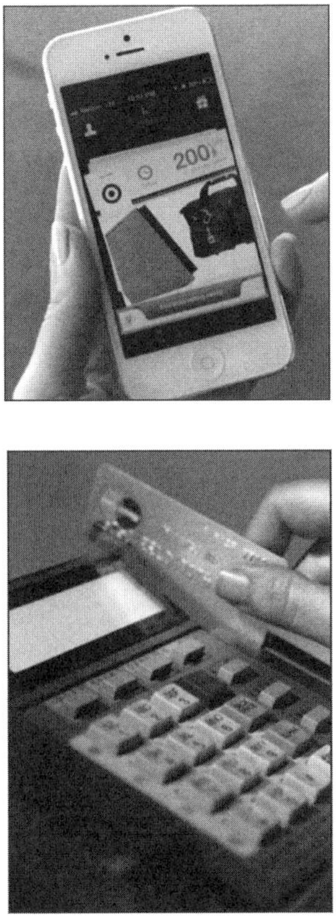

圖4-4 刷卡獲得kicks積分

這使得Shopkick可以追蹤到用戶從獲取優惠到使用優惠完成消費這一循環的完整資料。基於完備的用戶訊息資料，Shopkick可以分析用戶購買行為，改善用戶體驗，形成精準行銷，提高促銷效果，最終提高Shopkick對商家的議價能力。而信用卡組織也能通過Shopkick為持卡人提供更豐富的權益。

從本質上看，Shopkick定位於線下商家的導購服務。對於用戶來說，通過簽到送分、折扣等模式可以獲得優惠；而對於商家來說，Shopkick的價值就是客戶引流，促成交易。

✧工具二：引導消費ByteLight追蹤

ByteLight是一款利用LED燈、智慧手機搭建通信網路，從而追蹤並引導購物者，對物品進行定位並提供優惠訊息的應用。試想：你走進商場，想要挑選一部新手機或一些生活用品，依靠手中的智慧手機，利用ByteLight應用就可以引導你去商品所在的位置，甚至還可能贈送一些折扣券。這種快速精準定位，勢必引領購物的未來。

專家提醒

ByteLight不僅能提高定位精度，還能夠引導顧客的消費行為。顧客如果離優惠商品越近，所獲得的積分也就越多。通過檢索顧客在店鋪內的位置，推送特定的優惠訊息，這些都是傳統定位服務所無法做到的。

ByteLight應用最初的靈感來自於GPS定位，不過手機中常見的GPS在戶外表現很好但室內一般，另外無線技術範疇下的Wi-Fi和藍芽並不適合精確定位，所以ByteLight的想法是在商店裡大範圍安裝特製LED燈來發出一種特別設計的光信號，當顧客在店內行走的時候，智慧手機的照相機（手機裡面已安裝ByteLight軟體）可以檢測這種光信號（前提是手機不能放在袋子裡或者口袋裡），手機裡的ByteLight軟體一邊分析光信號一邊為顧客構造通往目標商品（廣告）的路徑，如圖4-5所示。

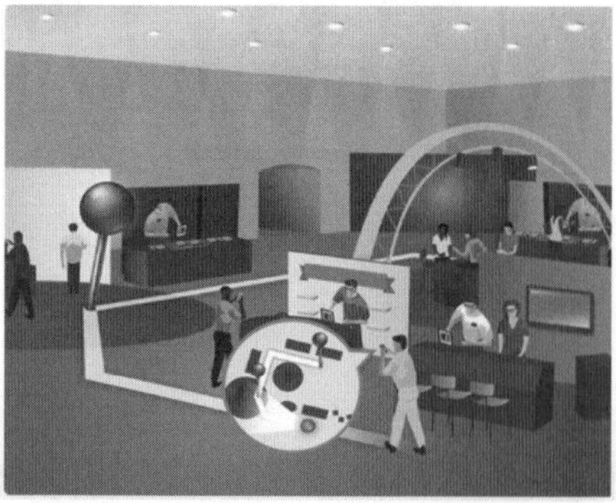

圖4-5 ByteLight應用引導購物路線

這種光信號採取一種獨特的閃光模式，其閃爍的頻率非常快，人的肉眼是無法感知的。好的定位技術必須快速、精準，這就是ByteLight想到運用光的出發點，如**圖4-6**所示。據Bytelight聯合創始人及技術長 Dan Ryan介紹，此項技術的精度可以在一公尺以內，定位時間不會超過一秒。

專家提醒

ByteLight能實現引導消費的功能必須滿足三個條件，一是用戶手機上必須安裝有ByteLight軟體；二是智慧手機必須拿在用戶手上；三是LED燈需要安裝一種晶片，以便發射光信號。

✧ 工具三：發現驚喜「覓ta」互動

「覓ta」是一個基於地理位置發佈和需求驅動分享即時交易資訊的平台，這些訊息包括商品買賣、生活服務等。覓ta和分類資訊網站非常相似，旨在幫助用戶能夠回歸到線下解決一系列交易問題，如**圖4-7**所示。

覓ta並非我們理解意義上的基於行動定位服務的O2O實物交易網站，它更像是一個結合了「五八同城」和「豬八戒」的訊息和需求的發佈網站：用戶在這個平台上可以綁定一個POI，說出自己想要的，

圖4-6 通過頂部的LED燈發送閃光信號

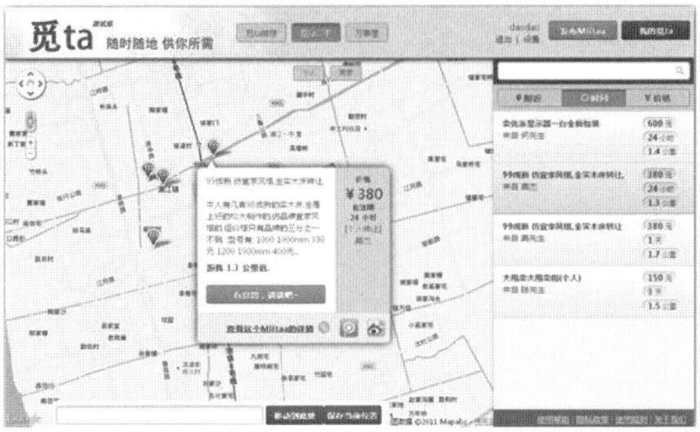

圖4-7 「覓ta推薦」頁面

標出願意支付的價格，限定好完成交易時間、地點等資訊，接下來便可以期待某個人幫助你去實現。當然，這一切應該是建立在有償的基礎之上的。覓ta的不同之處在於主打需求驅動交易，類似於反向電子商務。

專家提醒

覓ta雖然只是O2O模式下的一個試驗品，但在未來的企業之爭無疑會圍繞精準定位展開，企業應該在保證產品品質的前提下，精準定位某些顧客群體，進而可能演變為精準定位下的粉絲經濟。

工具四：挑戰味蕾好友美食推薦

「好友美食」App是基於新浪微博的開放社群圖譜製作的，通過提煉六千萬微博數據，可以幫助用戶通過社群好友發佈的內容獲得他們喜歡的美食。

「好友美食」會直接根據用戶所處的地理位置，在首頁推薦附近的美食，並顯示推薦理由、實際距離、平均消費等資訊。點擊進入每個店鋪的單獨頁面，除地址、電話等基本資訊外，「微博評價」還會以不同的冷暖色調呈現，暖色為正面評價，冷色為負面評價，黑色則為中性評價。如**圖4-8**所示為「好友美食」介面。

圖4-8 「好友美食」應用介面

目前，「好友美食」的基礎數據來自新浪微博的開放平台，經過數據挖掘分析後呈現給用戶，涵蓋了北京、天津、武漢、杭州、西安、上海、成都、重慶、廣州、深圳、南京十一個城市，未來會陸續加入其他城市。

「好友美食」可以隨時隨地拍照上傳到新浪微博，同時也會顯示你的好友對附近餐廳的評價，你的好友也能同步看到你對於餐廳的評價，每位用戶都會有自己發佈評價的紀錄，可以看到你自己還有好友的美食軌跡。

如果你想請朋友吃飯，又不知道朋友喜歡吃什麼，這個時候就可以求助「好友美食」。「好友美食」通過抓取新浪微博大量關於美食的數據顯示（僅含有「麻辣誘惑」的關鍵詞就能抓取到上百萬條訊息），可以覆蓋數百萬用戶的個人喜好。再如，某個用戶的微博內容中若包含一次「火宮殿」一詞，也許不能說明什麼，但是如果「火宮殿」這個詞出現了五次以上，那麼至少可以證明他經常去這家餐廳吃飯。

對於餐飲行業來說，通過「好友美食」App收集獲取顧客意見訊息，對行業的經營發展具有重大意義。

◆餐飲企業可以對這些數據進行分析整理，找到企業在經營管理上存在的不足和缺陷，然後針對其進行有目的性的調整和改善，只有這樣，企業的經營管理水準才會得到不斷地提升和進步，才會贏得更多顧客的喜愛和認同。

◆對於商家獲取用戶的品質來說，「好友美食」基於用戶主動搜尋請求進行響應，是最直接、最有效，也是最精準獲得用戶的方式。通過這種方式獲取的用戶品質較高，轉化率往往也更高，給高端客戶帶來的價值也更大。

餐飲企業還可以利用這些數據分析顧客的飲食習慣，達到精準行銷的目的。另外，還可以針對主力目標用戶群的生活需求和精神需求，和一些品牌商家聯合做沙龍或體驗式活動，為用戶提供他們需要的其他種類的產品。

❖五種策略尋找客戶

作為未來電商的一種重要發展模式，O2O不僅改變了傳統商業，同樣也改變了無數普通消費者的行為習慣。與以往的電商形態相比，O2O最大的創新是將線上、線下形成閉環，基於網路對傳統產業進行改造，而不是簡單地將線下業務搬到線上，使線上、線下形成一個以競爭為主的矛盾體。正是這種思想，讓很多實體企業找到了切入電商的入口。

所以，為了更精準地進行行銷，做O2O線下行銷時，不僅要學會精準定位客戶，還要懂得尋找客戶的方式。當網站從「找客戶」轉換成「等客戶」時，就說明網站已經形成品牌，離成功不遠了。要做好線下行銷，毋庸置疑，企業必須要掌握好以下五種「尋找客戶」的策略。

✧策略一：洞察消費者內心

銷售產品就是跟人打交道，這就需要研究消費者。洞察消費者的內心是行銷的起點，打動了消費者的心，也就等於打開了消費者的口袋，而離開了這個起點，就會像船在大海上航行失去了方向一樣，最終，在錯誤的方向上越行越遠。

行銷是沒有絕對專家的，唯一的專家是消費者。企業要搞好策劃方案，就要去瞭解消費者。

優衣庫的O2O很紅，但這絕對不能撇開線下零售環境變化，以及企業變革的思維格局與吸引顧客營運能力，來單獨分析優衣庫。

優衣庫會通過多種方式吸引用戶前往實體店購物，比如行動應用程式中提供周邊店面的位置指引，其線上行動應用程式提供的優惠券二維碼都是專門設計的，只能在實體店內才能掃描使用，從而實現將線上的消費者引流到線下實體店。通過對消費者品牌與從眾心理意識的研究，優衣庫的行動應用程式把重心放在了安裝量與品牌曝光率上，積極地推動線下實體店向線上的導流，並成功地吸引了大規模的顧客，如**圖4-9**所示。

此外，對於商品打折，優衣庫採取了「指定產品區隔+時間段區隔」的策略。所謂「產品區隔」，主要是指線上與線下打折的商品都是特別指定的，並在款型上有所區隔。而所謂「時間段區隔」，是指指定折扣活動的時間段，並採用錯峰排序的方式，用戶錯過線上折扣，也可以耐心等候實體店隨之到來的折扣期。

✧ 策略二：運用產品策略

實踐經驗證明，誰的產品策略更智慧、更藝術、更迅速，誰就會在競爭中更容易取勝。而產品策略的殺傷力來自思想。所以，作為行銷戰略的規劃者，首要具備的條件是必須有十分鮮活的想法，除此之外，還要有敢於實現創想並追求成功的勇氣。

圖4-9 優衣庫App功能

提到運用智慧的產品策略達到完美營運效果的企業，當然不能忽略「綾致」時裝。在轉型前，綾致的門市款多量少，追求款型的快速迭代，商品平均銷售週期大約為十六週，快速的庫存周轉率極為關鍵。

綾致轉型O2O之後，開始嘗試通過打通產品、購物體驗在線上線下的相通性，在盡可能多的接觸節點上提升轉化率。

首先，綾致解決的是傳統跨店調撥模式的弊端，從而緩解斷碼缺色情況導致的客戶流失。面對斷碼缺色情況，傳統門市主要依靠門市間的電話調撥，流程較慢，導致用戶體驗不夠好。而綾致則採取先讓導購幫助用戶在線上查詢總部的庫存資料，再由總庫從距離用戶最近的門市調撥商品，最後再讓店員送貨到用戶手中的方式。

其次，綾致採取的是通過「收藏」功能提高用戶黏度，延續用戶購物體驗的相通性，如圖4-10所示。

很多用戶在店試穿之後，可能依然猶豫不決，或者還想貨比三家，這會導致訂單的流失，這時候綾致的導購會鼓勵顧客用微信先收藏該商品，回家諮詢親朋好友後，再進行線上下單。全新的產品體驗方式讓綾致打破了傳統行銷的瓶頸，迎來了O2O的圓滿開幕。

✧策略三：把握市場機會

俗話說：「水無常態，兵無常法。」自己怎麼出

圖4-10 綾致的「收藏夾」功能

牌，不是自己早之前就確定好了的，而是根據對手的出牌來決定自己出什麼牌。

出牌大概兩種方式：一是把對手硬擋回去，這種情況適合自己的實力比對手足夠強大；二是當自己的實力與對手相當或者更弱的時候，就將計就計，借力使力，找出對方這股力中好的因子，藉著這股力建設出對自己更好的平台。

聰明的企業家會在市場中審時度勢、順勢而為。其實經商的本質在於「營勢」、「謀勢」，只有「謀勢者」方能執市場之牛耳，花小錢辦大事。要想在O2O行銷時代佔有一席之地，就要看你會不會尋找線索、順勢而為。

伴隨智慧手機的普及，百度地圖的影響力也順勢揚帆。據二〇一三年對中國手機地圖市場份額的精準測算，百度地圖以百分之五十一・〇六的活躍之勢在用戶市場份額躋身榜首且呈現進一步激增態勢，而高德地圖、搜狗地圖、圖吧地圖、谷歌地圖、導航犬和其他在週活躍累計用戶中的市場份額分別為百分之二十一・二一、百分之六・三三、百分之六・一一、百分之五・一五、百分之四・〇二和百分之六・一二，如**圖4-11**所示。

百度地圖之所以能躍居首位，最關鍵的一點在於它能審時度勢，在智慧手機來臨的時代，百度地圖及時以百度搜尋作為引入門檻，網羅了第三方開發者和眾多商戶搶佔了市場的先機。

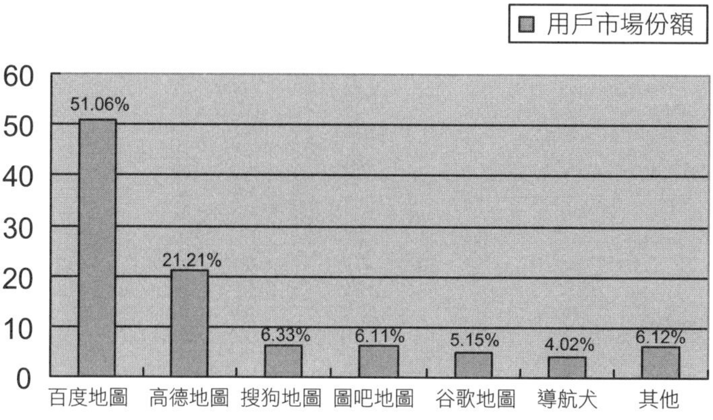

圖4-11 電子地圖市場份額百分比

如今，百度手機地圖不僅能提供傳統的定位、搜尋、路線規劃等功能，還能夠提供包括餐飲推薦、點評、飯店瀏覽、預訂等眾多生活服務資訊，成為用戶獲取分享訊息的第一入口。

✧策略四：研判品類機會

品類機會，即產品種類的發展機會，它決定了產品的命運和品牌的崛起。品類分析要通過選擇適當的商品和行銷服務進行組合，並配合合理的商品陳列，有針對性地對商品、價格及行銷策略配合運用，力求單品銷售量最大化，從而滿足目標消費群的需求，體現賣場各類別重要單品的獨特性。

定位的機智與勇敢，成就了無數明星產品和無數強勢品牌，然而這一切的前提，是對品類機會的深刻研究和準確判斷。「品牌差異化」是近年來人們普遍認同的實行品牌競爭的主要策略，企業通過產品、服務、品牌形象等方面的細節差異，確定自身品牌在市場某領域「獨一無二」的地位，進而引導消費者產生購買行為，達成銷售。

在打造品牌差異化方面，「範雅壁紙」發現了絕招。它在二〇一三年前期招兵買馬之後，通過半年時間的蓄勢待發，於二〇一三年十二月五日正式入駐蘇寧易購，開啟了品牌O2O銷售時代，如**圖4-12**所示。

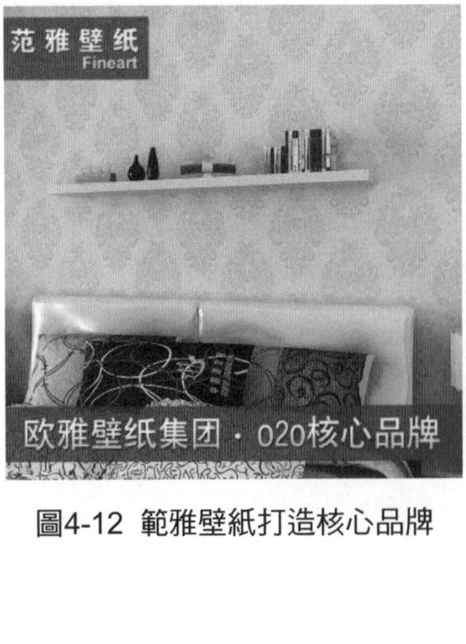

圖4-12　範雅壁紙打造核心品牌

「範雅壁紙」是歐雅壁紙集團傾全力打造的O2O模式核心品牌，旨在通過完美整合線上線下資源，為廣大消費者提供品質一流的產品、貼心周到的服務、高雅時尚的設計。由於系出名門，再加上集團多年壁紙經營的成功經驗及其在把握行業發展動態及潮流方面的顯著優勢，為範雅壁紙的發展提供了堅實的基礎。

範雅秉承集團一貫追求品質的態度，從成立之初就將全部精力傾注在產品創新和品質打造上，堅守誠信、堅定品質、堅持創新。品質是範雅品牌成長的金字招牌，在範雅的生產基地裡，始終堅持「高品質、高水準、高起點」的原則，對生產原料、生產設備、工藝流程等環節進行嚴密把關，幾十條國際化標準規模的生產線，確保了其產品在品質方面和環保方面是無可比擬的。

範雅壁紙擁有千名服務人員組成的一流服務團隊，他們二十四小時堅守崗位，竭誠為顧客服務。另外，範雅壁紙還有遍佈各地的上千家線下忠誠服務商，這一強大的企業團隊創造出其強勢的O2O品牌優勢。

「品味極致典範，尊崇雅致人生」成為範雅的品牌信念，在這種信念的支撐下，目前它已經成為中國壁紙行業成功的品牌。

專家提醒

品類戰略是從消費者的認知出發，尋找品類分化的機會，藉助消費者心智運作規律，搶先佔據心智資源，從而形成市場上的強勢品牌。

行銷戰略中的品類，被「定位之父」艾里斯（Ellis）賦予了新的概念，叫作「心智中的小格子」，也就是從顧客的心智角度對不同產品的區分。

✧策略五：創新行銷思維

創新是企業成功的關鍵，企業經營的最佳策略就是搶在別人之前淘汰自己的產品。這種把創新理論運用到市場行銷中的新做法，包括行銷觀念的創新、行銷產品的創新、行銷組織的創新和行銷技術的創新。要做到這些，市場行銷人員就必須隨時保持思維模式的彈性，讓自己成為新思維的開創者。創新的意義就在於先進，而不僅僅在於別人沒有，而且一旦發現是一種新技術，就要及時捕捉，以免錯過時機。

新奇的設計和創意靠想像力來實現，創新行銷往往能改變企業的命運，甚至影響行業的發展和進步。

「芒果網」曾在二〇一二年舉辦了會員日活動，它巧妙地結合了「六一童趣」以及「潑水節樂趣」，推出響亮主題「芒果會員日，一起來撒潑」，吸引了大量的顧客。

在六月二日那天，芒果網在景區開展了頗具特色的線下活動，活動主要以童年遊戲為主，芒果網在現場為廣大會員準備了滾鐵環、踢毽子、陀螺等復古遊戲，喚起了廣大遊客童年的美好回憶。會員們在教孩子體驗兒時遊戲時，充分享受到了童年的樂趣。如**圖4-13**所示為芒果會員日宣傳海報。

這樣的大人與孩子一起過兒童節的活動，加強了芒果網與會員之間的互動交流，增加了品牌美譽度，與此同時

圖4-13 芒果會員日，一起來撒潑

還培養了用戶的忠誠度。

❖ 三類劃分留客戶

根據對O2O平台所支持的客戶消費行為的研究，我們把消費過程中的客戶行為分成三種類型，第一種稱為需求驅動型，第二種稱為價格驅動型，第三種稱為經驗驅動型，如**圖4-14**所示。對應不同類型的客戶，O2O平台存在不同的商業模式。

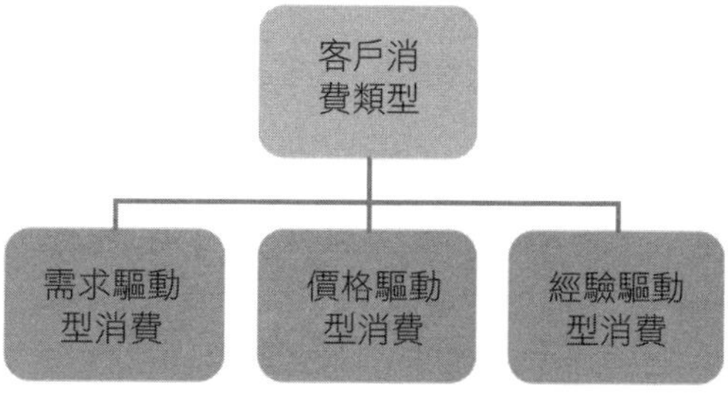
客戶消費類型
需求驅動型消費
價格驅動型消費
經驗驅動型消費

圖4-14 客戶消費行為類型

✧ 類型一：需求驅動型客戶

這類客戶一般具有較為強烈明確的主觀消費意願，比如說消費者要買房、找工作、找飯店、找餐館等。在需求驅動型的O2O商業平台模式中，最典型的就是分類資訊平台模式，在這方面比較典型的代表企業就是「趕集網」、「五八同城」和「百姓網」等。

分類資訊平台模式的基本特點是實用，它以滿足消費者個人需要的生活實用資訊為主。此外具有較大規模性，大量同類的資訊或廣告放在一起，形成網上各類消費物品和服務的超級市場，方便消費者比較選擇。如**圖4-15**所示為五八同城入口介面，從圖中我們可以看到網站提供的都是招聘、租房、求職、服務等實用性訊息。

此外，分類資訊平台的訊息發佈價格低廉，部分發佈訊息是免費的，即便在收費的部分，相對於其他傳媒而言，價格也便宜。而此類平台的收益主要來源於廣告，以趕集網為例，它為賣方提供的廣告工

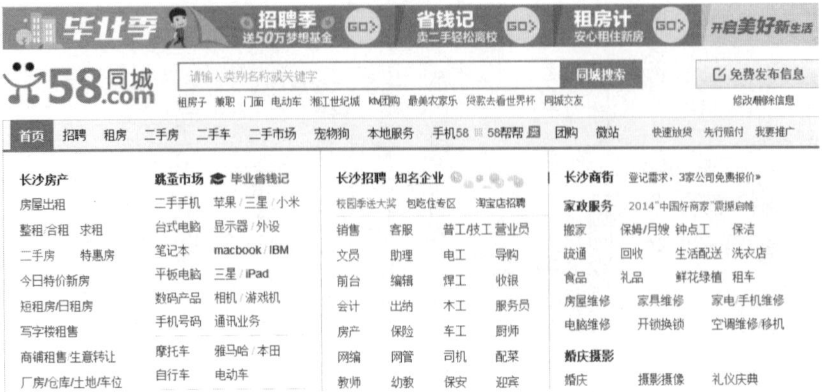

圖4-15 五八同城介面

具包括這幾類，第一類叫作趕集幫幫，每年收費三千元，在所有的免費貼的上方對賣方的企業進行推薦，一年內可以無限次自助刷新；第二類是精品推薦，有十個位置，一般是位於首頁或者比較顯眼的位置，費用是每年一萬四千四百元；第三類是贊助商廣告，一個頁面有五個位置，每年的費用是一萬四千元；第四類就是品牌廣告，每年的費用是兩萬八千八百元。

由於分類資訊平台所擁有的大量資訊以及黏著的大量用戶，使得它的商業模式具有相當大的延展空間。比較自然的延展是分類資訊網站可以沿著這個消費者的搜尋行為往後走，也就是逐漸走向交易購買環節，這樣就自然而然地進入了O2O這樣的商業模式。

此外，為了留住客戶，建立用戶持久使用的黏性，避免客戶只是一次性交易，社區化也是一個比較典型的發展方向。

社區O2O具有地域化的特點，假如我們把社區當作一個城市的基本組成單元，這個時候，它會是最接近人的日常生活的小單元，也是網路購物環節中物流配送的最後環節。社區居民足不出戶，在家輕鬆點擊即可享受最基本的生活服務，這正是網路滲透國民經濟的體現，也是O2O發展的新突破。如**圖4-16**所示為O2O模式與社區O2O模式的差異比較。

與傳統的O2O模式相比較，社區O2O加入了物管這一平台，除了更加貼近顧客外，還能為產品

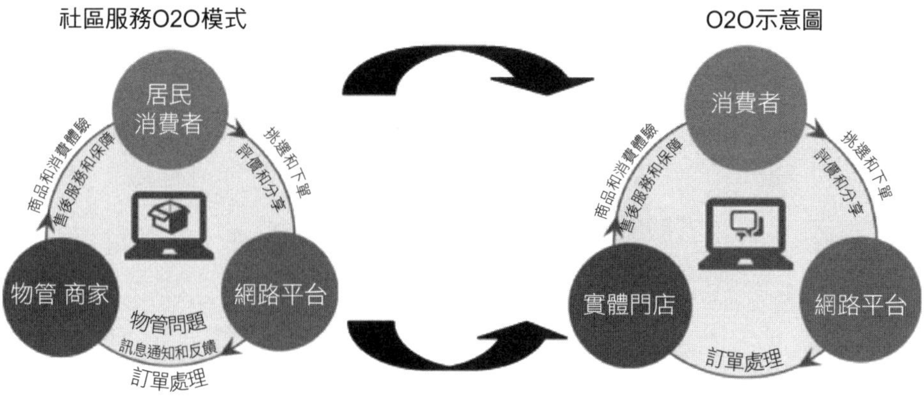
社區服務O2O模式
居民
消費者
商品和消費體驗
售後服務和保障
挑選和下單
評價和分享
物管 商家
網路平台
物管問題
訊息通知和反饋
訂單處理
O2O示意圖
消費者
商品和消費體驗
售後服務和保障
挑選和下單
評價和分享
實體門店
網路平台
訂單處理

圖4-16 O2O與社區O2O差異比較

的品質提供保障，從而進一步留住顧客的心。

專家提醒

分類資訊網站還具有自助性，從本質而言，它屬於Web 2.0的模式，相當多的內容由用戶主動填寫，此外，它還具有比較明顯的社區性，對於每個帖子可以通過回帖的形式，或者通過垂直社區互動的形式進一步完善。

✧類型二：價格驅動型客戶

價格驅動型的客戶對價格很敏感，在購物過程中會採用「貨比三家」的態度進行購物搜尋。

在O2O平台中，比較購物搜尋是一種專業化的垂直搜尋引擎，它主要是通過海量商品資訊的採集和整理，向消費者提供可對比的商品資訊。

這種購物搜尋引擎與一般的搜尋引擎有很大的不同，它除了可以對商品的價格進行直接的比較外，還可以對網店產品和線上商店產品進行評比，這種評比往往會對消費者的消費決策產生較大的影響。

拿日本著名的價格比較網站Kakaku來說，它是日本最大的比價網站，有五分之一的日本人在買東西之前都會先上Kakaku進行比價，如圖4-17所示。

日本的線上電子商務和線下實體商務之間已經達成了較高程度的互通，也就是說O2O的水準比較高，線下商家在Kakaku平台上掛出的商品，用戶可以馬上在線上跳轉到商家的電子店鋪或者直接到實體店鋪購買。

由此，Kakaku成為一個連接用戶、廠商的資訊匯聚平台。廠商為用戶提供商品資訊以及價格訊息，為用戶提供專業的比較購物搜尋服務，輕鬆找到最低價的商家，同時用戶反饋的商品評論也為商家提供了有價值的訊息，同時也為後續買家用戶提供了第一手指南。

圖4-17 日本價格比較網Kakaku

同時，通過這個過程，Kakaku也獲得了大量的消費者的購買行為數據，經過整理分析之後也可以對廠商進行銷售。

Kakaku的盈利模式主要包括這樣幾種：第一種是商家入駐Kakaku平台，網站根據商品的點擊數或實際成交收取費用；第二種是促銷服務，也就是通過Kakaku平台直接促成的交易量或交易額，廠商支付促銷的手續費；第三種是資訊提供，比如向廠商出售用戶的行為數據；第四種是為用戶提供旅行飯店、票務預訂服務的佣金，第五種是廣告。

專家提醒

除了比價搜尋之外，團購也是最典型的一類價格驅動型O2O行銷代表。與傳統電子商務的「電子市場＋物流配送」的模式相對比的話，團購的模式事實上是「電子市場＋到店消費」的模式。

對於這類價格驅動的客戶，商家所採取的最好辦法當然是在比價平台上用相對優惠的價格來留住消費者的心。

✧類型三：經驗驅動型客戶

經驗驅動型客戶在商品搜尋和發現環節，非常注重他人曾有過的體驗，這種體驗目前已經發展成為O2O裡面的點評模式，其中最為典型的代表首推「大眾點評網」。

大眾點評網是一個獨立的第三方點評平台，它始終強調自己的平台只是一個允許食客們對光顧過的餐廳發表看法的社群，如**圖4-18**所示。

大眾點評網依靠第三方的評價吸引消費者，從而進一步

圖4-18 大眾點評網的客戶點評

吸引餐廳加盟。網站會根據客戶的ＩＰ地址自動顯示區域首頁，為用戶提供所在地區的餐飲資訊，而用戶能以排行榜作為起點，通過種類、地區、價位等各種標準，尋找自己鍾情的美食。

由此可以看出，大眾點評網其實採取的是典型的用戶創造內容的Web 2.0模式。在該模式下，不需要企業自身進行資訊收集。網民的訊息就會自發積累，從這一點來看，它會增強消費者對點評訊息的信任度。

此外，在旅遊領域，此類點評類的Ｏ２Ｏ模式出現得也越來越多。以「螞蜂窩」為例，螞蜂窩旅遊網是一家提供旅遊攻略服務的網站，其提供各類目的地旅遊攻略書，涵蓋當地吃住行遊購娛等各方面豐富翔實的旅遊資訊。

螞蜂窩旅遊網自二〇〇六年上線營運以來，註冊用戶量持續攀高，其中大部分用戶來自北京、上海、廣州、深圳、香港等一線大城市，也不乏海外旅居人士。螞蜂窩的用戶熱愛戶外旅行，鍾情於自駕遊，擁有專業的攝影技術，因此，螞蜂窩凝聚的是一個高品質的旅遊愛好者群體。憑藉自身的優勢，螞蜂窩正吸引著更多的網友源源不斷地加入螞蜂窩旅遊社群。如**圖4-19**所示為螞蜂窩旅遊社群。

圖4-19　螞蜂窩旅遊社群

截至二〇一四年八月，螞蜂窩已經收錄了國內外眾多旅遊目的地。依靠註冊用戶提供的大量的第一手資訊，螞蜂窩已先後製作推出了各類目的地旅遊攻略書。設計精緻、新穎，內容涵蓋當地吃住行遊購娛等各方面豐富翔實的旅遊資訊，給無數自助遊愛好者提供了方便快捷的旅行指南，受到了用戶的普遍歡迎。

螞蜂窩希望把具備點評內涵的旅遊攻略做到極致，並且在某種程度上延伸消費者的旅遊體驗。一方面它也是採用UGC的模式，把用戶提交的一手資訊做成類似孤獨星球（Lonely Planet，全球最權威旅遊品牌之一）這樣的精美手冊，內容包括交通、美食、住宿、購物，然後發佈到網站上供用戶免費下載。另一方面，螞蜂窩還設立了分舵形式，在各地組織了一批對目的地非常熟悉，又非常瞭解旅行需求的熱心用戶作為舵主，依賴舵主來維護和更新內容，如**圖4-20**所示。

旅遊用戶可以在手機端和電腦端看到不斷更新並且資訊準確的旅遊攻略，並從中找到自己感興趣的、契合自身需求的攻略。事實上，螞蜂窩不僅能為想要旅遊的人提供服務，也能夠開發旅遊的潛在用戶，它在自己的旅遊社群區塊利用照片和文字進行轟炸，激發了在旅遊網站閒逛人群想要旅行的慾望。

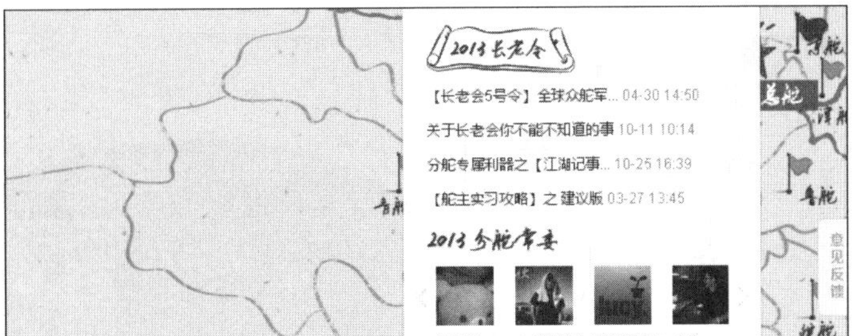

圖4-20 螞蜂窩「分舵」形式

總體來看，在O2O消費的用戶搜尋與發現環節中，以為用戶創造愉悅體驗為出發點，圍繞著如何讓用戶更便利地去發現，如何更快速地去搜尋，如何更完善地去比較，蘊藏了大量的行動網路商機。

✣ 神奇助手，O2O二維碼

隨著行動網路的發展，智慧手機普及以及行動應用程式的流行，藉助行動網路進行企業資訊傳播成為企業新的關注點和推廣工具。如今，在電子商務行業中，二維碼成為被廣泛應用的新工具，特別是結合近兩年熱炒的O2O概念，二維碼逐漸形成了電子商務平台連接線上及線下的新路徑。

目前，二維碼已經和常見的條形碼一樣走進了我們的工作和生活當中，善用二維碼可以拉近產品和客戶的距離，直接為產品增值。

作為O2O行銷虛擬線上與實體線下的互動橋樑，二維碼連接著網路與現實，扮演著支撐者的角色，伴隨著智慧手機客戶端的火熱而發展起來，如**圖4-21**所示。

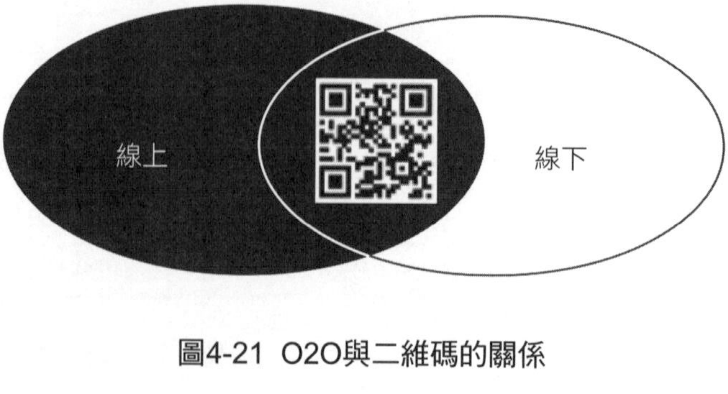

圖4-21 O2O與二維碼的關係

❖ 瞭解二維碼的基礎知識

在當今時代，不管是雄心壯志的行動網路創業者，還是擁有相當規模的老牌網路公司，都在談論著二維碼這塊具有新意的應用市場。

對於消費者來說，通過掃描二維碼就可以進行手機上網購物、買電影票、列印優惠券、簽到等活動，這樣「萬能」的二維碼成為O2O（Online to Offline，線上線下）模式的一個切入點。舉例來說，在城市裡，「虛擬超市」已經遍佈了公車地鐵站台，乘客只需拍下二維碼，就能立即訪問該商品的頁面，並進行購買，享受超市購物般的體驗。

二維碼是指用某種特定的幾何圖案按照一定的規律在平面方向分佈的黑白相間的圖形，用以記錄數據符號資訊。二維碼在代碼編制上使用計算機內部邏輯基礎的「0」、「1」比特流的概念，使用若干個與二進制相對應的幾何形體來表示文字數值資訊，通過圖像輸入設備或光電掃描設備自動識讀以實現資訊自動處理。

在許多種類的二維條碼中，常用的碼制有DataMatrix、MaxiCode、Aztec、QRCode、Vericode、PDF417等。

二維條碼／二維碼可以分為堆疊式／行排式二維條碼和矩陣式二維條碼。堆疊式／行排式二維條碼形態上是由多行短截的一維條碼堆疊而成；矩陣式二維條碼以矩陣的形式組成，在矩陣相應的元素位置上用「點」表示二進制「1」，用「空」表示二進制「0」，由「點」和「空」的排列組成代碼。

✧ 堆疊式／行排式二維條碼

堆疊式／行排式二維條碼又稱堆積式二維條碼或層排式二維條碼，其編碼原理是建立在一維條碼的基礎之上，按需要堆積成兩行或多行。

它在編碼設計、校驗原理、識讀方式等方面繼承了一維條碼的一些特點，識讀設備與條碼印刷與一維條碼技術相容，但由於行數的增加，需要對行進行判定，其譯碼算法與軟體也不完全相同於一維條碼。具有代表性的行排式二維條碼有Code16K、Code49、PDF417等，如**圖4-22**所示。

矩陣式二維碼

矩陣式二維條碼又稱棋盤式二維條碼，它是在一個矩形空間通過黑、白像素在矩陣中的不同分佈進行編碼。在矩陣相應元素位置上，用點（方點、圓點或其他形狀）的出現表示二進制「1」，點的不出現表示二進制的「0」，點的排列組合確定了矩陣式二維條碼所代表的意義。

矩陣式二維條碼是建立在計算機圖像處理技術、組合編碼原理等基礎上的一種新型圖形符號自動識讀處理碼制。具有代表性的矩陣式二維條碼有QRCode、CodeOne、MaxiCode、DataMatrix等，如**圖4-23**所示。

隨著行動網路的發展，行動手持設備的普及，目前QR Code在日常生活中最為常見，它是一九九四年由日本Denso-Wave公司發明的。QR來自英文Quick Response的縮寫，即快速反應的意思，源自發明者希望QR碼可讓其內容快速被解碼，如**圖4-24**所示。

按照二維碼在日常生活中的兩種應用形態，二維碼可以分為被讀類和主讀類。

◆從線上到線下的被讀類業務：營運商將票據、憑證等內容編碼為二維碼，通過彩信發送到用戶手機上。用戶持手機到商家，使用專用設備對手機上的二維碼圖形進行識讀，作為交易或者身份識別的憑證來支撐交易或其他活動完成。在此過程中，二維碼作為從線上到線下的電子憑證來使用。

圖4-22　堆疊式／行排式二維條碼

圖4-23　矩陣式二維碼

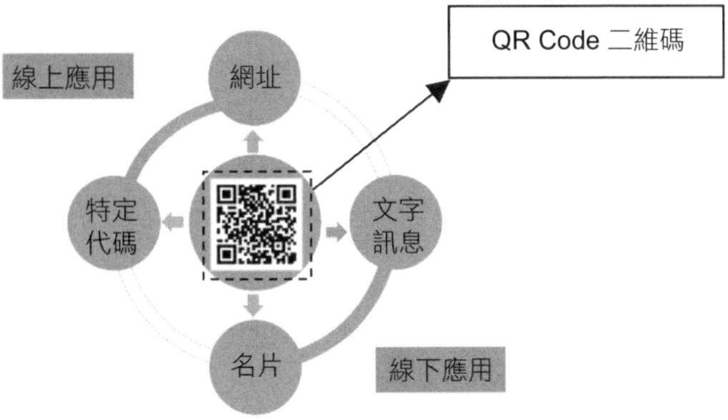

圖4-24　二維碼的主要應用

◆從線下到線上的主讀類業務：用戶在手機上安裝識別二維碼的應用，使用手機拍攝並識別二維碼，從而獲取二維碼中的存儲資訊，並觸發相關應用或者下載、打開網頁、名片識別等相關操作。在此過程中，二維碼被用作從線下到線上的電子標籤來使用。

從當前二維碼的網路營運模式來看，二維碼營運方式主要可以分為五個類別，如表4-1所示。

❖解答O2O二維碼疑惑

現在，二維碼炒得很熱，很多企業與商家都開始在O2O模式中加入二維碼應用，如此高漲的應用熱潮讓我們不得不開始思考，O2O模式用二維碼進行行銷真的行得通嗎？

隨著智慧手機的普及，二維碼的掃描被廣泛地應用到了人們的日常生活中，無論是閱讀還是觀影，只要拿出手機掃一掃，就會有讓我們驚喜的訊息，如圖4-25所示。

因為二維碼帶來的便利與驚喜，消費者們開始慢慢習慣了行動上網，也逐漸接受了掃描二維碼後連接上網觀看訊息、參與行銷活動。在這樣的前提下，我們不難發現，其實二維碼是擁有極其廣泛的市場的。

而且，在研究O2O時我們發現，其實O2O是一個生活服務行動網路化的過程，本質是線上數

表4-1 二維碼的營運模式分類

模式類別	應用代表	主要功能	基本特徵
社交類	微信、新浪微博	微信掃描二維碼添加朋友、公共賬號；新浪微博二維碼支持打開個人資料快速互粉、打開指定網頁以及直接打開已輸入特定內容的微博發佈框	用戶量龐大；在用戶中快速普及了二維碼的使用；未來將通過二維碼參與到O2O業務中
閱讀類	長微博生成器、皮皮精靈自媒體營運平台	在該應用或平台上發佈的文章，都會生成相應的二維碼，用戶掃描二維碼便可以閱讀內容	處於快速發展階段；簡化了網址鏈接；將對行動設備上的內容閱讀起到快速推動的作用
工具類	常見二維碼掃描等應用	主要集中在掃描商品上的二維碼來進行比價，以及獲取其他訊息	總體用戶量較大，但市場參與者多，用戶較為分散；營利模式較為單一；缺乏核心競爭力，容易被替代
服務類	上海翼碼	為商家提供二維碼的電子憑證，從線上到線下的一整套營運解決方案	面向商家提供行銷服務中相應的電子憑證業務；市場需求空間大；該類企業具有較大的發展潛力
購物類	靈動快拍、廣州閃購	為依託於行動電子商務平台的商家服務，為商家商品製作、行銷二維碼，用戶掃描後實現購買	處於用戶教育階段；目前在購物中僅處於入口地位；未來電子商務平台將與創業公司在競合中共贏發展

閱讀：在報紙上，看到刊登的新聞旁會附帶一個二維碼圖案，如果對此新聞有興趣用手機掃碼軟體掃描就能獲得與該新聞相關的延伸資訊。

觀影：在電視螢幕上，節目播出時也會顯示有二維碼，讓觀眾掃碼下載節目用戶端，以此進行更多互動。

身邊的二維碼

搭乘：在乘坐飛機時，不用換取登機牌，只需要一張二維碼，上機前掃描一下，即可登機。

購物：在商場，看到加入了二維碼的精美宣傳海報，只要掃一掃就可以直接進入網店購買。

圖4-25 身邊的二維碼

位世界和線下物理世界之間互動的新商業模式。既然是互動，就存在兩個「出入」的橋樑：其一是從線下物理世界「進入」線上數位世界；其二是從線上數位世界「出來」回到線下物理世界。無論是從線下進入線上，還是從線上到線下，其實都離不開一個聯結者，那就是二維碼。

二維碼可以實現跨媒體平台的整合行銷，同時兼具行動行銷的互動性和位置性，體現了其無可替代的行動行銷價值，如**表4-2**所示。行動網路的地理位置資訊帶來了一個嶄新的機遇，這個機遇就是O2O，二維碼則是線上和線下的關鍵入口，將後端蘊藏的豐富資源帶到前端。

專家提醒

二維碼與行動定位服務雖然看上去形式差不多，但二維碼卻需要用到手機上的掃描設備。手機標配設備照相機可作為二維碼掃描設備，為第一流程的二維碼應用提供了前提條件。在消費者主動、快速、準確獲取訊息的剛性需求驅動下，用手機掃描二維碼就能精準地到線上某個地方獲得需要的資訊，這樣一種形式不僅為用戶帶來一種使用樂趣，而且還增加了用戶與商家的互動體驗性。從線上獲取二維碼後，在消費結賬的時候出示給商家時，這種用戶體驗則是大不相同的。

表4-2 二維碼的行動行銷價值

行銷特性	行銷價值
整合行銷	二維碼打破了單一媒體的局限性，跨媒體的整合行銷可以通過二維碼來實現，解決了資訊傳播的深度問題，獲得了品牌傳播的最大效果
互動體驗	二維碼把平面媒體、手機終端和網路的優勢集中到一起，增強用戶體驗，解決了用戶的反饋交互以及不同通路之間銜接來完成交易等問題，容易促成交易的直接達成
精準定位	基於行動終端的特性，二維碼可以精確地追蹤和分析每個媒體每個訪問者的紀錄，包括手機機型、使用時長、瀏覽次數以及用戶的地理位置等，為企業更加有效地投放作參考

❖探索二維碼行銷應用

目前，以京東商城、天貓、一號店為代表的電子商務平台正在全面推廣二維碼掃碼購物，二維碼的應用場景隨著O2O模式的發展開始逐漸增多。在中國的主流報紙、雜誌、戶外廣告上都出現了應用二維碼的情景，而且使用快拍二維碼進行掃碼的用戶也正呈現大幅度上升的趨勢。

在中國電信、聯通、行動三大營運商普及性推廣二維碼的基礎上，手機淘寶、支付寶、微信、米聊、新浪微名片、騰訊QQ瀏覽器也成了典型的二維碼應用。

✧二維碼成為O2O模式的點金石

隨著行動網路時代的到來，行動電子商務變得炙手可熱，線上、線下相結合的O2O模式正日益受到資本市場的青睞。商家優惠券、電子門票、會議簽到、戶外廣告、二維碼名片、二維碼購物、防偽溯源，二維碼作為一種線下和線上的傳感器、O2O應用的通路，是未來生活消費便捷的替代方式，二維碼世界中存在著巨大商機與潛力。如**圖4-26**所示為二維碼在O2O模式的具體應用。

基於在地化的行動購物，正極大地改變著消費者和商家之間的溝通方式和交易方式。越來越多的電子商務網站推出了手機客戶端，將原本在電腦上才能實現的網購方式「搬」到了手機上，用戶通過打開客戶端即可瀏覽挑選商品、隨時隨地下單，線下送貨，享受一種快捷方便的行動購物體驗。作為一種全新的消費模式，手機購物市場蘊藏著巨大的財富。

電子優惠券：二維碼電子優惠券是在電子優惠券的基礎上，衍生出的一種更為便捷有效的優惠券發放形式。電子優惠券系統是集生成、發送、管理、財務、驗證為一體的綜合性優惠券管理系統。它的業務基於龐大的手機用戶群，通過二維碼電子優惠券推廣業務節省了大量的人力物力投入，而且二維碼電子優惠券在產品訂購期內可多次使用，一次宣傳長期受益。

電子簽到：二維碼簽到是預先通過移動網路技術將二維碼資訊發送到嘉賓手機上，簽到時利用二維碼的識別技術，通過特定終端和電腦軟體系統連接，對嘉賓資訊進行掃描識別的一種新型的簽到技術。隨著二維碼搜索量的增加，它開始被廣泛用於簽到。

二維碼應用

電子門票：二維碼電子門票是指景區、遊樂場等場所的門票上印刷二維碼碼圖，或結合手機彩訊，實現的手機二維碼彩訊門票。由矽感科技發明的GM二維碼，在景區電子票務行業應用最為廣泛。

電子名片：在日本、韓國，做為二維碼電子憑證最多應用之一，便是個人名片。在名片上加印二維碼，方便了名片的存儲，用手機掃碼名片上的二維碼即可將名片上的姓名、聯繫方式、電子郵件、公司位址等按列存入到手機系統中，並且還可以直接調用手機功能，進行撥打電話、發送電子郵件等。輸入電腦歸檔時，還可以直接掃碼解碼儲存資訊，免去手工輸入的麻煩。二維碼在電子名片方面的應用不僅限於個人名片，企業商家也可以通過二維碼名片進行宣傳。

圖4-26 二維碼的具體應用

✧二維碼成為行動網路的入口

隨著3G的發展和智慧手機終端的普及，通過掃描二維碼進行手機上網、網路訂餐、訂票、商品溯源，二維碼已經成為現代人時尚生活中的重要元素，二維碼在行銷領域逐步走向普及。

二維碼與手機的結合，將開闢一個全新的行動電子商務市場。「一號店」率先將二維碼導入到品牌行銷推廣活動中，將線下到線上的O2O模式和品牌推廣結合在一起，提升行銷活動的趣味性和參與的便捷性，贏得了消費者的認可和媒體的廣泛關注，如圖4-27所示。

✧二維碼成為跨界互動行銷的通道

越來越多的企業開始在整合行

圖4-27 「一號店」二維碼新體驗

銷傳播的活動中使用二維碼，二維碼將報紙、雜誌、海報以及廣播電視和數位廣告牌轉化成了真正的互動媒體，為企業實現跨媒體行銷提供了絕佳的機會。

二維碼作為連接現實和數位世界的行銷工具，正在成為市場行銷人員讓靜態媒體、店內展示和產品包裝煥發生機和評估效果的手段。二維碼擁有廣闊的應用空間，可印刷於產品包裝、戶外廣告、宣傳海報、名片，甚至在報紙、雜誌、書籍上，隨處可見它的身影。二維碼通過與智慧手機的結合將成為跨平台的「超級媒體」，對於市場行銷人員來說，二維碼的應用潛力不言而喻。市場行銷人員通過快拍二維碼「雲」服務平台在廣告中增加數位元素，在現實世界中追蹤消費者，實現傳統媒體、品牌企業、消費者跨平台聯繫與互動提升品牌價值。

✧ 靈動快拍推出二維碼開放平台

中國二維碼行業領軍企業「靈動快拍」，融合物聯網、行動網路、電子商務和雲計算技術實現「雲服務」模式的物聯網創新應用，解決了二維碼不能多次修改以及容量不足這兩大瓶頸。

快拍二維碼打造了一個基於二維碼雲服務模式的開放平台體系，為各大營運商、手機廠商、品牌企業、傳統媒體、廣告代理商、應用商店、開發者提供一站式二維碼生成、二維碼品牌展示、二維碼數據分析與挖掘、二維碼平台建設與溯源防偽行業解決方案。

根據快拍二維碼雲服務平台統計數據顯示，截至二〇一二年九月，快拍二維碼的用戶規模已突破三千兩百萬，每月掃碼量超過一億六千萬，靈動快拍實現了里程碑式的跨越。

❖深挖二維碼的實用優點

作為商家企業行動網路的入口，二維碼能夠第一時間把線下用戶拉動到線上，提升廣告成功效果，為商家提升銷量。二維碼本質上是利用圖形的組合規律來記錄資料訊息，也就是說一個小小的二維碼方格就是一個圖形密碼，裡面蘊涵著豐富的待解讀的資訊。別看二維碼方格不大，其優點可是非常多的。

◆成本低。對於中小企業而言，二維碼行銷是一種相對低廉和有效的傳達方式。它可以輕鬆地實現線上與線下的結合，引導訊息從線上到線下，這種有效而廉價的入口方式，對應用範圍沒有任何限制，無論企業的規模多大，都在同一個起跑線上。

對於行銷經費捉襟見肘的中小企業而言，二維碼行銷無疑是雪中送炭，一個免費的二維碼就能引導用戶訪問企業訊息，提升企業品牌關注度的同時，還一併帶動了市場銷售。

◆成效高。二維碼行銷藉助於智慧手機設備，手機通信的個性化特徵，為精準行銷提供了廣闊的空間。藉助手機，二維碼可以精確地追蹤每一個訪問者的紀錄，為企業選擇最優媒體、最優廣告位、最優投放時段做出精確參考；通過設置編碼區別，通過對瀏覽紀錄的分析，還可以輕鬆統計出行銷效果。

◆保密性強。二維碼可引入加密措施，它的保密性、防偽性都十分好。

◆應用範圍廣。二維碼的應用範圍非常廣泛，例如資產管理、文件管理、門禁及出勤管理、醫療管理、郵件及運輸管理、物流業管理、生產管理、原物料管理、倉儲及物聯管理等，可以說在各行各業都可以應用到二維碼，如圖4-28所示。

◆資訊容量大。二維碼可容納多達一千八百五十個大寫字母，或兩千七百一十個數字，或一千一百零八個字節，或超過五百個漢字，比普通條碼資訊容量高幾十倍。二維碼作為一種全新的資訊存儲，已在美國、德國、日本、韓國等世界眾多國家的警察、外交、軍事、稅務、商業等領域應用，對各類證件、票據及貨物運輸進行管理。

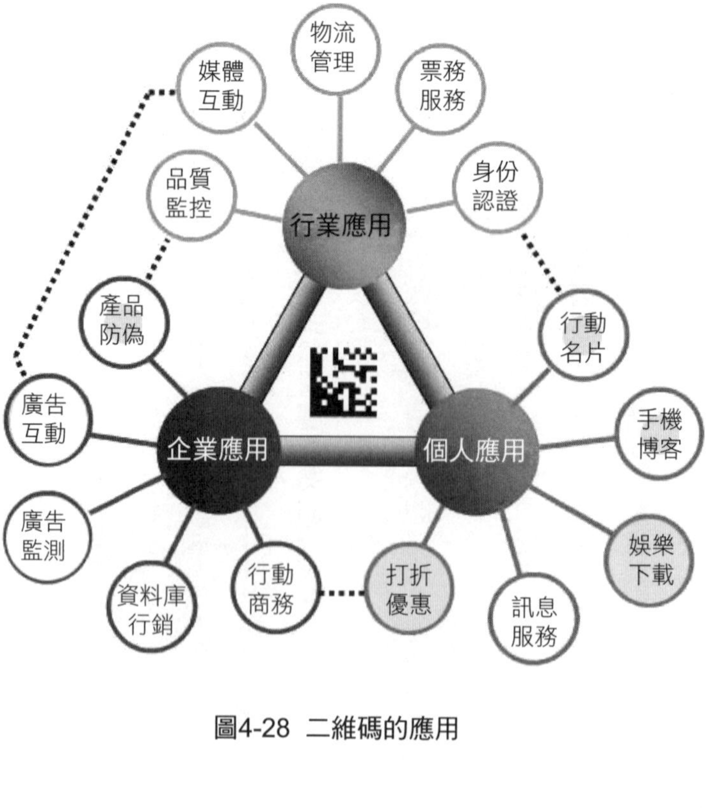

圖4-28 二維碼的應用

◆編碼範圍廣。二維碼可以把圖片、聲音、文字、簽字、指紋等可以數位化的資訊進行編碼，用條碼表示出來。另外，二維碼還可以表示多種語言文字，以及表示圖像數據。

◆容錯能力強。二維碼具有糾錯功能，當二維碼因穿孔、污損等引起局部損壞時，照樣可以得到正確識讀，損毀面積達百分之五十仍可恢復。

◆譯碼可靠性高。二維碼比普通條碼譯碼錯誤率百萬分之二要低得多，誤碼率不超過千萬分之一。

專家提醒

應用二維碼的訊息傳遞模式，可以使消費者居於主動的地位，而非處於單方面接收訊息的一方，在資訊溝通的橋樑上創造了互動的模式，讓消費者感到較深的涉入程度。因此，比起一般產品以及服務的宣傳方式，消費者對於結合二維碼所推出的商品更感興趣。

現在人們開始習慣利用手機聯繫世界，二維碼恰好迎合這個要求，商家根據線上虛擬世界的商務規則及商品屬性，通過編碼手段將商品資訊編成一個二維碼圖形，放在線下現實世界隨手可得的地方，結合一些真實的行銷環境和手段，吸引消費者利用手機掃描二維碼，快速實現線下現實世界到線上虛擬世界的互動。

✣行動行銷，O2O實戰案例

科技日新月異的發展，促使人們的生活和消費方式也發生了翻天覆地的變化。並且伴隨著行動電子商務的發展，二維碼逐漸進入人們的生活，現今越來越多的商家開始通過二維碼進行實戰行銷，這從側面昭示了二維碼行銷時代的來臨。

❖ Crafter貨車二維碼好實用

福斯汽車（Volkswagen, VW）為了宣傳Crafter貨車的載貨能力，展開了一場由裝滿柳橙的箱子擺成的二維碼活動案例。工作人員將裝滿柳橙的箱子按照一定的順序進行排列組合，經過了長時間的工作，製作出一個超過七公尺高的巨型箱體二維碼，如**圖4-29**所示。

使用手機掃描這個箱體二維碼，即可看到一段視頻顯示相應的內容：「一輛Crafter貨車緩緩駛來，將所有裝滿柳橙的箱子裝走，而且一個不落。」

案例解析：在本案例中，福斯汽車採用的是一種重型O2O行銷方式，主要的行銷過程都發生在線下，二維碼則是連接線上的途徑，線上則成為產品的宣傳廣告。

二維碼廣告蘊含著強大的表現力，它附著於紙質媒體，卻可通過文字、圖片、動畫、視頻來表達訊息，是行動設備進入網路的便捷入口。二維碼可以充分利用消費者的碎片化時間，給他們帶來無限量充滿表現力的訊息。

如果說行銷的精髓是內容的話，那麼福斯汽車的這次行銷，精髓就在於其呈現形式本身。這個二維碼被放在人來人往的Central De Abasto市場裡，看著一個這麼巨大的二維碼，誰都想駐足一探究竟。而這正中了福斯汽車的下懷，看著載貨容量如此之大的Crafter貨車，想購買貨車的人估計都會心動。

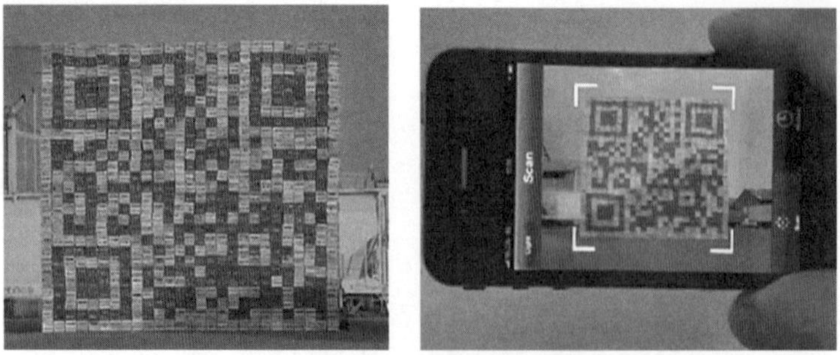

圖4-29 巨型箱體二維碼

O2O模式必然受到追捧，如何介入O2O市場就成了重點，如今被普及或被宣傳的二維碼就成為市場的入口。簡簡單單地用手機掃描就能夠得到想要的資訊，比起打字以及其他的溝通方式來得更方便，而且使用二維碼更好地實現線上與線下結合，線下推廣產品，線上推廣訊息。

❖ 防偽溯源二維碼好安心

隨著智慧手機的普及，二維碼使用也遍及各個領域。近年來，大陸各大城市相繼開始營運進口產品二維碼追溯系統，逐步推進並完善食品二維碼監管體制，讓食品安全追溯更加直接。

在超市購物時，想知道要買的紅酒是不是原裝進口的？產地是哪裡？什麼時候進入中國市場的？是否通過了檢驗檢疫部門的檢測認證？購買進口食品遇到這些問題，只要用智慧手機的二維碼識別軟體「掃一掃」，就可以清楚地獲知。

現在，二維碼的應用不僅僅只是在進口產品的防偽溯源中，在對於中國多種行業多類產品的資訊獲得，二維碼也發揮了極大的作用。

例如，二〇一三年五月，上海南匯三十萬顆西瓜在上市之前都被貼上了二維碼，消費者要瞭解西瓜的相關訊息，只要用手機掃描一下二維碼，就可以清楚地瞭解到每一顆西瓜的品牌、產地、施肥、管理、農藥殘留檢測等生產全過程的資訊，還可以獲悉運輸公司、車牌號碼、運輸溫度等運輸訊息，如**圖4-30**所示。

追溯體系對西瓜生產前、生產中、生產後各個環節的生產活動逐

圖4-30 農產品上的二維條形碼

一予以記錄，實現農產品從播種到收穫每一個環節都可追查，讓產品品質從源頭被控制。追溯碼的使用不僅很好地打擊了假冒偽劣，保護了地區的優良產品，還能讓消費者放心購買。

案例解析：在本案例中，農產品二維碼追溯系統是記錄農產品生產過程的「身分證」，它為消費者提供了農產品品質安全的相關訊息，消費者可通過專門的二維碼識讀終端、Android和iOS平台手機下載專用掃描軟體，對農產品包裝上的二維碼進行掃描，能夠有效地甄別該產品的生產過程是否安全，有效地保障消費者的知情權，讓消費買得放心、吃得安心。

通過二維碼防偽系統，可與相應的企業產品一一生成加密的二維碼產品訊息，將二維碼印刷或標貼於產品包裝上，用戶只需通過指定的二維碼防偽系統或手機軟體進行解碼檢驗，即可獲知該產品一連串的正品安全訊息，從而達到放心購買和監督打假的作用。

當然，二維碼作為一種訊息工具，本身就擁有提供服務的能力。依託於二維碼服務的各大託管商，如果單純依靠真偽識別、電子名片等領域的應用，所擁有的商業市場肯定是無法和行動電商相比的。因此，這些企業可以通過O2O的切入行動電商領域，提供二維碼電商行銷、包裝服務，是更有品質，也是更能吸引消費者的購買慾望。

❖ 行動票務二維碼好便利

二〇一二年，哈票網、支付寶及《碟中諜4》（《不可能的任務：鬼影行動》）發行方電影業巨頭派拉蒙新推一種二維碼購票方式，希望以更便捷的方式讓觀眾能夠隨時購票，如**圖4-31**所示。

該活動宣佈從一月二十八日開始，中國各大院線一百多家電影院將出現印有二維碼的活動海報及宣

圖4-31 《碟中諜4》二維碼購票

傳單，消費者只需要用手機支付寶拍攝該二維碼則可下單買票。值得一提的是使用該方式買票，每張僅需十二元。這也意味著將來觀眾無須前往電影院，在公車車站、超市、便利商店等處就可以快速買到超值的電影票。

案例解析：提供虛擬的二維碼行動票據，不但消費者更加便利，企業也省下了很多製作成本和手續費。本案例中的二維碼電子電影票智慧管理系統，不但改變了傳統的人工售票、人工檢票等管理模式，縮短了消費者購票、檢票等候時間，還實現了收費管理的全面電子化、自動化，提高了管理水準和工作效率。其次，這種新穎的二維碼購票方式還能夠勾起消費者的消費慾望。

其實，二維碼虛擬票據還可以應用到許多方面，例如演唱會的門票、研討會的入場券、火車票和飛機票或是小型聚會的門票等，如**圖4-32**所示。

不難發現，二維碼應用已經逐漸滲透到人們生活的方方面面。完全有理由相信，隨著二維碼的普及，手機支付的成熟，基於二維碼的應用會產生很多模式，應用會更加多樣化。尤其

圖4-32 印有二維碼的演唱會門票

是當今生活服務類商品的團購比實物商品更受歡迎，實物商品可以通過物流實現，而生活服務類商品在線下消費的實現就必須依靠以二維碼電子憑證為基礎構建的O2O通道。

專家提醒

二維碼票據作為二維碼電子憑證的一種典型代表，比其他形式的「憑證」更難偽造，具有唯一性，而且安全可靠，還能夠通過手機彩／短訊十分方便地傳遞和保存。另外，二維碼電子憑證的發送和驗證使用都有系統平台做支撐，能夠幫助商家進行數據統計和結算，輔助他們進行行銷效果評估，對於連鎖商戶和多方合作商家的結算更加有效率。

❖視頻影音二維碼好貼心

不久前，二維碼的風暴颳到了視頻影音上，號稱「中國網路視頻行業第一品牌」的優酷網，推出了一個貼心的應用，即在網頁版的視頻播放框下面增加了一個「用手機看」的鏈接。

看視頻時，用戶可以在視頻播放介面下方的互動選單中單擊「用手機看」鏈接，展開窗口會出現一個二維碼，如**圖4-33**所示。

觀眾用手機或平板掃描該二維碼，即可在行動終端上直接從上次的時間點觀看該視頻，實現帶走視頻繼續觀看。另外，

圖4-33 優酷網提供的二維碼應用

還可以將視頻分享給好友，目前分享形式支持短訊、郵件及新浪騰訊微博。

案例解析：在本案例中，優酷網是首家在網路視頻中應用二維碼的視頻網站，雖然已經有了雲紀錄可以讓優酷用戶跨螢幕隨時隨地看視頻，但二維碼功能的上線讓優酷用戶無線視頻觀看更加多樣化。

另外，二維碼也逐漸被使用在書籍和視聽教學方面，變身為抓住眼球率的影音二維碼，讓影音媒體的宣傳變得更加簡單，消費者看到有用的內容或者想聽的歌曲時，只需掃描二維碼放進手機帶走即可。

鑑於優酷的行銷方式，對於O2O模式中的線下企業來說，在二維碼的幫助下，用戶不但可以透過手機隨時隨地來瀏覽線上的資訊，而且也可以將自己感興趣的資訊保存在手機裡，帶回家細細品讀，或者與沒能來參觀的家人一起分享，為企業的宣傳開啟了一個新的窗口。

專家提醒

二維碼技術下的視頻行銷，從理論上是非常有價值的：用戶掃描視頻中的二維碼，通常是對條碼旁的圖文內容感興趣，並希望瞭解更多訊息的人，線下商家藉助二維碼廣告，既可直觀地展示更多的產品訊息和促銷訊息，也更容易找到最有價值的人群，進而極大地促進產品的銷售和品牌形象的提升。

❖ 優惠券二維碼好實惠

天津移動與萬達影城合作推出的「票務通——電影」業務，近半年來累計申請下發二維碼優惠券五萬八千多張，驗證售票八萬餘張，已有一萬三千多人次訂製並使用。據悉，移動用戶編輯短訊1111發送到相應號碼，經確認後成為包月會員，便可隨時利用系統下發的二維碼優惠券，享受影城五折以下的折扣。

將二維碼應用在電影院的優惠券上，不僅節約了實體優惠卡的發卡資源，並有效地規範了票務市場，打擊了「黃牛」的行為。同時，還憑藉二維碼的可驗證性，分析用戶的購票內容、購票頻次、看電影時段等行為偏好，為開展精準行銷和服務提供了依據，更好地為廣大電影愛好者服務。

案例解析：二維碼優惠券產品是指通過二維碼將優惠券直接發送到消費者手機上，消費者在消費時，可以向商家直接展示隨身攜帶的手機上的電子優惠券，商家使用專用條碼識讀終端設備掃碼回收，並給予消費者優惠服務。該業務是基於電子憑證的企業無線行銷的手段，其優勢如**表4-3**所示。

電子商務要尋求發展，需要植根於網路。但是在必要的時候，也一定要能夠從網路中「跳」出來，O2O則正是電子商務的這一「跳」，而二維碼則可以看作是O2O的「跳板」。

二維碼電子優惠券不僅有其發展的必要性，更有著不可忽視的意義，利用二維碼優惠券在實現精準行銷的同時，也實現著商家與消費者之間更為緊密的互動，這對消費者和商家來說將是一種雙贏。進一步而言，在傳統產業電子商務化趨勢越發明顯的今天，企業改良行銷模式或將成為整個行業集體轉向的趨勢，二維碼電子券的前途也會越發光明。

表4-3 二維碼優惠券的優勢

主要優勢	細節說明
節省資源、時效性長	二維碼優惠券業務基於龐大的手機用戶群，通過二維碼優惠券產品推廣業務節省了大量的人力物力投入，而且二維碼優惠券產品在產品訂購期內可多次使用，一次宣傳長期受益
便於統計，回報率高	二維碼優惠券業務平台提供準確的業務統計資料，用客觀數據幫助企業／商家能夠更加具體、準確地把握業務發展方向，使商家、企業得到高回報

❖網上購房二維碼好創意

在「二維碼行銷」時代來臨之際，二維碼賣房早已不是新聞了，隨著中國各地房市競爭的加大，越來越多的房地產開發商通過創新行銷的方式方便了市民購房買房，以提高服務業主的銷售和服務品質。

二〇一三年十二月，合肥市包河區政府旁爆出了一座精美的微信二維碼花園，在被發現以來，這座二維碼花園遭到了網友的瘋狂追掃。通過二維碼掃描，「花園」露出了自己的廬山真面目。

原來，它是「信達銀杏尚郡」結合項目園林景觀設計出的一個新產品。受行動網路發展新趨勢的影響，信達銀杏尚郡推出「網上行動售樓」，提供網上花園樓盤二維碼，每天吸引了眾多購房者進行掃描、瀏覽，為各大樓盤提供了新的推廣及互動管道，如**圖4-34**所示。

用戶對著這個二維碼掃描一下，就會跳出信達銀杏尚郡的房市訊息。在這個網頁，用戶可以看到信達銀杏尚郡項目的整體園林設計，感受到信達房產的高綠化率與科技生活的緊密融合。這樣一個新穎的創意被大多數人所關注，信達的「花園一掃」，掃出了口碑，也掃出了更多的客戶。

案例解析：在本案例中，信達銀杏尚郡推出的二維碼花園「掃一掃」，從消費者的好奇心入手，吸引客戶「圍觀」，為客戶的積累打下了基礎。

同時，它還充分利用資訊化為市民提供便利，也迎合了逐漸增多的喜歡刷微博、玩私信的用戶的習慣。二維碼其實就是一個網站鏈接，其好處

圖4-34 花園二維碼售樓

在於能夠及時更新相關資訊。通過創新性行銷，像二維碼等一系列創新型行銷手段可以拉近購房者與樓盤之間的距離，為樓盤聚集人氣，逐步提升消費者對樓盤的認知度和好感。

前面已經說過，二維碼有兩個方向的實際應用，第一是線下到線上的入口，解決行動網路環境下的引流問題；第二是線上到線下的出口，解決行動網路商務行為中的憑證信用問題。信達銀杏尚郡此舉顯然是一種線下到線上的O2O戰略，讓二維碼成為一把讓用戶打開一扇他想要進入的「大門鑰匙」。

一個二維碼引發一場喧鬧全城的行銷，不得不說如今的微行銷在房地產市場所起的不可忽視的作用。微行銷不管對於開發商來說還是對於購房者來說，都是一種極其有利的銷售方式。開發商可以通過這種方式獲取很好的行銷效果，購房者則可以通過這種便捷又實用的方式解決自己的問題。在未來，這種行銷方式會在很大程度上引領行銷市場的潮流。

專家提醒

當房產經紀公司擁有了自己的微平台，以及獨具特色的第三方應用軟體，拋開傳統的攬客方式，而僅憑二維碼就可以聯通線上線下，其推廣的成本可以被降至最低。用低成本將購房租房者裝進二維碼裡，而且是自己公司的房產網站，這種不斷進行自我積累的過程，同時實現了客戶資源的利用最大化，當「粉絲」達到一定數量時，經紀公司也不再需要靠入口網站進行宣傳了。

隨著二維碼市場化的快速普及，人們對此項技術也不再陌生，二維碼掃描客戶端已是越來越多智慧手機裡必裝的應用軟體，成為方便人們生活的必備利器。因此，各企業和政府機構今後要在便利服務、制定服務上下功夫，使人們能真正實現「一碼在手訊息全有」、「生活瑣事輕鬆搞定」的終極目標。

❖ 美味蛋糕二維碼好可口

二〇一二年，在北京來福士購物中心出現了堪稱「二〇一二末日傳奇」的巨型蛋糕，這一面積超過三十六平方公尺、重達三噸的二維碼造型蛋糕是由高端品牌ebeecake與某入口網站合作創造出來的。

蛋糕的原材料包括：七百五十公斤紐西蘭安佳動物牛奶、七百三十公斤紐西蘭安佳起士、三百九十公斤紐西蘭安佳奶油、兩百四十五公斤法國法芙娜巧克力、六百公斤蛋液、兩百四十公斤核桃、五十五公斤水果等。在二十五位蛋糕師耗時十小時的熟練操作下，近萬塊方形蛋糕被搭拼完成。

案例解析：在本案例中，這種二維碼行銷活動十分新穎，很容易引起消費者的興趣，讓他們都有衝動嘗嘗鮮，試一試掃描二維碼的樂趣。

在活動現場，近萬名消費者各自選擇理想閃拍的角度和位置進行掃碼，之後在三小時內共同分享蛋糕，「見證」這一幸福時刻。在ebeecake的團隊努力下，時下最為潮流的二維碼元素橫空展示，同時也證實了ebeecake製作蛋糕的實力和能力。

據瞭解，ebeecake蛋糕師為了完美呈現二維碼黑白相間的整體效果，提前將蛋糕按照小尺寸進行了分割；而且，為了確保在高空通過掃碼能夠閃拍識別，每一塊蛋糕都嚴格按照顏色和位置進行精準碼放置，如**圖4-35**所示。

圖4-35 二維碼巨型蛋糕

在這場活動中，一方面應用自定義二維碼進行線上與線下的聯繫，引導用戶關注ebeecake蛋糕行銷平台；另一方面利用創意十足的活動，實現了參與者與展覽的互動。雖然這次活動並不完全屬於商業性質的行銷，但其做法值得創業者們借鑑。

❖ 貼近客戶二維碼好誘人

阿拉伯報紙Gulf News與當地的咖啡連鎖品牌Tim Hortons合作，在咖啡杯的防燙環上做起了文章。他們利用特製的印表機，將每個小時在Twitter上更新的新聞頭條列印到咖啡杯套上，如圖4-36所示。顧客在品嚐咖啡時，自然會留意上面的新聞，甚至會通過短鏈接和二維碼訪問報紙的Twitter賬戶和網站。

這種別出心裁的方式，使得Gulf News網站流量激增百分之四十一，訂閱人數增加百分之二・八，Tim Hortons咖啡店的銷售業績也迅速增長。平面報紙這幾年在網路新聞的夾擊之下，並沒有如預期中消失，反而是借由二維碼的虛實結合，企圖整合平面和網路的資源，以開創一片藍海。

同樣，在中國也有二維碼在報紙行業的應用先驅。《金陵晚報》推出了二維碼報紙，讀者通過使用「快拍」掃描報紙上的二維碼，可以在手機上聽到《金陵晚報》提供的感恩節歌曲。這種將傳統媒體與新興物聯網技術二維碼的結合，加強了新聞以及資訊的閱讀效果，給讀者帶來了一種新的閱讀快感。

圖4-36 咖啡杯上的二維碼

案例解析：由於新聞時效性不足，新聞即時性、互動性不強，展現形式不夠豐富等原因，阻礙了報紙更為長遠的發展。而二維碼的誕生，恰恰彌補了這點不足。二維碼搭建起了網路和傳統紙製媒體之間良好的橋樑。

✧ 實現內容延伸閱讀

將二維碼應用於報紙，可以實現內容延伸閱讀，比如掃碼看視頻、掃碼撥打服務熱線或掃碼評報等。

二維碼在報紙上的應用場景比較多，舉例來說：報紙的頭版版面有限，一個重大的新聞事件已發生，可以在新聞版面上增加一個二維碼，讀者通過「快拍二維碼」掃描二維碼即可鏈接到一段現場的採訪視頻或專題頁面，全面追蹤瞭解事件的全過程。

✧ 提供更多閱讀體驗

對於報紙應用二維碼來說，它一方面提供給讀者更為豐富的閱讀體驗和互動感受，另一方面提供給廣告商更為全面的廣告形式與客戶資源。二維碼讓報紙在真正意義上變成了動態的、音視結合、互動一體的全新立體媒介。

✧ 未來與電子商務結合

二維碼在一定程度上給用戶提供了一個很好的內容查詢體系，讓用戶較好地進行內容的查詢。不過報紙二維碼還是二維技術最基本的一個應用，未來更多的二維碼應用將集中在行動電子商務領域。

專家提醒

隨著時間的推移，二維碼提供的資訊會有更多，尤其是對於全媒體而言，通過報紙讀到內容，掃二維碼可以鏈接視頻、圖片等內容，這樣可以讓媒體的內容更豐富。

❖ 享受生活二維碼好舒心

二○一二年三月一日，中國首個可互動的電視廣告在大陸央視上映，觀眾可以使用手機掃描廣告片中的二維碼，參與到網路活動中，如**圖4-37**所示。

該廣告片製作方支付寶表示，在廣告片中置入二維碼希望帶給觀眾新的體驗，此舉將推動行動網路與相關產業的發展。

據瞭解，自二○一二年三月一日起，在央視台天氣預報期間，電視觀眾將看到該廣告片，除了展示支付寶在航空旅遊、網購消費、生活繳費等無處不在的信任與支付之外，還有一個更大的亮點會呈現給觀眾，那就是在螢幕的右下角始終有一塊二維碼的圖形。

圖4-37　二維碼支付寶體驗

專家提醒

通過在大陸央視等媒體播出二維碼廣告，支付寶重點在於提升用戶品牌認知，打消非網購群體的顧慮，同時也借此推動二維碼等新型支付方式。作為網路產業的基礎，支付寶此舉將極大地推動行業發展，帶來新的商機。

觀眾使用支付寶客戶端中的「悅享拍」，掃描這條二維碼圖形，就可以進入一個線上的活動。為了能更好地參與活動，觀眾只需要事先下載安裝手機支付寶客戶端，確保開通快捷支付或賬戶內有一定餘額就可以了。

而且，參與該活動還有更多的驚喜，自三月十九日之後，每天的十二點到下午一點，以及晚上七點半到八點半，觀眾都可以在該活動中以一角的價格搶購澳洲布里斯班黃金海岸往返機票、iPad、摩托羅拉手機、HTC手機、索尼數位相機等超值優惠商品。

案例解析：二維碼被認為是融合線下與線上的關鍵橋樑，在廣告片中置入二維碼的目的在於帶給觀眾一個全新的體驗，廣告不再僅僅是單向的，觀眾也能參與互動，從而讓看廣告變得更好玩、更有意思。據悉，支付寶市場後續還將在線下推出相關活動，讓用戶能更加瞭解支付、善於支付，給生活帶來樂趣和便捷。

從二維碼在電視廣告的應用活動中，我們不難明白，要想做好二維碼行銷，除了要明確活動目的外，還要做好線上線下的互動整合，從線上入手，培育客戶資源。

明確活動目的

在O2O行銷過程中，明確活動目的是商家企業首先要考慮的重點。以這次二維碼電視廣告活動為例，在活動伊始，支付寶的目標就是：希望能夠通過二維碼傳播的形式，向電視廣告的觀眾推薦全新的「支付寶購物體驗世界，感受購物的信任與快樂」。

而二維碼天然具有連接線上和線下的特性，因此考慮通過「廣告傳播」這樣既有新意又好玩的機制，吸引線上瞭解到這個活動的消費者，能夠實際走到門市中或者在網路上用支付寶進行消費，在推廣新的購物支付方式的同時，鼓勵消費者嘗試並帶動支付寶消費。

事實證明，這種做法是很成功的，首先新穎的活動形式引起了消費者的好奇心，其次，利用最常用的手機掃描二維碼的參與模式，並與電視廣告合作，帶給了用戶不一樣的理念和體驗。

✧做好互動整合

線上線下的互動整合是O2O行銷的重點，也是活動成功的關鍵。支付寶活動方首先轉換思路，從電視廣告的傳播特性出發，準確定位潛在客戶。

不過這需要一個過程，需要考慮好線上與線下如何分配、結合。就前期而言，可以藉助一些已有的模式和手段進行嘗試，比如團購、二維碼。傳統企業的優勢是具備線下的通路，一方面要考慮如何能把線上的新型購買人流引導到線下，另一方面考慮如何在不增加線下門市、通路的情況下，通過網路能把商品銷售給更多的顧客。

✧線上行銷的關鍵

線上行銷關鍵有三點，一是選擇一個好的合作夥伴（活動平台），因為這是活動成功的基礎建設。而隨後雙方對於前期行銷創意的設計、合作中的溝通和協作，都是不可或缺的因素。

二是把握活動的節奏，建議一般為一至兩週的時間。如果時間過長，一個是流量成本非常高，另一個是容易疲軟，不容易聚合。

三是活動參與門檻一定要低，活動說明一定要簡單，活動流程要清晰，如果消費者花了幾分鐘時間都沒有讀懂活動說明，那一定不會有興趣參加的。

專家提醒

不論是線上還是線下，在操作上都要考慮到以下三點，一是用戶的體驗是否良好，二是是否切實有效，三是是否獨具創新。然後選擇正確有效的平台，做到線上線下的無縫結合，才是關鍵。

❖ 新婚請柬二維碼好新鮮

前一段時間，李女士在一張結婚請柬中，看見了一個「高科技」的標誌——二維碼。於是她拿出手機一掃，還真掃出了新奇的東西。手機在掃過二維碼後，便出現一個鏈接，隨即開始出現的是關於婚禮的各項訊息，接著開始自動播放新人錄製的微電影。這種形式的請柬不僅吸引了大眾的目光，而且還能帶動婚慶業的發展，如**圖4-38**所示。

案例解析：二維碼的廣泛應用不僅讓各大商家尋找到了新的發展契機，而且還給大眾的生活帶來了更多的便利與樂趣。請柬上加入二維碼是婚慶業O2O模式發展的一大里程碑，融合了創意與紀念意義的請柬，提高了整個社會對傳統婚慶文化的關注與重視，與傳統的婚慶形式劃開了一道巨大的分界線。

圖4-38 新婚請柬二維碼

✧創意十足

在傳統的結婚請柬中加入二維碼，可謂是創意十足。結婚請柬上新人婚紗照和邀請辭等內容「一應俱全」，而其他訊息則被「隱藏」在二維碼中，被邀請人在看到請柬上的二維碼後不免好奇，就會拿出手機來「掃一掃」，這一掃，就掃出了二維碼請柬的新鮮與獨特婚禮訊息共享的創意。

✧分享甜蜜

傳統的婚禮只能讓眾人「圍觀」，在婚禮現場，只可以看到道具和儀式所構成的婚姻典禮，不能和新人進行更多的互動。而在婚禮需要共享的資訊時代，請柬中加入二維碼，賓客們只要用手機掃一掃就可以看到新郎新娘的戀愛經歷、婚紗照片等，還能留言互動，這一新的創意讓親友們都能一起見證和分享新人們的甜蜜。

✧紀念意義

二維碼結婚請柬可以保存婚禮現場花絮、美好瞬間，還能留下親友的祝福、更新婚後甜蜜生活，結婚請柬將不再是一次性用品，它是新人情侶空間的幸福入口，具有無法磨滅的紀念意義。

5 轉型重構，開闢Ｏ２Ｏ新型道路

學前提示

隨著行動網路的發展，傳統行業轉型Ｏ２Ｏ模式已經成為發展的必然趨勢，在這樣的情況下，如何開闢Ｏ２Ｏ新道路對於傳統行業的發展至關重要。本章將結合案例重點分析餐飲、租賃、零售等傳統行業的Ｏ２Ｏ轉型重構道路。

要點展示

- ◆形式新穎，Ｏ２Ｏ餐飲行業
- ◆成效卓越，Ｏ２Ｏ服裝行業
- ◆便利互惠，Ｏ２Ｏ租賃行業
- ◆大行其道，Ｏ２Ｏ住宿行業
- ◆完美契合，Ｏ２Ｏ零售行業
- ◆各美其美，Ｏ２Ｏ其他行業
- ◆大獲全勝，Ｏ２Ｏ旅遊行業

✣形式新穎，O2O餐飲行業

時代在變、工具在變，傳統行業的經營方式也在變，順應時代的潮流，在各行各業都在向O2O進軍時，餐飲行業也不甘落後，逐步開始了自己的轉型道路。

餐飲行業的O2O模式其實已經紅了好一陣子了，關於餐飲應用和餐飲平台的創業者更是風起雲湧、前赴後繼。近幾年，國際間已經出現較為成熟的餐飲O2O案例，下面對目前較為成功的餐飲企業的運作模式做一個簡要的介紹。

❖「內外兼修」小南國O2O轉型

「小南國」自一九八七年誕生至今，已經發展了三十個年頭了，它從五張小桌起家，發展到如今全球擁有相當規模面積的店鋪，這背後也同樣呈現著小南國人以其堅韌不拔的精神、準確的市場定位和品牌意識，並憑藉卓越的經營理念和科學有效的管理，在日趨激烈的餐飲業競爭中脫穎而出，發展成為中國最大的餐飲服務集團之一。

在O2O開始大行其道的時刻，作為一個站在時代前端的餐飲企業——小南國當然也沒有忽略掉O2O的發展優勢。小南國企業內部認為O2O對於餐飲是非常有意義的一個工具，一個改變消費者行為模式的工具，於是開始和阿里巴巴合作，打造全新O2O模式餐飲服務體系，如**圖5-1**所示。

作為一個大型餐飲集團，小南國是從不打無準備之戰的，在進軍O2O之前，小南國就已經做好了充分的準備，他們對O2O看得很清楚，抓住了O2O能縮短與顧客的距離、降低與顧客溝通的成本這個優點開始進行新的佈局。

小南國認為Online就包括兩個區塊，一個是線上的行銷，一個是對線上會員的服務，作為一個連鎖餐飲，把Online的行銷再配上Online的會員服務兩端都做好才是真正的O2O。

由於發現餐飲業正餐的銷售具有非常明顯的時段性，在週末的時候顧客人流量非常大，而從週五到週一，顧客人流量則是呈現逐步遞減的趨勢。為了打破週一與週末波峰與波谷的差距，小南國在「三八節」與阿里巴巴合作推出O2O線上預售活動，在一個不是餐飲旺銷的節日，小南國改變行銷方式，通過預售與打折的方式成功地吸引了顧客，在一定程度上改變了顧客對時段需求的偏好，通過線上行銷，使本該是淡季的「三八節」銷售業績達到了高峰。

案例解析：新時代發展，在O2O行銷模式出現的同時，O2O生活也逐漸成為一種流行的生活方式，尋求網上訂餐和團購打折的人群越來越多，為了順應大部分的消費人群，改變行銷方式轉為線上行銷是餐飲業不可抵擋的發展潮流。

本案例中的「小南國」正是在這一基礎上提出全新的經營模式，結合「三八節」的氣氛利用線上行銷來吸引顧客，從用戶的需要出發，打造符合新時代發展的O2O新型行銷方式。

餐飲業是有機會改變顧客的消費行為和頻次的，正如小南國在消費低谷期尋求新型方式打破了餐

圖5-1 小南國O2O新體驗

飲銷售的低迷，其他餐飲企業也可以通過合理進行資源管理，調整銷售結構，引導顧客在離峰期進行消費。

其實餐飲業做O2O的意義在於，線下服務的有些瓶頸可以通過O2O的線上部分解決。比如在產品的行銷和推薦上，線下實現比線上要難很多。靠服務員來介紹企業的產品和銷售，這個需要長期的培訓和積累，對服務員的綜合能力要求很高。

受限於現在服務員的高流動、低專業培訓，餐飲業的行銷價值大打折扣，而且中高端顧客消費時是需要一定空間的，這也在很大程度上限制了服務員的行銷流程，而線上的行銷平台正好可以彌補這些。

專家提醒

O2O既是導流工具，亦是服務工具，而其終極價值在於優化提升效率，解決行業固有的瓶頸。無論是三大巨頭的大平台戰略，還是大眾點評及美團網未來的開放，它們都依賴於包括餐飲在內當地商戶的自我覺醒；也只有等到線下的餐飲商戶能自主地利用網路的時候，餐飲O2O才能真正爆發，成為能產生下一個淘寶的巨大市場。未來，利用好O2O這個「萬能」工具，在餐飲業，打造線上行銷平台、推進線下培育，對未來的發展至關重要。

❖日本麥當勞的O2O完美閉環

在日本，麥當勞的優惠券業務被公認為是最經典的O2O案例，日本麥當勞的手機優惠券業務成功後，美國、歐洲的麥當勞也紛紛效仿，尋求最完美的O2O閉環方式。如**圖5-2**所示為日本麥當勞手機優

圖5-2 日本麥當勞手機優惠券

惠券。

採用手機優惠券可謂是一種新穎而又時尚的行銷方式，究竟日本麥當勞是如何想到這樣一種方式，又是怎樣利用這樣一種方式成功打造O2O閉環的呢？

其實日本麥當勞想到發放手機優惠券的方式還是源於日本3G網路的發達與手機支付率的上升。

日本3G網路普及率達到百分之百，4G的普及率也逐漸提高，手機網路信號是很多國家和地區都無法比擬的，而且，在日本，有一半的手機用戶使用的是流量不封頂套餐，可以隨便用手機上網而不會擔心流量超標。

隨著4G網路的發展與行動應用生態的壯大，營運商被迫萌發「去電信化」的思潮，尤其在日本，電信化的發展特別迅速。要知道在日本是可以攜號轉網的，日本營運商非常注重的一個數據是「離網率」，即每月有多少用戶跳轉到其他網路，還剩多少留存用戶。日本麥當勞在此次O2O轉型時，充分利用高度發達的網路，精準定位客戶，統計用戶離網率與存留率。

在日本，7-11、全家、羅森等便利商店高度發達，而且藥妝店也遍佈全國，各種支持手機支付的自動售貨機隨處可見。日本的手機支付佔了大部分的支付市場，手機近場支付的滲透率超過了百分之四十。如**圖5-3**所示為日本NFC手機支付讀取終端。

在確定提供手機優惠券之後，日本麥當勞開始考慮精準定位客戶，也就是明確該向什麼人發放優惠券。

其實，日本麥當勞在很早之前就想搜集用戶的消費行為訊息，然後精準地為他們提供優惠券，但卻一直苦於尋求不到有效的方式。起初，麥當勞採取的是讓用戶自行填寫例如性別、年齡之類的個人資料，但是這些訊息的價值都不大。

後來，麥當勞在二〇〇八年開始和DoCoMo合作，一起在其旗下三千三百家門市建設了NFC手機支付讀取終端，並部署了CRM系統，真正採集到了用戶交易資訊，至此，日本麥當勞形成了O2O的閉環。

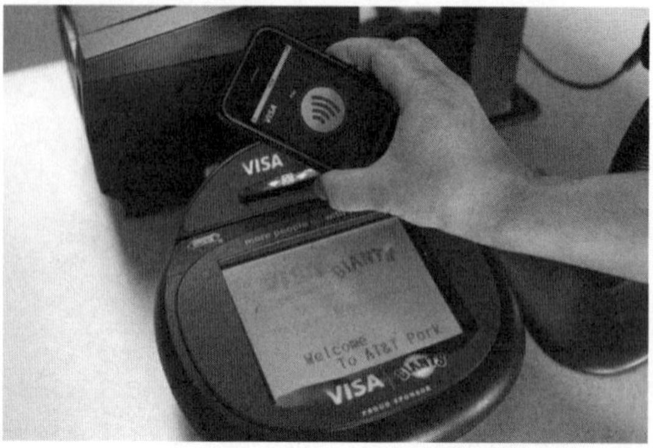

圖5-3 日本NFC手機支付讀取終端

專家提醒

CMR的全稱是Customer Relationship Management，完整的解釋就是企業利用相應的資訊技術以及網路技術來協調企業與顧客間在銷售、行銷和服務上的交互，從而提升其管理方式，向客戶提供創新式的個性化的客戶交互和服務的過程。其最終目標是吸引新客戶、保留老客戶以及將已有客戶轉為忠實客戶。

CMR的內涵是企業利用資訊技術和網路技術實現對客戶的整合行銷，是以客戶為核心的企業行銷的技術實現和管理實現。客戶關係管理注重的是與客戶的交流，企業的經營是以客戶為中心，而不是傳統的以產品或市場為中心。為方便與客戶的溝通，客戶關係管理可以為客戶提供多種交流的管道。

案例解析：日本麥當勞優惠券的發展其實經歷了幾個階段，從最初的紙質優惠券到現在的手機NFC支付的優惠券，我們看到了麥當勞的成長，也感受到了O2O模式帶給我們的最新體驗。如**圖5-4**所示為麥當勞優惠券的成長歷程。

日本麥當勞實現了O2O閉環，最大的好處是能夠精準挖掘用戶行為資訊，這些資訊包括用戶的消費頻次、經常光顧的店面、單次消費的金額、購買的食物品種等。

日本麥當勞耗費了大量資金，建設了一套顧客資訊挖掘系統，並對門市採集來的用戶交易數據進行非常精準的挖掘分析，然後向不同的消費者推送不一樣的個性化優惠券。

◆對於週六、週日白天頻繁購買咖啡的顧客，發送週末早上免費兌換咖啡的優惠券。

◆對於一段時間沒有光顧的顧客，發送過去經常購買的漢堡等產品的打折優惠券。

◆對於光顧頻率很高，但沒有購買過新品漢堡的顧客，發送新品漢堡大幅打折優惠券。

第一階段	第二階段	第三階段	第四階段
紙質優惠券：日本麥當勞的優惠券最早是通過印刷紙張的方式發放的，不僅發放成本高，而且印刷耗費時間長，且投放不精準。	**網路下載優惠券：**二〇〇三年開始提供在手機網站上下載優惠券，到店出示享受折扣。	**會員優惠券：**要求享受優惠券服務的人註冊，並搜集他們的資訊，二〇〇六年麥當勞開始通過旗下的網站向註冊會員發放優惠券。	**手機NFC支付的優惠券：**與DoCoMo成立了合資公司「ThE JV」，DoCoMo有著名的「手機錢包」近場支付業務，還有名為「ID」的手機信用卡業務。合資公司成立後，麥當勞的手機優惠券形成完整的O2O閉環

圖5-4 日本麥當勞優惠券成長階段

◆對於經常購買漢堡套餐的顧客，發送蘋果派等甜點的打折優惠券。

這些個性化的優惠券大大提升了日本麥當勞的門市銷售，更好地起到了CRM的作用，使用戶更頻繁地光臨麥當勞，並每次消費更多的錢。

對比之下，目前，中國麥當勞的優惠券都是標準化優惠券。中國的優惠券還處於日本優惠券發展的第二階段，也就是說，消費者們需要自己去下載一個優惠券，這種優惠券是單向推送，無法採集到用戶的有效資訊，也就不存在精準行銷。由此看來，在中國，無論是從網路技術還是從行銷模式上來講，未來的發展都還有很長的一段路要走。

❖傳統餐飲企業老闆的O2O轉型路

當用戶的消費方式和注意力逐漸向行動端轉移時，餐飲業的老闆們也開始琢磨著如何利用這個平台和顧客形成互動以提升業績，廣州食尚國味集團就是一個典型的利用O2O模式發展壯大的例子。

廣州食尚集團是一家在全中國擁有四十三家門市的大型餐飲集團，在傳統的行銷模式陷入低谷的時候，它開始尋求新的發展道路——O2O模式，利用微生活會員卡，打響了轉型路上成功的第一炮，如**圖5-5**所示。

圖5-5 微生活會員卡

事實上，食尚在二〇一三年第一季度時，企業的業績還處於虧損狀態，但到了第二季度，業績卻開始明顯上升，直至到二〇一三年年底，整體盈利達到了四千多萬元，究竟為何會出現這樣大的轉變呢？

其實這一切都要歸功於微生活會員卡，食尚在從二〇一三年一月份開始發微生活會員卡，五月份開始正式投入使用微生活會員卡，到八月份，它的會員卡發放量達到了十六萬，其中微信中的十萬五千會員中有三萬五千人變成了儲蓄會員，這就意味著，這三萬五千人已經在食尚的門市開始儲值消費了。

食尚的微生活會員卡的引入，讓集團的業績迅速回升，也讓更多的消費者開始真正融入其中。目前，通過會員的飛速增長，食尚首次出現了淡季營業額高於旺季的景象，在與微生活合作以後，相對十一、十二、一月，淡季的七、八、九月的營業額反倒更高，甚至超過食尚一、二、三月的營業額，無論是從交易筆數來看，還是從消費金額與儲值金額來看，食尚的業績都一直處於整體上升的狀態。

案例解析：在O2O轉型之路上，如果能用好行動端工具，無論是實現更精準的行銷、提升消費的回頭率，還是為顧客提供直接的客服服務，這些都能解決。本案例中的食尚之所以能扭虧為盈，無疑是因為它利用好了微生活會員卡這個行動平台，通過這個平台大力發展會員，開展行銷活動，最終走出企業發展困境。

食尚不僅把微生活會員卡當成一個行銷工具，而且還通過這個平台走出了企業自己的服務精品化路線。如果商家只把微生活定義為發廣告的工具，那勢必不能更加充分地利用它進行O2O行銷，也勢必不能讓店面得到更好的發展。

微生活是一個時代的變革，它結合很多新鮮的東西，比如說二維碼，食尚在店面各個地方都放置二維碼標籤，消費者進入店面只要掃一掃二維碼，就能輕鬆進入微生活平台，成為食尚的會員；不僅如此，微生活還有篩選器的功能，這種篩選器能精確到對部分人群做針對性的活動，食尚就曾通過微生活會員卡的篩選器系統，把滯銷品變成了旺銷品。

食尚把半年之內單筆消費在一千五百元之上的一批人篩選出來，給這些人單獨做了一次行銷活動：向他們推送了一則消息，內容是：「尊敬的VIP客戶，鑑於您半年內對我們企業的大力支持，食尚為了回饋您的支持力度，您下次來消費的時候，將免費贈送您一瓶白酒。」結果是，這些前來消費的客戶當然不止喝一瓶酒，就這樣，一次藉助篩選功能的促銷，讓食尚成功地售出了滯銷的酒。

通過微生活平台進行行銷，可以實現輕會員與重會員並舉、實體卡與虛擬卡的無縫對接，而且商家與用戶的資料也能安全互通。微生活簡化了消費的流程，摒棄實物卡，提高了會員體驗，會員可在微信會員賬號上實現儲值、消費、查詢餘額、積分、賬單，以及時時通過微信下發消費訊息等功能。

微生活開發的高效微信多客服系統允許商家多名客服人員與多位會員進行實時富媒體溝通，節省通話及短訊下發費用；經驗豐富的微生活客服團隊還能為商家提供高效託管服務，快速、及時地響應會員的諮詢、預訂等問題，提高滿意度，幫商家建立最低投入的客服中心。

此外，微信客服也可幫助會員完成預付儲值、預訂座位、預訂房間、線上交易等工作，提高會員在行動端的用戶體驗。對於商家來說，微生活已經成為O2O發展的一大神器；對於用戶來說，微生活也變成消費者生活中必不可少的體驗平台。

專家提醒

微生活會員卡即微信會員卡，是騰訊行動生活電商旗下的O2O產品，以二維碼為入口連接消費者與商家。

在微生活會員卡平台上，廣大消費者可享受行動網路的便捷，獲得生活實惠和特權；同時該平台更是精準的泛會員管理與行銷平台，幫助商家與企業建立泛用戶體系，搭建富媒體的網路資訊通道。

✣ 便利互惠，O2O租賃行業

二〇一三年，是電子商務高歌猛進的一年，而對傳統租賃行業來說則是陣痛蛻變的一年。「危機」在帶給租賃行業壓力的同時，也推動了新的商業模式的形成。

在抱怨和叫苦聲中，租賃行業開始尋找變革之路，或開設網店，或打造電子商務平台，或線上線下融合（O2O模式）。其中O2O應用成績斐然，取得了較大的成功。O2O不是網路的專利，對於傳統的租賃行業來說，O2O提供了一種手段，讓傳統租賃業轉危為安。

❖ 自如友家首個租賃行業O2O產品

行動網路思維正在顛覆租房市場，對用戶體驗的極致追求，是行動網路思維最核心之處。近三年時間，自如推出「自如友家」與「自如寓」兩大產品，專注於在產品、服務、O2O三個方面提升用戶體驗，改變整個租賃行業，讓用戶更高效地找房，更自如地居住。如圖5-6所示為自如友家出租房屋產品。

「自如」於二〇一一年由鏈家地產在北京創立，專業做全程代理出租業務，目前業務以北京為主，未來將拓展到更多的城市。雖然成立時間不長，但自如的業務發展卻非常迅速，現在已經成為租房市場

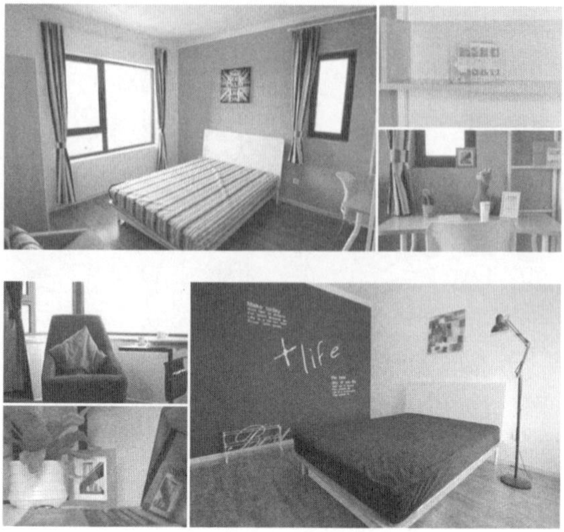

圖5-6 自如友家出租房屋產品

上唯一具有品牌意義的公司。

在傳統行業被顛覆，O2O模式引領潮流之時，在租房變革市場來臨之際，自如開始跟隨O2O轉型的腳步，為用戶提供極致的租房體驗。自如在為用戶提供服務時，專注於做三件事——產品、服務、O2O。這裡面涵蓋了租客對租住體驗的三個關鍵點：一是房子裝修、家具家電等的品質；二是在長達一年的租期內，維修清潔各種租務處理的好壞；三是O2O，也就是能讓用戶更高效地選房、看房與簽約。

✧ 高品質的產品

自如不是仲介，它是一家做產品的公司，對於每一間租房的品質都是有保證的，自如友家尋到房源後第一件事就是按照自己的標準設計、裝修、配置家具家電，從一開始就決定了發展重型O2O模式。

自如的房屋產品真正做到了品質如一，它的裝修產品都是品牌的，在房屋裝修完之後還會做空氣質量檢測，如果測試不合格會繼續重新裝修。自如為了能夠給用戶提供滿意的房屋產品，還專門組建了設計團隊自己設計家具，在很多細節上滿足了用戶的需求，如圖5-7所示。

✧ 超標準的服務

租房服務不是在把房子交付出去就完結了，把房子交到用戶手上只是服務的開始，真正能讓用戶得

品质
安全
服务
承诺
时尚装修
原创家具
品牌家电
Wifi覆盖
你好!自如客
登录
注册
自如商城
意见反馈
维修
保洁
支付
投诉

圖5-7 自如友家高品質產品保證

到完美體驗的服務，其實應該貫穿於從線上到線下的所有環節中。自如在把房子租給用戶後，承諾在出租的一年時間內，房子出現任何問題用戶都可以通報維修，即使是一個燈泡壞了，也有專門的人員上門換燈泡。

自如會把報修的處理結果放到官網上，讓維修的整個流程透明化，這樣除了能夠讓維修能夠快速地解決外，還能增加用戶的信任度。如圖5-8所示為自如友家的服務承諾。

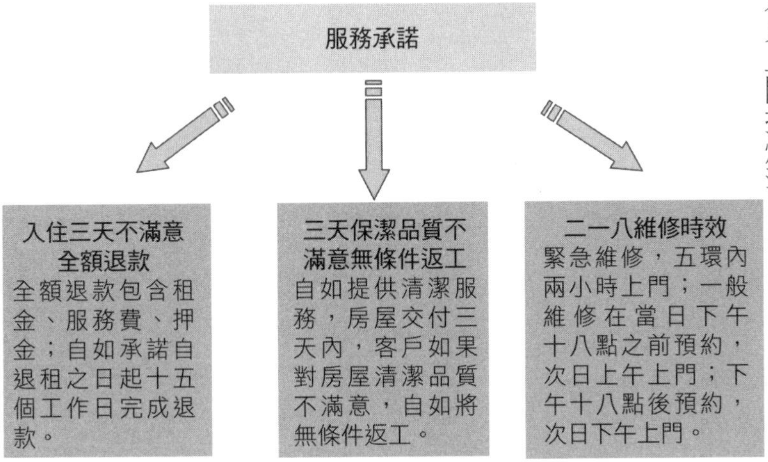
服務承諾
入住三天不滿意全額退款
全額退款包含租金、服務費、押金；自如承諾自退租之日起十五個工作日完成退款。
三天保潔品質不滿意無條件返工
自如提供清潔服務，房屋交付三天內，客戶如果對房屋清潔品質不滿意，自如將無條件返工。
二一八維修時效
緊急維修，五環內兩小時上門；一般維修在當日下午十八點之前預約，次日上午上門；下午十八點後預約，次日下午上門。

圖5-8 自如友家服務承諾

◇ 新模式的O2O

租房O2O的核心是用戶在網站上選好房子，交完錢，直接拎著包就能入住。O2O這樣簡單的一個流程最大的意義在於，對用戶而言，找房效率提升，原來要花十天時間，折騰多次去看房，現在可能就一天，通過上網就能輕鬆搞定；對自如而言，房屋出租的通路成本大大降低，不需要線下的門市，甚至也不用在線下請專門的人員帶用戶看房，大大地節約了聘請人員的成本。自如全程採取線上預約支付，線下體驗的O2O模式，為客戶提供了便捷的租房體驗，同時也提升了本身的辦事效率。

案例解析：本案例中的自如友家抓住了租房O2O的關鍵點，牢牢地把握產品、服務、O2O這三方面的發展方向，直擊用戶體驗的痛點。線上線下的O2O體驗讓用戶能夠更加便捷地租到滿意的住房；無可挑剔的產品讓用戶住得十分安心；高標準的貼心服務讓用戶在自如友家從身到心找到了家的歸屬感。

從自如友家的O2O體驗服務來看，無疑在各方面都是做得非常成功的，對於租賃行業的轉型具有十分重大的借鑑意義。租賃行業O2O的核心就是：改善服務品質，提升用戶體驗，從而改變整個行業，讓用戶更高效地找房，同時也讓房屋得到更有利的利用。

未來，O2O模式將是租賃業發展的趨勢，在各大網站、商家等緊密佈局的同時，不妨借鑑一下自如友家的發展模式，結合線上線下，為用戶打造出更加貼心的服務。

❖ 安寓網短租平台O2O新生

作為愛租網的後世——安寓網，摒棄了之前愛租網只注重線上體驗的O2O發展模式，開始尋求線上與線下的結合，著力打造租賃行業O2O線下產品體驗。

愛租網O2O模式之所以失敗，原因在於線上的服務雖然完美無缺，但在線下的產品品質卻達不到用戶的要求，最終導致的結果自然也不盡如人意。目前，網路生活服務平台缺乏的是完善的線下服務，在線下，服務團隊缺少規範化、透明化的在線營運，所以即使是再無可挑剔的線上服務，也無法彌補線下的短處。

正是因為找到了愛租網失敗的原因，愛租網的發起人再次揚起鬥志，踏上了租賃行業O2O的新挑戰，將創業的方向調整為「帶服務的租賃」，創辦了「優美家」租賃平台，後更名為「安寓網」。如圖5-9所示為安寓網短租平台。

安寓網採取的新型O2O模式是與分散型服務式公寓營運商「優帕克」合作，共同打造線下租房新體驗，為用戶提供完美無缺的住房新體驗。如圖5-10所示為優帕克熱門主題。

安寓網與優帕克二者目前為用戶提供的是一種帶服務的短租服務，與飯店平均入住一．五天不同，它們的客戶以入住時間十天以上的人群為主。在經過市場調查後，安寓網發現七天到三個月的租房產品很少，根本無法滿足用戶的需求，在這樣的新發現下，安寓網

圖5-9 安寓網短租平台

圖5-10 優帕克熱門主題

開始與優帕克一起打造短租的線上線下平台，填補七天到三個月短租產品的空白。

在安寓網這個新的平台中，除了為中、短期異地居住的個人和商旅用戶提供標準服務式住宅租賃服務外，還為用戶提供了與居住密切相關的社區生活服務。

安寓網社區生活服務的範圍包括家電維修、房屋保潔等居家生活服務內容。用戶在安寓網線上預訂租賃房屋服務，通過線下體驗的方式瞭解其中短期租賃服務的內容，在成為其租賃客戶後，能在住進租房後享受到在其他租賃平台享受不到的租房生活服務。

案例解析：從愛租網的失敗經歷就可以看出，僅僅是線上服務的完善根本無法滿足用戶的需求，作為租賃行業的O2O模式，在提供讓用戶感到滿意的線上服務的同時，絕對不能忽略用戶的線下體驗，使線下的住房成為租房O2O發展的短板。雖然安寓網的前身在發展時走了不少彎路，最終導致轉型失敗，但正是由於這些坎坷的經歷才讓其負責人看清租賃行業O2O發展的正確道路，與優帕克一起打造了安寓網，讓其短租業獲得新生。

在這個瞬息萬變的發展市場，需要的是審時度勢的能力與抓住機遇的眼光。未來租賃業的發展毫無疑問，一定是朝著O2O的發展方向，在這一方向上，會有奇遇，也會有坎坷，但無論有什麼，O2O這條主線不會變，變的只可能是商家根據自身差別制定出的不同的發展O2O的戰略。

專家提醒

作為新興發展的電子商務模式，O2O模式的「線上支付、線下消費」理論與租賃行業的應用具有很強的適應性。O2O模式的特點是將線下商務與網路的完美結合，讓網路成為線下實物交易的前台，通過網路這個前台進行線上結算，然後到實體店進行實際消費。眾多租賃企業選擇O2O模式也正是基於這一點的考慮。未來，O2O模式將是一種多層次、多維度的複合生態體系，而且不斷地向多元化和縱深化發展。

❖遍佈全球的Airbnb轉型O2O

現在，在短租市場佔有舉足輕重地位的Airbnb成立於二〇〇八年八月，總部位於加利福尼亞州舊金山市，它的商業模式是短租市場最受追捧的商業模式。

Airbnb是一個旅行房屋租賃社區，用戶可通過網路或手機應用程式發佈、搜尋度假房屋租賃訊息並完成線上預定。目前，Airbnb的用戶已經遍佈全球一百九十二個國家的三萬三千多個城市，用戶數目達到了數百萬。如**圖5-11**所示為Airbnb旅行房屋租賃平台。

Airbnb是聯繫旅遊人士和家有空房出租的房主的服務型網站，它可以為用戶提供各式各樣的住宿資訊，並從成交金額中提取百分之十的服務費作為公司主要的盈利來源。這種簡單的商業模式在這幾年中卻迸發出了驚人的增長速度。

Airbnb能擁有今天在短租市場重要的地位，主要來自於企業本身驚人的服務，無論是對房主還是對租客，Airbnb提供的服務和保

圖5-11 Airbnb旅行房屋租賃平台

障都十分完善。

✧對房東的保障

Airbnb為房東制訂的房屋保障計劃特別細緻、完善，它對房源規定的物件提供高達一百萬美元的保險，使房東免遭Airbnb房客偷竊或破壞行為而造成的任何損失或損害。

✧對租客的服務

為了保護租客的權益，Airbnb列出了房東應該滿足的義務，例如，Airbnb平台上的房源應保證安全、可用、清潔方面的最低品質標準，且應與房東提供的描述一致等一系列條款，這在安全上為房東和租客提供了完善的服務。

✧對產品的潤色

在可租用的房屋產品上，Airbnb可算是別具一格，它在滿足大多數遊客租房要求的同時，也創造了特殊的、旅客在其他平台無法享受到的體驗。例如用戶可以在它的平台租下整個村莊，甚至一個國家，消費者可以用六萬五千美元一晚的價格租下奧地利的某個村莊，還能以五萬美元一晚的價格租下德國某個產酒的村莊。通過Airbnb與當地公司的合作，用戶可以享受到獨特的，彷彿就是為其一個人準備的一個旅遊居住地。Airbnb不僅僅是一個可以讓旅客找到最好體驗的平台，也成了一個能讓旅客體驗到特殊服務的平台。如**圖5-12**所示為Airbnb提供的特色房源。

案例解析：目前，國際間短租市場的企業的商業模式不同，盈利點也有些差別，但從總體上來看還

圖5-12 Airbnb特色房源

是相似的，無論是國內還是國外都採取O2O模式，為線上線下的互動提供一個平台，讓出租用戶可以不用費心就能以合適的價格把自己的房子租出去，讓租房客戶能夠不費吹灰之力就能夠找到自己心滿意足的房子。

在本案例中的Airbnb的主要盈利模式是從房東與租客交易中抽取佣金，比率是交易額的百分之十，與它類似的德國的Wimdu租房平台主要以租客房租總額的 百分之十二作為服務費，而HomeAway則向房東和租客收費，還利用廣告費、第三方合作分成以及搜尋結果排名等方式作為收入。

在中國，同樣是屬於短租平台的「螞蟻短租」，盈利模式是以HomeAway為榜樣的，而「途家網」是利用託管服務和交易佣金以及市場合作來盈利，由此來看，目前大多數的短租平台主要以收取佣金為盈利點。

在全球如此多的短租平台中，Airbnb佔有其獨特的優勢，雖然同樣屬於短租平台，但具體模式卻有很大的不同。從上述案例的分析來看，Airbnb全面的服務體系是其區別於其他平台的特殊優勢，作為出租者和租房者之間的平衡木，Airbnb提供的是讓兩者都滿意的完善服務，而且在房源的提供上也比其他租房平台更具特色。如此多的優點綜合在一起成了Airbnb快速發展的關鍵點。

不過，Airbnb作為一個快速發展的企業，雖然已經成長到了一定規模，但目前在很多方面卻還不是十分成熟。作為一個全球性的服務平台，Airbnb涉及的產品處在世界各國法律的邊緣，不同的國家對租房的舉措有不同的制度，而Airbnb很有可能在不留心的情況下就觸犯到了國家的法律。二〇一三年五月，因為對法律方面缺乏研究，Airbnb提供的短租服務被爆出違反了紐約市的私人房產出租法規。

就這一方面來看，Airbnb想在以後的發展過程中做出更加驚人的成績，除了完善體驗、安全、服務、專注等方面的問題之外，還要加強對政策法律方面的研究，在不違法的情況下，用一些附加的價值來提升產品的價值，滿足人們的需求，讓企業得到長久的發展。Airbnb如果能處理好法律和政策的難題，就能在未來繼續引領全球的短租市場。

專家提醒

在中國，短租市場也開始紅火起來，因為有國外已存在的短租發展模式，中國的許多短租平台便開始競相模仿Airbnb發展模式。雖然Airbnb確實是值得短租企業學習的模範，但是可能會因為國情和市場認知度等問題導致模仿結果並不盡如人意。適當地改變其商業模式和盈利模式會更適合中國短租平台的發展。而隨著市場的開發，短租平台會越來越受人重視，但最終的盈利模式都會來自於對各種服務費的收取，包括平台服務費、第三方服務費等。

✣完美契合，O2O零售行業

蘇寧雲商董事長張近東對於O2O有一個形象的說法，「將網路搬到門市，將物聯網搬到消費者家裡，將門店搬到消費者口袋，讓雲服務進入消費者的生活。」

O2O不論是對傳統零售企業還是對電商來說，都是一個熱門詞彙，因為O2O不僅改變了電子商務平台與實體零售終端的分立狀態，而且還實現了兩個通路的資源交融、合理分工與短板互補，更值得一提的是，O2O還為巨量的商業機會創造了有價值的釋放窗口。

近年來，不少業內企業在O2O上進行了有益嘗試，這些嘗試無論是成功還是失敗，對傳統的零售企業的轉型都具有很大的借鑑意義。

❖ 國大零售業如何擁抱O2O

河北國大連鎖商業有限公司主要發展的是二十四小時營業的城市便利商店與三百六十五個城鄉一體化超市以及「萬村千鄉」工程為主題的便利商店等多個業態。目前，國大已經擁有將近三百家城市便利商店，二十家城鄉一體化三百六十五家超市，三百三十餘家農家店，並建設了一家近一萬平方公尺的大型購物中心和面積達八千平方公尺的物流配送中心，成為中國零售業的十大特許品牌。如**圖5-13**所示為河北國大轉型O2O成功品牌「36524」便利店主頁。

圖5-13 36524便利店O2O主頁

國大的快速發展得益於O2O的發展模式，在國大36524便利店轉戰O2O後開始實行數位化行銷，通過手機推送給客戶優惠券，贏得了零售業發展的大滿貫。

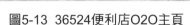

✧ 異業聯盟合作

國大採取線下—線上，再回到線下的方式進行行銷，36524便利店通過手機推送給客戶優惠券，憑此券可到門市享受優惠，提取指定商品，門市負責給顧客提供商品和個性化的服務。然後門市再通過相應的驗證系統，把個性化服務反饋給上游的供應商，像光大銀行等客戶，他們再有針對性地對顧客進行精準行銷。通過這些活動的開展，國大二十四小時便利商店每個月平均新增十多萬元的銷售額。

✧ 多管道銷售

門市的二維碼驗證平台與系統的對接，將特色商品放到公司網站和淘寶相關平台上進行銷售，顧客可以在通過第三方支付平台進行支付後，獲得系統自動推送的優惠券。顧客憑這個優惠券可以到門市領取商品，再把相關的訊息反饋到平台，如**圖5-14**所示為36524便利店聯合丁丁優惠推出的優惠券。

在微信與優惠券的結合上，國大也進行了有益嘗試。由於平台還設有線上支付的能力，目前國大主要以推送消息為主。

原來對於顧客的行銷方式，國大主要以贈品、優惠券為主，但是並不知道給了哪些顧客，而通過優惠券短訊和平台的方式，就能夠準確送達目標顧客。此外，公司還通過一些互動的有獎方式給顧客提供實惠，讓目標顧客獲得最大的實惠。

圖5-14 36524便利店優惠券

案例解析：作為便利商店來說，它的促銷活動不多，但是通過優惠券的發放可以提高促銷效率。國大二〇一三年的三個大型促銷活動包括刮刮卡、清酒送蒸酒、與娃哈哈合作的抽獎卡活動，主要就是通過優惠券的方式來完成的。

通過線上線下互動的優惠券模式，每個促銷活動平均銷售同比增長了百分之三十，而且也進一步規範了銷售。在行動網路發展的時代，結合新科技發送優惠券短訊是一大特色行銷方式，國大36524正是通過這種方式將贈品準確地贈送給目標顧客，讓顧客得到實惠，加大了其成為回頭客的可能性。

❖ 零售業利用O2O出新招

以支持分期付款作為其發展特色的Ribeiro是一家阿根廷的大型家電零售商，其品牌理念是讓消費者感受到以其日常的開銷水準就可以買到一件不錯的產品。對於消費者來說，Ribeiro的理念無疑是具有巨大吸引力的，可如此完美的行銷理念很少有人知道，對行銷也起不到太大的作用。

為了讓眾多的消費者熟知Ribeiro的行銷理念，讓其產品深入顧客的心，Ribeiro想出了一個行銷高招：和競爭激烈的出租車行業合作，讓消費者感受到他們以平時的生活花費就可以買到一件不錯的家電產品。

Ribeiro改裝了一輛出租車，在出租車的後座擺放一個商品展示裝置，當汽車開動，計價器開始計算，而後座的顯示螢幕會顯示當前車費用戶可以在Ribeiro買到的商品。乘坐出租車時，當然車費越高，商品就越好，於是就發生有些乘客要司機多跑點路的狀況（甚至有乘客讓司機直接開到Ribeiro零售店），然後乘客可以拿著出租車發票到店內進行兌換。如**圖5-15**所示為Ribeiro出租車新型行銷。

圖5-15 Ribeiro與出租車行業合作的行銷手段

案例解析：網路大行其道的今天，網購改變了很多人的消費方式：足不出戶、交易便捷、選擇多樣、可以參考別人的購買評價、大大節省出門的時間和交通成本。面對這樣的網店風潮，實體店為了生存，只好想出各種方式打動消費者，而如何利用潛在用戶的碎片化時間來做行銷，就成了各店鋪的一大難題。

在本案例中，Ribeiro十分巧妙地避開了網購，利用分期付款和一個簡單的O2O行銷高招改變人們對購買大家電的消費印象，抓住了消費者愛省錢的大眾心理，直觀地打動消費者，激勵消費者出門，即可顯著提高銷售額。

從Ribeiro的案例中可以看出，網路行銷絕不會是實體店未來的唯一出路。實體零售行業只要能抓住消費者的「痛點」，在他們碎片化的時間打出能吸睛的創意，直擊消費者的內心，這樣也是能做出非常有效的行銷的。因此，如何有效利用潛在用戶的碎片化時間去推廣自己，這才是實體店應該思考的方向。

也許要做到這點很難，再介紹一個Ribeiro的行銷案例，也許可以讓商家從中得到啟發。

Ribeiro在一個空曠的草地上搭建一個巨大的LOVE形狀，在線上號召粉絲們在「母親節」這一天寫下祝福，當用戶每一次在線上平台寫上祝福的語言時，線下的工作人員就在LOVE上綁上一心願氣球，在活動的最後，邀請母親們和孩子們一起通過網路直播觀看心願放飛的過程，如**圖5-16**所示。

圖5-16 Ribeiro的母親節社群行銷活動

專家提醒

行銷創意是有計劃的行銷行為的一個組成部分，這對於行業競爭相對激烈的零售行業來講尤為重要。行銷創意又別有其明確的行為目的，更具有明確的產品賣點創意。行銷創意不僅是產品策略的創意，還包括品牌創意、廣告宣傳創意、企業形象創意等。企業的整個生產經營活動是一個創意的系統工程，創意能使企業保持永恆的魅力，激發企業永遠追求的時代特色。

❖ O2O模式「金好來一號店」

在二〇一四年六月初，河南鞏義市零售商「金好來」正式推行O2O模式，新建電子商務平台「金好來一號店」，與超市門市實現價格統一，主打出售普通的生鮮商品。「金好來在鞏義市區，實行「滿六十八元包郵」」，一日三次配送，而且還在超市門市安排專門的配送員負責接收客戶退貨。如**圖5-17**所示為「金好來一號店」官網。

在金好來一號店正式營運後，消費者會發現，金好來的每一位員工的工作服上都會印著大尺寸的二維碼，消費者只要掃一掃他們身上的二維碼，就可下載「金好來一號店」的行動應用程式，或在電子商務平台直接購物了，如**圖5-18**所示。

圖5-17 「金好來一號店」官網

圖5-18 金好來員工服二維碼

在這一段時間，金好來開始著力打造O2O模式，正式進入電腦平台、行動終端及行動應用程式推廣期。消費者們可以利用這些平台進行購物，在得到消費便利的同時，也能夠享受到更大的優惠。

案例解析：金好來的O2O模式，線上線下價格同步，滿多少錢包郵等，在中國同行業，似乎都不是由其首創，就連它的名號，也與沃爾瑪旗下電子商務平台「一號店」高度雷同，這是巧合嗎？當然不是，這是金好來故意模仿的行銷方式，就是為了讓消費者更加迅速地記住「金好來」的名號。

雖然，這種模仿的方式讓人感受不到其行銷的新意，但對於一個縣域零售商來說，用其他品牌的行銷方式進行推廣也是一大進步，而且引用沃爾瑪「一號店」之名，在名牌效應的影響下，可以吸引住消費者的目光。消費者們都知道沃爾瑪「一號店」，當看到來了個與沃爾瑪類似的零售商，自然也會想去關注一下，看看這個「金好來一號店」怎麼樣。

金好來憑藉著其模仿式的O2O模式活了下來，逐步發展為地方「小霸主」，還用多業態混合發展的模式引起了行業的側目，比如，它開設了河南第一個女子百貨店、「最牛」鄉鎮超市、火鍋店、快捷飯店等縣級服務型店面。

在傳統零售業備受夾擊的時刻，金好來突出重圍，以模仿的方式贏得了發展的契機，這轉變方式的確值得其他商家借鑑，但是，如果未來金好來想得到重大突破性發展，勢必要打破其模仿的模式，走出適合自己的發展道路，這樣才能突破縣級的控制，走出小圈子的「圍困」，成為更高級別的零售商。

專家提醒

行動定位服務在行動網路時代，基於地理資訊的搜尋，向用戶推薦附近的與地圖及地理位置資訊相關的商戶資訊，對商家的經營十分重要。因此，無論是金好來一號店還是未來其他將要轉戰O2O模式的商家，都可以利用行動定位服務這一工具，精心佈局O2O模式。

❖微信O2O零售行銷戰略

天虹商場在二〇一三年九月發佈公告稱，將聯手騰訊微生活打造天虹應用平台，首先在寶安購物中心上線，預計在一期實現消息訂閱、線上線下會員打通等功能，二期則會推出相關消費性服務。

天虹商場是一家中外合資經營的大型綜合性商業企業，由中國航空技術進出口公司深圳公司與香港五龍貿易公司合資經營，是深圳中航企業集團的主要成員之一。公司成立於一九八四年，現註冊資本八千萬元，公司下設深南天虹商場、東門天虹商場、福民天虹商場、寶安天虹商場等多家分店，並成立了中國首家實現線上支付的網上購物商城，如圖5-19所示。

天虹是中國首家與騰訊合作的零售企業，由於傳統百貨在用戶體驗方面發展落後，天虹商場此次與騰訊合作是希望能利用微信為其線下門市吸引有效客流，拉升線上與線下門市業績。如圖5-20所示為天虹微信行銷平台。

在傳統百貨領域，自天虹商場宣佈與騰訊微信合作後，一大批涉O2O的企業正在向微信「襲來」，海寧皮城旗下全網行銷、O2O電子商務平台——「海皮城」，九月十二日上線，根據規劃，海皮城將充分依託海寧皮革產業和皮革城實體市場，打造以「優質商品、優秀品牌、優異服務」和品牌企業直銷、線上線下聯動為主要特徵的第三方電子商務平台。

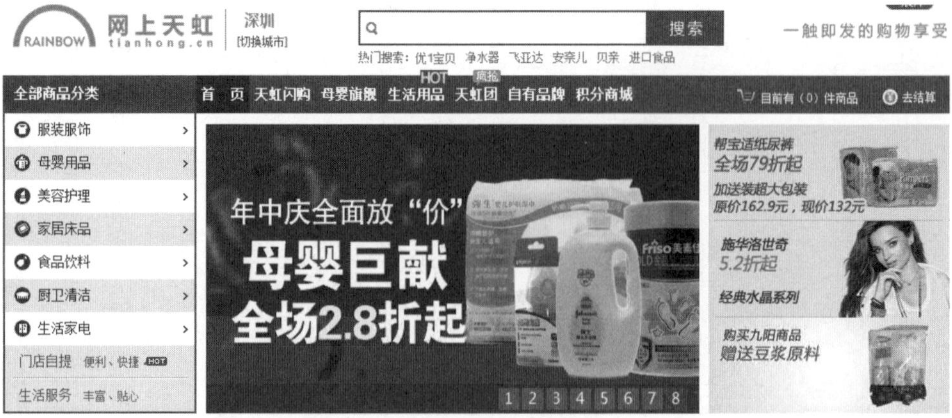

圖5-19 天虹網上購物商城

圖5-20 天虹微信行銷平台

和以上正式發佈公告的企業一樣，其他零售企業目前也開始擬定展開和接洽O2O微信行銷，多家公司都表示會利用好微信平台，大力推進O2O行銷。百貨龍頭企業「王府井」也表示，正在積極推進與微信O2O的合作，將打通線上線下業務通路，實現全通路消費體驗，如圖5-21所示。

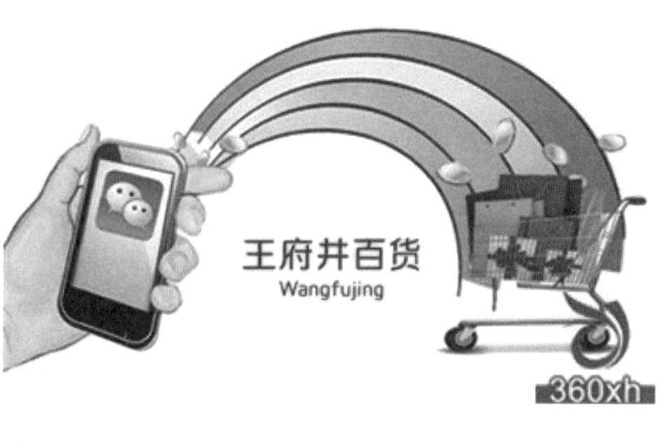

圖5-21 王府井百貨聯合微信行銷

案例解析：目前，無論是大型零售企業還是小型零售商，都在利用微信佈局O2O，對企業與商家而言，微信無疑是一個很好的行銷平台，利用微信行銷可以使大量客戶聚集在一起，不過它屬於眾多行銷手法中的淺層手法。在實現顧客集聚後，後面真正的難度是將客戶導入門市後的購買轉化率和留存率的計算，這需要首先完成零售賣場的數據化，才能真正做到「人貨場」的匹配。

不過，不管怎樣，微信行銷都將會是未來零售業O2O發展的一大趨勢，就消費者層面來說，微信平台最便利的地方在於它能快速地瀏覽大量商品，並進行清晰的價格與服務對比。總的來說，線上體驗使消費變得更加便捷、迅速。

如今，當消費者到達一個陌生的購物中心的時候，通過掃描購物中心的微信二維碼，查看商場內的商品，每一個商品都有一個價格和在商場內的地址代碼，當消費者需要查看到自己喜歡的商品的時候，可以直接前去喜歡的店鋪地址，然後進行實體的店內消費體驗。

通過微信對商鋪做出消費體驗，是目前也是未來消費者進行消費的總體趨勢，因此，對於企業與商家來說，利用微信打好O2O局部戰將是其O2O轉型道路發展的必然環節。

✣大獲全勝，O2O旅遊行業

在網路時代，旅遊行業迅速發展，因為「旅行本身即是行動的，這和行動網路的特性不謀而合」，加上線上旅遊行業與O2O的結合，適應了用戶日益個性化旅行的需要，從而誕生了許多成功的行銷案例。

❖阿里巴巴佈局窮游網O2O

當O2O成為行動網路行銷的「萬金油」時，線上旅遊作為其最典型的應用模式之一，引得各巨頭紛紛加速佈局。

二〇一三年七月十六日，阿里巴巴集團正式宣佈新的發展戰略，投資中文旅遊資訊和線上增值服務提供商「窮游網」。窮游網是中國一家運用網路資訊科技，提供以海外為主的跨國多目的的中文旅遊資訊和線上增值服務的平台。如圖5-22所示為「窮游網」官網。

窮游網作為知名分享社群，可讓旅遊與在地服務、支付更好地對接，有助於完善阿里巴巴的數據平台，並能與淘寶電商模式形成很好的結合。

其實，淘寶旅行早在二〇一一年，其交易額就已突破百億大關，到二〇一三年一月，阿里巴巴整合旗下旅遊業務成立了航旅事業部。阿里巴巴此次投資窮游網，可以為淘寶旅行提供出境遊產品服務及內容，讓用戶自主選擇，在價格、時間、地點三者之間平衡，找到適合自己的機票、飯店。

在此之前，阿里巴巴已經投資過一個旅遊類行動應用程式——「在路上」，如圖5-23所示。「在路上」是一款手機上的旅行記錄及分享應用，二〇一二年下半年拿到「紅點投資」的數百萬美元投資，二〇一三年年初又拿到阿里巴巴數百萬美元的投資。

投資完成後，「在路上」被引入支付寶和淘寶旅行等戰略級資源，將成為淘寶旅行重要的線上行動端入口。

同理，投資窮游網能夠與淘寶旅行進行資源合作，結合「在路上」App，阿里巴巴將可以掌握旅行決策、旅行產品預訂以及旅行分享的產業鏈。

圖5-22 「窮游網」主頁

圖5-23 「在路上」App 介面

案例解析：O2O模式與旅遊行業的契合度較高，其廣泛運用對促進旅遊行業發展具有重要意義。O2O與傳統旅遊是一個複雜的化學反應，反應得好能量巨大。畢竟旅遊是一個過程，而不是一個看得見的實物，不像蘇寧賣的電視，那就是電視，不但看得見摸得著，而且操作簡單。而像本案例中的窮游網賣機票那就是機票，賣門票那就是門票，這些就是O2O旅遊行業線下的產品或服務。

另外，傳統旅行社可以自行建立電商平台，也可以通過線上旅遊平台進行營運。O2O模式對旅行社資訊透明化和創新的要求較高，只有形式新穎、性價比高的產品才能獲得市場青睞。O2O的盈利模式主要是「零售＋商業合作分成＋廣告」，這與傳統旅行社業務相比盈利點更多。

總之，旅遊產業關聯帶動效應（旅遊的整體性）還沒有被哪個單獨的O2O旅遊網站做出來，這才是未來旅遊電商線上線下應該努力的方向。

網路為旅遊行業的發展開啟了一扇窗，而行動網路為旅遊業打開了一扇門。

近年來隨著行動網路時代的到來，線上旅遊行業迎來了更大的發展機遇，作為休閒娛樂的首選，旅遊業一直佔據著市場的重要地位。在網路時代，旅遊行業迅速發展，因為「旅行本身即是行動的，這和行動網路的特性不謀而合」，加上線上旅遊行業與O2O的結合，適應了用戶日益個性化旅行的需要，同時也滿足了現在旅遊業的發展需要。

線上旅遊與團購、租房、租車行業的發展相似，是中國O2O的典型模式。由於旅遊行業的資訊化水準相比於其他服務業態而言較高，因此，旅遊行業的網路化路徑則稍顯輕鬆，轉型成功的例子也比比皆是。

❖旅遊行業O2O形式越來越火

椰林飄香、碧海藍天的海南國際旅遊島，是眾人夢寐以求的旅遊勝地，隨著大眾休閒時間的日益增多和旅遊服務業的不斷發展，越來越多的遊客開始前往海南一享愜意的旅遊生活。

提到海南旅遊體驗時，千萬不能忽略海南陸客旅遊項目開發有限公司，這是一家新型的O2O模式旅遊公司，當很多旅遊公司還在維持傳統的旅遊服務模式時，海南陸客就已經看到了網路釋放的價值和行動網路的發展前景，打破了傳統的旅遊服務業體系，開創了在海南的區域化旅遊制式落地服務模式。如**圖5-24**所示為海南陸客線上官網。

圖5-24 海南陸客線上官網

它首先以先進的網路技術為手段，用全新的O2O模式打通線上和線下旅遊產品通路，將海南商家的資訊通過網站呈現出來，為上島遊客提供關於島上的吃、住、行、遊、購、娛的全面、制式化的資訊與服務，讓遊客能夠便捷、安心；運用網路手段整合島內的特色旅遊資源，為島內商家提供有效的推廣管道和服務；同時對商家的服務品質進行監督，對遊客負責。

海南陸客已經完成了對海南旅遊資源的考察，並打通了海南家庭旅館、餐飲、機票用車、高端水上休閒娛樂項目和旅遊景區門票等五大旅遊服務產品，與海南多家餐館簽訂合作協議，保障海南陸客的每一個用戶的便捷、安心，提升他們的旅遊體驗，如**圖5-25**所示。

案例解析：海南陸客旅遊項目開發有限公司是一家全新的旅遊電子商務服務公司，旨在通過網路技術提升海南旅遊服務產品的價值，為遊客提供安心、放心的旅遊服務，保障遊客們的權益。

圖5-25 海南陸客五大旅遊服務產品

海南陸客轉型成功的優勢主要來自兩方面，一是初創團隊的核心管理層有多位都是超過二十年的海南旅遊服務資深人士，累積了豐富的海南旅遊資源；二是打造了一支訓練有素的線下服務團隊，為上島的每位旅遊人士提供可靠、有保障的旅遊服務，這一優勢與海南陸客所倡導的品牌價值「安心與放心」的旅遊體驗不謀而合。

正如很多網路資深人士所預言的那樣，如今，旅遊業的線下服務成了O2O的短板，為了改變這種狀況，海南陸客開始整合海南旅遊資源並對其線下員工進行培訓，以求打造最完美的O2O線下體驗。

✧「機票＋酒店」＋娛樂模式

首先，很多旅遊網站採取的是「機票＋酒店」模式，這種模式是目前自由行旅遊的主要組織形式，一些大的旅遊網站也都開始做這個模式，比如攜程、藝龍等都是靠著這種模式走向成功的。

但是，「機票＋酒店」的模式只是解決了用戶最基本的交通和住宿的問題，目前，隨著資訊化的深入和旅遊需求的深化，以及飯店資訊化系統的深度，「機票＋酒店」模式成了輕型電商開始衝擊相對中型的攜程模式，如去哪兒、途牛等網站。

當然，在旅遊中，一些旅客在旅遊目的地吃、住、行、旅、購、娛的所有環節都需要線上預定或交易，這也是一個比較龐大的系統工程，而海南陸客在此次測試的O2O時就開始實行這一巨大的工程，集結吃、住、娛樂為一體，為旅客的旅遊全程帶來了不一樣的享受體驗。

✧集中景點票務模式

海南陸客也與驢媽媽、同城網、掌門人這樣的旅遊公司一樣，基本上都是在網上向散客銷售景區電子門票，這樣的方式這就相當於景區給每家網站都開設了一條通道來實現預定或交易。

雖然這個模式是一個不錯的模式，海南陸客也在試用這個模式時得到了很大程度的發展，但經過模式的測試後發現，這個模式的問題在於與景點合作的網站數量增長很多，同時票量也急劇增長，一些景區不得不應付很多條通道，售票速度也很慢，這就嚴重影響了旅客的旅遊體驗。

對於這種狀況，需要線上旅遊網站與景區共同協商，控制景點門票的發放量，為旅客們提供更加舒心的線下旅遊體驗。

目前，旅遊行業已經完全可以通過O2O模式做行銷，當然已經有很多旅遊公司在做這一塊了，可能有的效果非常好，有的效果非常差，但隨著O2O的不斷發展，未來O2O模式會遍佈所有的傳統企業。

❖ 旅遊行業怎樣搭建O2O模式

易游天下國際旅行社有限公司於二〇一一年八月份組建，九月二十號正式與遊客見面，同時對湖北武漢市場展開分店、湖北省內其他地市州展開分公司加盟，在短短的一年內，在武漢市內已組建八十餘家門市，以及八家地市州分公司，其中黃石、襄陽地區獨立註冊當地獨立子公司，負責區域市場的連鎖營運，截至二〇一二年十二月三十一日，襄陽、黃石地區分別達到二十家、三十家門市，湖北易游天下國際旅行社依託武漢市場，整合國內國際各大地接旅行社近兩百家。

易游天下於二〇一四年六月十八日在北京京泰龍國際大酒店隆重召開發佈會，公佈了公司的行動新戰略——實踐O2O模式，提升用戶體驗，如圖5-26所示。

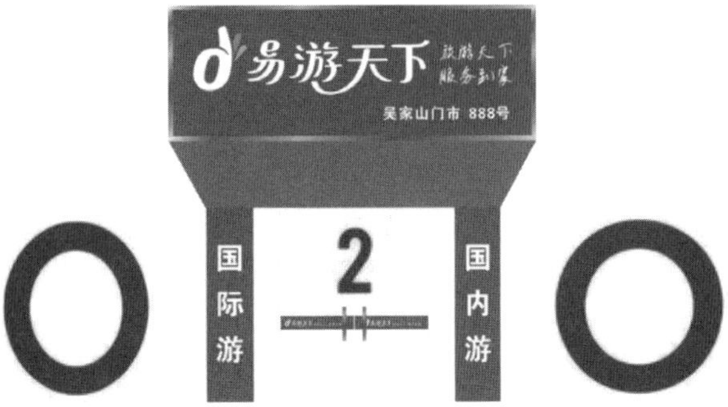

圖5-26 易游天下轉型O2O

易游天下董事長在會上介紹了近期主要成績並公佈了公司行動戰略規劃，表示未來易游天下將瞄準「粉絲」經濟，建立自己的專屬品牌群，打造不一樣的O2O旅遊體驗。

易游天下作為專業的品牌和通路營運商帶領旗下加盟者不斷開拓創新，取得了一定的社會影響力，但是易游人也深刻認識到，當下傳統旅行社正經歷著旅遊業嚴冬，處於艱難的整合與轉型期，競爭異常激烈，易遊天下如何與時俱進，利用自身線下通路與資源優勢，駛向O2O的藍海，成為發展的關鍵。

易游天下認為在社群、在地化、行動化時代，網路入口經濟已被擊碎，粉絲經濟破土而出、蓬勃發展，因此，易游天下將學習蘋果、小米等品牌行銷的策略，利用微信服務號開發一套使零售終端面向消費者的系統，建立起自己的品牌社群——易游惠，為旗下營業部免費提供一整套囊括技術、產品、推廣的綜合性O2O行動網路解決方案。

案例解析：在本案例中，易游天下的O2O營運策略是，通過加強客戶關係管理系統CRM的打造，投入會員制的建設，並依據營運流程重組了企業架構。公司在致力於扭轉傳統旅行社的粗放式經營，學習網路企業的流程化與數據化的深耕細作，利用多年積累的線下資源與通路優勢，嘗試線上與線下的並重發展，互動整合。

✧微信會員行銷

易游天下決定利用微信進行行銷，留住自己的客戶。易游天下認為微信O2O的商業邏輯，即導流、轉化（互動與服務）、交易、分享與留存，在利用微信做好行銷時必須完善以下三步。

第一步，利用多年業務積累，將線下的客戶導流到線上行動端。

第二步，用優惠券、定期抽獎、優良的產品、及時貼心的線上客服推薦等功能做好會員轉化工作。

第三步，利用CRM系統，實現精準行銷，促進成交。

如**圖5-27**所示，為易游天下微信平台。

圖5-27 易游天下微信平台

✧易游惠專區

易游天下還將在交易系統中推出「易游惠專區」，產品均經過反覆篩選，保障市場競爭力，由專人負責，於每週更新，「易游惠專區」產品均會在公司官網及Html5網站上展示。

從易游天下的整體O2O佈局來看，未來其發展規模是值得期待的，不過，易游天下的O2O發展模式在現在只是一個簡單的構想而已，真正的實行結果到底如何，就要看其到底是否能真的帶來不一樣的線上線下體驗，利用微信留住顧客的心。

✣成效卓越，O2O服裝行業

行動網路潮流不可逆轉，其發展讓我們看到線上與線下打通後為各行各業的發展帶來了巨大的想像空間，傳統業務與網路的結合使消費者能夠更加便捷地選擇和購買產品。對於商家來講，網路背後的大數據也使他們能夠更加精準地瞭解消費者的需求，從而為消費者提供更加優質的產品和服務，促進企業的良性發展。

對服裝行業來說，利用行動網路，推行O2O的發展方向是：提高門市競爭力，充分發揮行動端的互動優勢，提高用戶到店消費的頻率、滿意率、轉化率和「提袋率」。行動是工具，零售是本質，兩者充分結合是未來服裝行業電商化的核心。

❖歌莉婭多樣的O2O實踐方法

二〇一二年十一月十一日當天，女裝品牌歌莉婭發現行動端流量佔比達到百分之二十，這一數字觸動了整個集團，內部發出這樣的聲音——未來一定是行動網路時代。

其實，在服裝行業，O2O早已不只是概念，優衣庫利用O2O探索線上，鋪展線下，打造了全新的服裝業閉環體驗，綾致也成功轉型O2O新型發展模式，玩轉了行動網路行銷策略。

同樣，作為女裝品牌的歌莉婭也一樣，當O2O被提升至公司層面後，內部開始進行探索，啟動與微信微購物的合作。如**圖5-28**所示為歌莉婭微淘行銷平台。

歌莉婭是發現服裝O2O大潮的一員，在看到O2O的發展前景時，就開始組織O2O模式結構，對公司發展系統進行調整。

✧組織架構調整

當前，大部分服裝公司的電商與線下門市是兩個獨立的部門，分別完成銷售工作，這種組織結構是基於電腦端電商與線下店鋪的差異。但隨著智慧手機的出現，電腦端電商與線下店有了無縫連接的管道——手機。

圖5-28 歌莉婭微淘行銷平台

歌莉婭認為，未來必須打破涇渭分明的組織結構，線上線下銷售通路將不再分離，電腦端、線下店、手機端將合併為統一的銷售通路，資訊流、物流將統籌到資訊中心，由資訊中心協調銷售完成。歌莉婭為了統一銷售通路，開始調整組織架構，同步與微購物、微淘合作，打造全新微體驗。

✧資訊系統改造

當前，大部分服裝公司線下門市企業資源規劃系統（Enterprise Resource Planning, ERP）與電商ERP獨立存在，要實現O2O，需要建立公司級別的ERP系統，打通線上、線下和手機端資訊流、資金流、貨物流。

ERP系統是指建立在資訊技術基礎上，以系統化的管理思想，為企業決策層及員工提供決策運行手段的管理平台。它是從MRP（Material Requirement Planning，物資需求計劃）發展而來的新一代集成化管理資訊系統，它擴展了MRP的功能，其核心思想是供應鏈管理。

專家提醒

ERP跳出了傳統企業邊界，從供應鏈範圍去優化企業的資源，ERP系統集資訊技術與先進管理思想於一身，成為現代企業的運行模式，反映時代對企業合理調配資源，最大化地創造社會財富的要求，成為企業在資訊時代生存、發展的基石。

✧物流體系轉變

以前，大部分服裝公司線上線下商品是割裂的狀態，由不同的倉儲發貨。為了改變這種狀況，歌莉婭決定在未來，不管是線上電商、線下店面還是手機端，都將是統一發貨，不再分割物流體系。

案例解析：本案例中的歌莉婭順應服裝業O2O的發展趨勢，對公司的組織結構進行調整，利用微信，使線上線下連成一體，成功地完成了O2O的轉型路，這一點是值得許多服裝行業商家借鑑的。

對於服裝行業，最重要的是售罄率和貨品周轉率，O2O更大的魅力在於，打通了資訊流，基於全貨品流動的數據，在正常貨品銷售、清理庫存的時候，把對應的資源投在對應的通路，讓商品高效率流轉。

服裝公司在資訊化系統改造的同時，可以先根據自身的情況制定短期可以運行的O2O方案，然後隨著資訊化系統改造的不斷深入逐步將O2O深化，比如藉助微信等平台，快速佈局O2O業務。

專家提醒

O2O不僅是線上線下導流、線上購物線下取貨那樣簡單，要實現用戶隨時隨地購物，需要的是一整套底層的變革：組織架構調整、全公司的ERP系統、線上線下貨品打通、一整套物流體系。

❖優衣庫告訴你服裝業O2O該這麼玩

行動網路改變了整個服裝行業的發展方向，線上線下的互動已經成為不可逆轉的趨勢，作為服裝行業龍頭之一的優衣庫也不甘落後，開始順勢而為，採取線上支付、線下提貨的方式，降低營運成本，提升店內的關聯銷售。

優衣庫是一個比較老的服裝品牌，成立於一九六三年，由最初的一家日本小服裝店發展成為目前擁有一千三百多家全球分店的大型企業，這得益於優衣庫領導人的決策能力與獨到的發展眼光。

優衣庫一直堅持品牌理念，保證其產品的品質，在發展道路上創新進取，順應市場的變化不斷調整發展戰略，在O2O大風颳來之季，把握住市場的發展趨勢，成功轉型。

二〇一〇年，優衣庫在人人網上舉辦線上排隊活動，有效地促進了線下實體店的銷售，如**圖5-29**所示。

在此次活動中，參與者可以用自己的人人賬號登錄優衣庫官網，

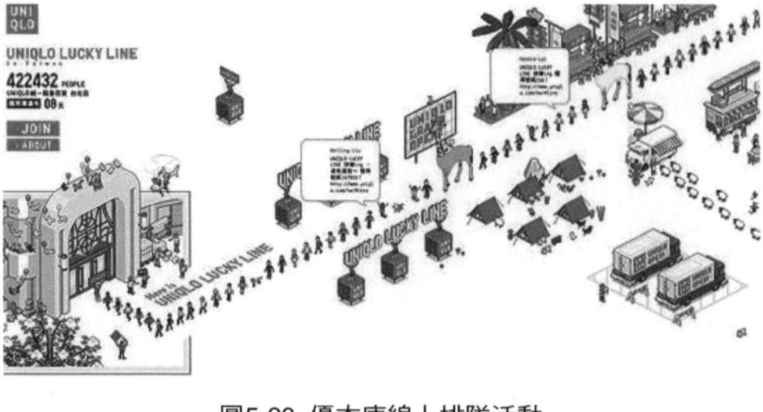

圖5-29 優衣庫線上排隊活動

選擇一個喜歡的卡通形象，並附帶發一句留言同步到人人網新鮮事就可以用這個小人和其他人一起在優衣庫的網路店面排起長長的隊伍。在等待的同時還可以和其他用戶一起閒聊，打發娛樂時間。

此次活動規定每隔五分鐘，用戶可以排一次隊，參與抽獎活動，獎品的品種多樣，且抽獎形式也有很大的不同，除了隨機抽取用戶送禮外，還規定，排位到八千八百八十八與第十萬的用戶能得到現金獎與旅遊券。優衣庫具有誘惑力的「排隊活動」打響了品牌，同時，也培養了大量的客戶。如圖5-30所示為優衣庫排隊活動的獎品。

在活動之前，優衣庫設定的活動目標是突破一百萬人，但是，令人感到不可思議的是僅僅在活動的第一天就有十萬人參加，到最後統計得知，參加此次活動的人數居然突破了一百三十三萬人。在這次活動結束後，「優衣庫LUCKY LINE」還成功地成為社群網路的熱門詞彙。

案例解析：優衣庫的這次活動舉辦得如此成功，主要得益於其在發展過程中積累的寶貴經驗，因為在此之前它就已經在日本和台灣成功舉辦過「線上排隊」的活動，所以這次在中國舉辦此活動就變得更加順手了。

此外，優衣庫與人人網合作也成了此次活動成功的關鍵因素之一。人人網開放了應用程式介面（App

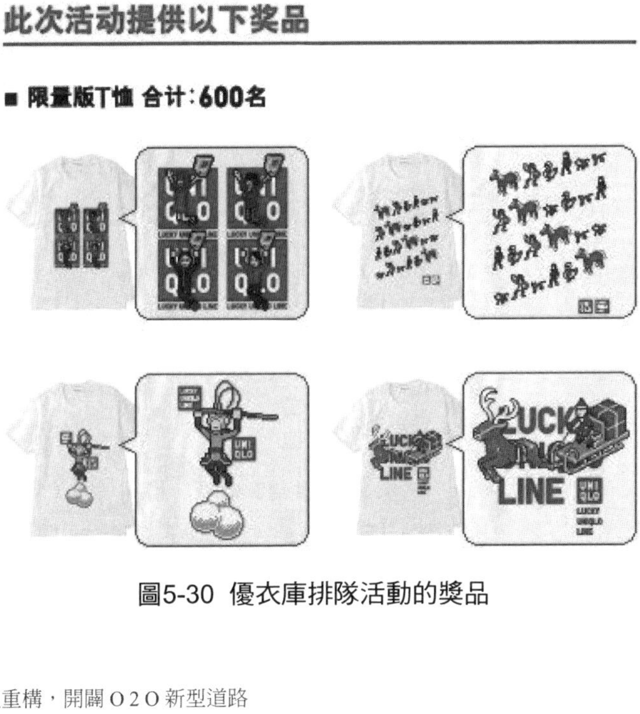

圖5-30 優衣庫排隊活動的獎品

lication Programming Interface, API），使用戶更容易參與到優衣庫的「排隊」活動中，而且人人網的用戶普遍為年輕學生、白領一族，就這群人好玩、喜歡新鮮與時尚這一點，就與優衣庫的定位相契合。

有創意、有趣味、有誘惑力的活動更容易拉近商家與消費者兩者之間的距離，凝聚更多的人參與。「人人網排隊」在遊戲中加入了許多中國的傳統風俗，運用中國元素，如北京烤鴨、大紅燈籠，還有各種大家熟知卡通人物等，這些傳統的中國元素拉近了優衣庫與中國消費者之間的距離。人是一種有感情的動物，優衣庫拿出讓中國消費者在感情上產生共鳴的元素開展排隊活動，無疑會在心靈上給消費者帶來了溫暖的感覺。

而在人人網添加遊戲與社交聊天功能，增加了排隊活動的趣味性與互動性，當在抽獎時，能與朋友們一起玩遊戲、聊天，還能一起分享獲獎的喜悅，更增添了消費者對優衣庫的喜愛。

❖ 訂製O2O模式顛覆服裝行業

男裝訂製品牌「私家裁縫」屬於傳統的服裝訂製業，在發展之初本著利用網路去消滅服裝業的「頑疾」——庫存這個想法開始營運「私家裁縫」，但是，就在它在高端訂製業獲得初步成功之後，卻發現，在App行銷大行其道的階段，「私家裁縫」反而離開始設定的「用創新模式去顛覆服裝業」的目標漸行漸遠。

現在，「私家裁縫」再次出發，用一個全新的O2O模式去創造沒有庫存的服裝公司。如圖5-31所示為私家裁縫訂製西裝。

西裝高級訂製其實是小而美的手藝人生意，既能賺錢，也能細水長流。國外有很多具有幾百年歷史

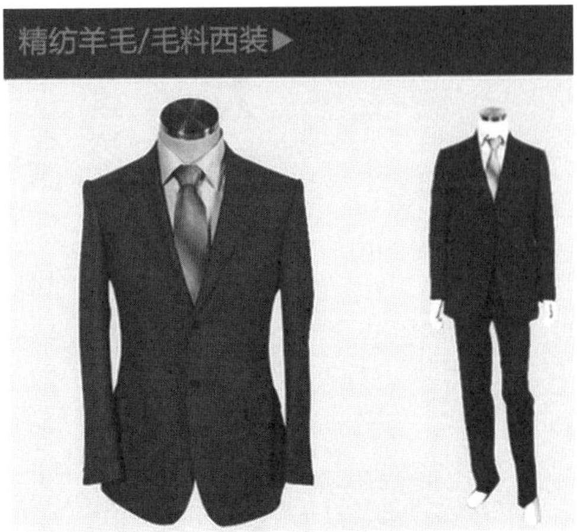

圖5-31 私家裁縫訂製西裝

的家族企業，都是靠手工藝傳承，才能沿襲這麼久。私家裁縫的想法就是利用O2O模式做一個可以一直傳承下去的小而美、慢而精的公司。

✧「LORENZO」新模式

「LORENZO」的模式將迅速地普及開來，在這個模式下，用戶可以直接在店內體驗，然後通過手機訂製好款式、顏色、布料，最後線上支付，完成整個訂製過程，在服裝被做好後，私家裁縫會以最快的速度利用快遞把產品送到顧客的手上。

「LORENZO」的商業模式完全是「O2O」模式，線下就是體驗店，而所有的行銷都是在線上進行的。「LORENZO」要做的是線上行銷，線下完美用戶體驗，因此，它的體驗店將會有資深服裝顧問團，消費者踏入店門，服裝顧問會全程陪同，提供專業的服裝建議，直到下單為止。

✧大數據行銷

私家裁縫嘗試運用大數據來增強對消費者心理與行為的洞察，以搶佔差異化產品的制高點。通過數據來瞭解消費者需要什麼，並告訴消費者們什麼樣的產品目前比較受大眾喜愛。比如，當用戶想訂製一件西裝時，只要進入私家裁縫的線上行銷平台，就能看見大多數用戶都在瀏覽與購買什麼樣的西裝，用戶可以根據其瞭解到的數據進行選擇，最終決定將要訂製西裝的款式，在這一流程結束後，該用戶所瀏覽的一切數據與購買的產品也會被記錄下來，成為商家經營與消費者消費的參考數據。

案例解析：傳統服裝業，不管是生產高端產品還是低端產品，如今都面臨兩個重大的發展危機：一是滯銷，二是存在大量庫存。對於高端產品來說，如果存在大量庫存，對發展無疑是十分不利的，因為庫存除了需要支付大量資金外，還會使產品的性價比降低。作為傳統服裝行業，解決庫存一直是一個讓商家很頭疼的問題，如果能找到一個方法解決庫存問題，這樣服裝的性價比就會提高，而且服裝行業根深柢固的滯銷問題也能得到解決。

在本案例中，私家裁縫轉型發展O2O模式來解決服裝業一直存在的滯銷與庫存問題，它採取線下線上的「LORENZO」新模式，讓顧客先到實體店體驗，再去網上購買。這種方式有悖於傳統的先線上支付，後體驗的O2O模式，整個流程以顧客線下體驗為主，這樣既能讓私家裁縫瞭解到顧客的真實需求，又能讓顧客購買到稱心如意的產品，從而避免盲目製作產品帶來的庫存問題。而後的大數據研究，也能讓私家裁縫的產品定位更加精準，做到規避庫存的問題。

✣大行其道，O2O住宿行業

在二十一世紀，行動網路時代到來，人們生活需求因為科技的發展開始發生改變，而市場也因為人們需求的改變悄然地發生著變化，與其他行業一樣，住宿行業也在市場變化的條件下，開始轉型O2O。

O2O在行動網路的轟炸下，快速地發展起來，由於它效率更高、成本更低、資訊更準確、溝通變得更互動，給飯店等住宿行業帶來了很多便利。目前O2O模式實際在住宿行業已有初步探索，未來商業模式將更趨向於服務功能的豐富程度和用戶體驗效果。

❖ 七天連鎖飯店借O2O反攻攜程藝龍

在中國飯店企業裡面，七天連鎖酒店有自己非常獨特的一點：它採取的是會員制直銷模式。一般的飯店，採取「經銷＋直銷」是最常見的做法。

所謂經銷，典型的是將飯店掛靠在各大線上旅遊網站上，此外傳統旅行社也算一種經銷通路；而直銷則是通過飯店自營的通路進行銷售。兩者的區別在於前者需要給經銷商超過百分之十的佣金（攜程、藝龍一般在百分之十五以上），這對利潤單薄的飯店業來說並不低。

✧ 利用微信打頭陣

在中國的經濟型連鎖飯店中，「七天酒店」是最先充分利用微信平台提供各項便捷服務的企業。通過與微信團隊的合作，七天酒店為消費者提供了便捷支付的管道，消費者可以通過微信預訂飯店，不但能夠邊玩邊訂飯店，同時還能獲得很多的微信支付優惠，如圖5-32所示。

圖5-32 七天微信行銷平台

✧用戶互動贏感情

七天酒店注重服務細節，在與粉絲互動這一方面做了很大的營運努力。首先在客戶端與客戶進行交流時，七天酒店採取純文字的交流方式，節省了用戶的流量，同時，文字的清楚解釋更能被用戶所接受，用戶的下單率也因此而增加。

七天酒店採取粉絲投稿的方式，鼓勵自己的用戶將寫下的旅遊心情發到七天酒店官網分享給大家，如果稿件被錄用還會給予獎勵。這種互動的方式，在增加用戶參與感的同時，還能使用戶更深感受到七天酒店的貼心服務，從而產生對七天酒店的歸屬感。

✧會員新招破紀錄

雖然七天酒店目前已經累積到超過七千萬的會員，但市場的競爭仍促使他們加快自己的步伐，努力用低成本高效率獲取更多的會員。七天酒店在獲取會員的方法上有獨特的招數，利用廣告平台——騰訊廣點通，開展「註冊新會員立即享受七十七元五星級大床」活動，如**圖5-33**所示。

七天酒店在開展此次活動不到半個月，就成功地吸引四百零五人成為新會員，在這四百零五人中有一百四十人去線下飯店進行消費，註冊轉消費率高達百分之三十五，

圖5-33 七天酒店獲取會員奇招

比以往七天酒店用其他方式吸引新會員的比率高出百分之十。

案例解析：飯店行業的微信行銷，與打車軟體剛剛開始就偃旗息鼓的大戰相反，大有愈演愈烈的趨勢。商旅客人在飯店微信行銷的升級中，可享受更多優惠、更多驚喜。隨著行動網路的發展，飯店的查詢、預訂等相關業務行動化已成為大勢所趨，並在向主流方式轉變。

作為中國飯店業龍頭之一的七天酒店，在這個行動化微信行銷的時代，抓住了發展的主要矛盾，跟隨主流，利用微信進行線上線下行銷，既滿足了用戶便利化的需求，又為企業的經營節約了成本。

無論是七天酒店的微信行銷還是網路與「粉絲」互動環節的設置，都能體現出七天酒店為線上行銷所做的努力。在用戶體驗方面，七天酒店本著以顧客為本的服務理念，打造了一個讓顧客消費便利，且能釋放心中感情的行銷平台，是其成功的一大要素。

不過，一個飯店線上做得不錯固然具有很大的發展優勢，但如果線下做得不好，線上的一切努力都將成為泡影。對於住宿的用戶，如果感受不到線下的體驗價值，就不會繼續去消費，所以，未來七天酒店除了需要繼續完善線上行銷體驗外，還需要花更多的心思，為顧客打造貼心的線下服務體驗。

飯店行業O2O發展的大致思路應該是：提升自身技術優化構建強大的CRM體系，在線上，通過探索低成本高效率的方法獲取會員，在線下，注重打造全新服務體驗，通過線上線下結合成功地實現O2O完美轉型。

❖精心改造漢庭微信行銷飯店

漢庭酒店是針對中檔飯店市場的品牌，漢庭酒店選址在中國一線城市的商業中心，客人無須支付五星級飯店的價格，即可享受到五星級的地段優勢。

在網路日益普及的今天，利用網路行銷是飯店行銷的必然選擇，漢庭酒店也不例外。在眾多網路行銷工具中，漢庭酒店準確地把握了微信發展的趨勢，並且利用微信公眾平台，為飯店服務推廣與飯店預訂提供了助力，如圖5-34所示。

案例解析：所謂微信行銷，即利用微信公眾平台進行的行銷。微信公眾平台是騰訊公司在微信的基礎上新增的功能模組，通過這一平台，個人和企業都可以打造一個微信的公眾號，並實現和特定群體的文字、圖片、語音的全方位溝通、互動。

不同於微博的微信，作為純粹的溝通工具，商家、媒體和明星與用戶之間的對話是私密性的，不需要公之於眾，所以親密度更高，完全可以做一些真正滿足需求和個性化的內容推送。

微信公眾平台上的粉絲質量要遠遠高於微博粉絲，只要控制好發送頻次與發送的內容品質，一般來說用戶不會反感，並有可能轉化成忠誠的客戶。下面我們通過漢庭酒店微信行銷實戰策略，總結幾點可供當下商家企業借鑑的經驗。

✧ 模式

企業派發印有企業二維碼及企業簡介的傳單，以及張貼海報，讓受眾注意到企業的微信，從而關注

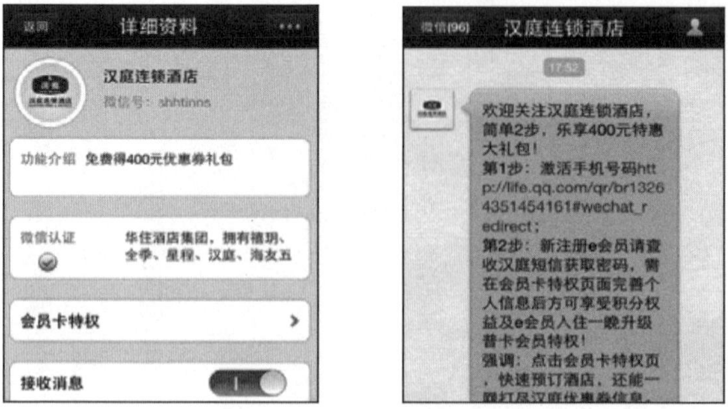

圖5-34 漢庭酒店微信賬號

企業微信。用戶只需用手機掃描商家獨有的二維碼，就能獲得一張存儲於微信中的電子會員卡，可享受商家提供的會員折扣和服務。

這種方式的最終目的，是為了吸引目標受眾進入到企業的微博平台，從而進行客戶培養和維護。在目前媒體資訊量巨大的情況下，這種方式不失為一種成本小、效果直接顯著的行銷模式。

✧ 活動式行銷

用戶激活微信會員卡，即贈四百元漢庭電子優惠券禮包，登錄漢庭微生活會員卡、漢庭官網訂房，立可抵扣房費，如**圖5-35**所示。

這種方式可以促進受眾的消費欲，如果只是獲得會員卡，受眾不知道自己的會員享有什麼權利，還是不會去消費。但現在受眾知道自己獲得了優惠券禮包，就會有去消費的慾望，抓住用戶的消費心理很重要。

✧ 互動推送式行銷

用戶在關注企業微信後，企業會通過一對一的推送，向用戶介紹企業的活動，提供更加直接的互動體驗。這種方式方便用戶瞭解企業，出現問題時也能及時和企業溝通，對於品牌形象和客戶維護及開發，都有積極的意義。

圖5-35 漢庭微信會員卡

❖行動應用打造O2O特價飯店

「今夜酒店特價」屬於天海路網絡信息科技有限公司開發的一款基於行動網路的手機預訂平台。每晚六點後預定當天飯店剩房，只需要付白天網路預訂價格的二到七折，四星級飯店僅需三百元。消費者可以根據距離遠近、星級、價格、飯店風格等個人喜好，方便地查找和預訂這些特價房間，以接近經濟型飯店的低廉價格享受更舒適的一夜，如圖5-36所示。

「今夜酒店特價」App提供的功能非常簡單，只有「酒店列表」、「我的訂單」、「通知好友」和「賬號設置」四個欄目。

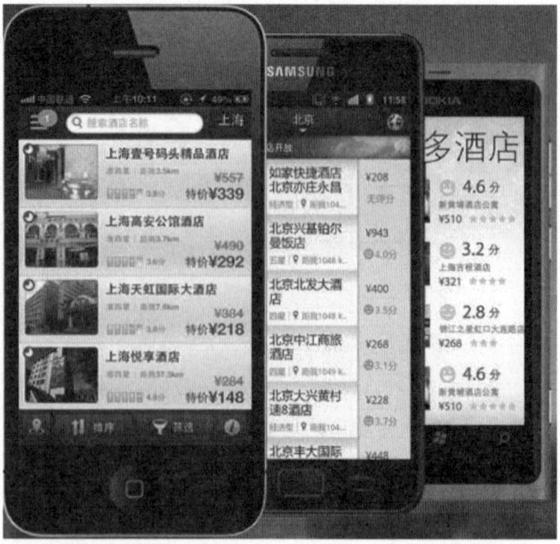

圖5-36　「今夜酒店特價」App 應用

選擇飯店列表欄目，頂端最醒目的是一個倒計時計時器，告訴用戶距離晚上六點的預訂時間。為什麼是六點呢？因為經常入住飯店的人都知道，預訂的飯店通常會被保留到晚上六點，而六點之後仍未入住，則被視為預訂失效。這也就意味著，飯店在這個時間段後將產生一定量的剩餘「庫存」。創始人任鑫和他的團隊正是看到了這塊商機，決定開發「今夜酒店特價」的應用，搭建一個尾房銷售平台。對於這一新模式，任鑫將其定位為：飯店業的奧特萊斯（OUTLET）。

任鑫表示，每晚六點，飯店會檢查自己的空房數量，同時減去六點後到店的需求量，然後就可以將剩餘的庫存放在「今夜酒店特價」平台上，以平時二折到七折的價格進行售賣。比如，一家四星級飯店平時的房價是五百九十九元，到晚上發現空房太多，就會以一間兩百元的價格提供一定數量的房間給「今夜酒店特價」。

在整個銷售過程中，「今夜酒店特價」和奧特萊斯走了一條完全一樣的路線：一方面，通過超低折扣價格吸引注重性價比的顧客，從而銷售掉飯店的庫存；另一方面，則用通路（只能通過智慧手機行動應用程式預訂）、時間（只能在晚上六點以後預訂）和商品（大部分飯店只能預定一晚）來增加限制，以區隔用戶，從而保護飯店的正常銷售不受影響。

專家提醒

藉由這種「限制性通路＋限制性商品」的搭配，既保護了上游商家的正常銷售，也讓自己實現了利益最大化。

案例解析：本案例中的「今夜酒店特價」是一個典型的行動網路App的應用，但又不是普通的行動應用程式，準確的定義應該是O2O應用App。

行動應用程式的兩頭分別聯繫著飯店和普通的消費者，飯店把當天晚上六點鐘還賣不掉的剩房便宜出售給O2O線上平台（即「今夜酒店特價」），O2O線上平台再以正常預訂價格二到七折的實惠價格賣給消費者。另外，從現金流上來看，手機支付現金流在O2O線上平台自己手上，因此沒有賬期的壓力，營運成本也比較低。

在這樣的O2O模式中，飯店消化了本來會浪費掉的庫存，消費者得到了高性價比的房間，「今夜酒店特價」線上平台則從中賺取差價或佣金，最終實現三方共贏。

類似「今夜酒店特價」App應用等模式大都是一種輕型O2O模式，因此創業企業不能只做一個局限於媒介功能的線上平台，還是要建立自己的銷售團隊，掌握線下資源，這樣才能形成自己的核心競爭力。

✣各美其美，O2O其他行業

在零售、住宿、服裝等傳統行業緊密佈局O2O的時候，許多其他行業也緊跟時代的步伐，認真探尋符合自身發展的轉型道路。無論是家政服務，還是影視娛樂行業，面對市場的巨大變化，為謀求進一步的發展，都不得不打破束縛，踏上O2O模式的轉型道路。

❖O2O助陣95081家政服務

「95081」家庭服務中心隸屬於北京易盟天地信息技術有限公司，主要是為家庭客戶提供公共便民服務、家庭服務預訂、家庭資訊服務、居家養老服務等家政服務，如**圖5-37**所示。

二〇一四年三月二十二日，淘寶網與〈95081家庭服務中心合作，舉辦「生活家，就是愛輕鬆」小時工

圖5-37 95081家庭服務

兩小時服務活動。活動中每小時小時工服務費十八元，每十個成功交易的訂單將有一單免費服務。

藉助本次活動，淘寶繼續延續生活服務領域的開疆拓土，其生活服務支付場景得到擴充，由此獲取的用戶行為數據，將進一步充實其阿里雲的大數據積累。而95081家庭服務中心將在活動中促進其用戶消費，同時品牌得以推廣與傳播。

✧線上切入，線下服務

活動由線上淘寶平台開始，活動頁面將對接到95081家庭服務中心淘寶店（95081呼叫中心、微信公眾號等其他線上平台將聯動配合），完成線上的服務交易環節，線下的服務則由95081家庭服務中心全權負責。

專家提醒

以上這種合作方式，是典型的家政服務O2O模式。用戶線上下單，完成支付，線下享受服務，最後再回到線上完成交易並評價。從線上到線下，最終回到線上，形成完整的訊息反饋機制。

✧做好活動用戶沉澱

對於淘寶，活動過後可能就是商家維護。對於95081家庭服務中心，需要維護的除了與之合作的淘寶平台，活動用戶同樣非常關鍵，重點集中在以下三點。

首先，讓優質服務佔領活動用戶的心。在服務中，95081家庭服務中心盡可能引導用戶去發現品牌優質的服務水準，享受良好的用戶體驗，增加二次消費的可能性，甚至讓用戶去建立和傳播品牌口碑。

此外，為了避免活動時訂單爆發式增長導致服務水準的波動，前期做好充分的應急準備至關重要，活動中的服務好壞將直接關係品牌的形象。

其次，聚集活動用戶培養黏性。通過互動平台，向用戶推送有價值的訊息，做好互動交流，同時及時接收用戶的反饋意見，以此培養用戶黏性。

最後，提高重複使用率。重複使用率的提高能讓公司以相同的成本獲取更高的利潤。這方面形式較多，比如可以基於前期消費，發放二次消費時可以使用的優惠券，促使用戶進行二次消費；或者通過CRM系統，將用戶納入會員體系，每次消費形成相應的會員積分，積分帶來的服務優惠同樣可以提高用戶的重複使用率。

❖時尚手機KTV佈局O2O

近日，知名的「唱吧」進軍O2O，從虛擬的手機KTV應用向實體KTV商家轉變，通過投資併購的方式，創立一個基於唱吧應用的KTV品牌。業界人士分析，唱吧的這一舉措，很有可能徹底改變傳統KTV的行銷模式。

唱吧是一款安裝於手機上的行動應用程式，相當於一個虛擬的KTV，用戶可以通過手機麥克風或者耳機等聲音錄製工具進行聲音的實時錄製以及播放，而在同時，唱吧可以將用戶即時演唱的內容向虛擬KTV包廂內的其他用戶播放，就好像在真正的KTV包廂唱歌一樣。

據唱吧向外公佈的資料，唱吧總共擁有一億五千萬的註冊用戶，日均五百萬活躍用戶，這個數據比目前中國任何一個實體KTV品牌都要多得多。從邏輯上說，唱吧可能是中國最大的「KTV連鎖」之一，如圖5-38所示。

圖5-38 唱吧應用

案例解析：唱吧進軍O2O市場的方式很簡單，就是「鋪天蓋地」地開KTV，比如五年之內要在中國開兩千家唱吧KTV，而每家店的規模基本不大，都只擁有二十多間房，價錢要比其他的KTV便宜，不會給人壓迫感。

而唱吧KTV的主要盈利模式，就是O2O的精髓：從線上到線下。唱吧是一款虛擬的手機軟體，而唱吧KTV卻將是一家實體KTV品牌。用戶在唱吧KTV裡唱，其他用戶在唱吧客戶端上聽，如果覺得唱得好，送上一瓶虛擬的酒當作鼓勵，而唱吧KTV的服務生在接收到客戶端的訊息之後，馬上可以向用戶送上一瓶真正的酒，而這瓶酒的廠商就需要支付這瓶酒的廣告費以及銷售提成，如圖5-39所示。

這種行銷模式，對現在的KTV來說，無疑是一種顛覆性的，唱吧輕易地實現了從線上到線下的完美轉換。有業內人員分析，唱吧的

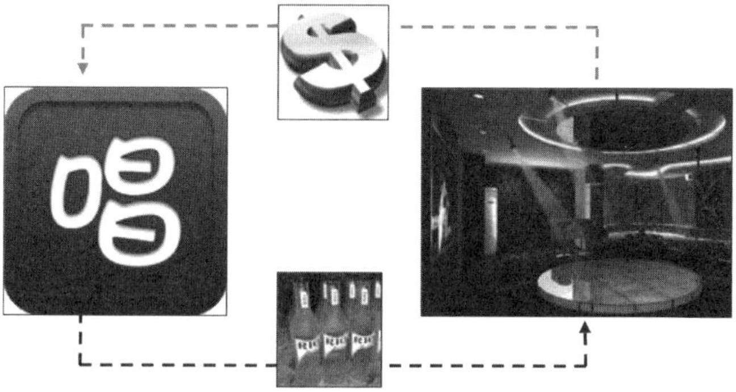

圖5-39 線上唱吧與線下唱吧KTV

這種銷售模式，跟中國目前某些飯店類似，經濟實用才是最重要的。

專家提醒

唱吧這種營運方式，盈利模式將會更加多種多樣。這類將線上線下結合起來的經營模式增加了在KTV唱歌的趣味性和社交性，也讓線上KTV不再單調，變得更加貼近真實生活。

❖ 中國銀聯O2O完美互動

近日，中國銀聯喊出了「線上銀聯」的口號，相繼上線了銀聯網上商城、第三方支付平台Chinapay，初步建立了網上業務的生態圈。同時，近年來銀聯對自身資源也採取開放的態度，「盒子支付」、「摩卡返利網」等項目背後都能看到中國銀聯的身影。

✧ 銀聯中國獎勵項目

二〇一三年十月十八日，「中國獎勵統一積分計劃」正式進入市場。中國銀聯獎勵計劃是銀聯打通自身線上平台和線下資源的重要O2O模式產品，如**圖5-40**所示。銀聯中國獎勵瞄準了所有銀行卡號六二開頭的銀聯標準卡，涉及的持卡人多達三億。持卡人只需在加盟商戶的門市刷卡，即可自動獲得商家給予的積分或優惠，所獲得的都是統一的、通用的中國獎勵積分。

圖5-40　中國獎勵的標識

專家提醒

銀聯商務行銷聯盟是一個O2O業務模式的開放型受理服務平台，為各類電子商務行銷平台提供基於POS終端的交易及服務撮合、驗證通路，為消費者提供多種支付工具選擇，為商戶提供統一支付清算的閉環解決方案。

✧發佈「銀聯錢包」

二○一三年七月十二日，中國銀聯發佈「銀聯錢包」App，首次測試建設線上到線下的開放型銀行卡增值服務O2O平台，如**圖5-41**所示。

「銀聯錢包」的模式為：持卡人通過登錄「銀聯錢包」網站或下載手機客戶端，完成銀聯卡關聯並下載優惠訊息，刷卡消費時即可同步享受優惠權益。例如，參加各種商戶優惠折扣、消費積分、電子票券、專題活動等個性化增值服務。

據悉，這一平台更像是一個團購網站的「升級版」，結合線上商戶優惠等訊息，但不同的是，「銀聯錢包」是基於傳統銀聯卡的線下支付方式，而不是網路線上支付的方式。

案例解析：在本案例中，銀聯中國獎勵是中國第一個真正意義上「大積分+O2O」概念的產品，打通線上線下，跨平台跨

圖5-41 「銀聯錢包」App 介面

積分，依託現有的海量用戶和銀聯的可靠品牌，相信能夠積累一定的用戶。

另外，「銀聯錢包」這種個性化的增值服務，也實現了線上線下刷卡消費協同互動。隨著支付方式的不斷創新，持卡人的消費行為和支付習慣正在發生改變。「銀聯錢包」為銀行、商戶和專業化服務機構提供開放式平台，可以支持銀行為持卡人提供差異化的服務，降低持卡人的支付成本、優化支付體驗，幫助商戶實現行銷訊息的精準送達。

基於O2O模式的行動金融產業，其核心價值應該體現在提供滿足資訊管理和處理等需求的服務，並通過增值服務為商戶帶來收益，這樣才能形成可持續的營運模式。

❖格瓦拉借力O2O打造新體驗

知道「格瓦拉」的人大多把格瓦拉概括為一個詞——「賣電影票的」。電影票務是格瓦拉最核心的業務，不管是從用戶量（一千五百萬用戶）、可線上選座的電影院數（一百二十七家），還是銷售量（佔線上選座百分之七十五的份額，二〇一三年銷售額為八億元，二〇一四年突破十五億元）來看，在電影票務這個細分領域裡，格瓦拉可以說是一家獨大。

格瓦拉在一些專家和企業家們還在概念層面研討O2O是什麼、怎樣實踐O2O模式的時候就已經開始默默地轉戰O2O了。格瓦拉於二〇一〇年開始進軍網上售票行業的，除了它之外，還有「時光網」和「豆瓣」等專業力量也在這個時候開始轉換了戰場。所以說，在二〇一〇年，我們就可以在線上購買電影票，然後再拿到線下去消費了，而那個時候甚至還沒有O2O這個概念。

現在的格瓦拉可以說是O2O項目中很有代表性的一個，從電影票務開始，衍生出與看電影相關的一條服務鏈，打造了完美的O2O閉環。

格瓦拉的O2O發展戰略佈局主要在電影、演出、運動三大業務區塊中。在它的每一個區塊，格瓦拉都選擇了不同的服務策略，以票務為主的是電影和演出這兩大類，而運動領域則計劃包括購買會員卡、場地預定和購買培訓三類，如圖5-42所示。

格瓦拉最為看中的是電影票務區塊，它應用O2O模式優先發展電影服務業，打造了O2O娛樂服務鏈的閉環。在圖5-42的行動票務區塊我們可以看到，「獲取訊息—選座購票—入場看電影—評價」這一新體系已經成為格瓦拉票務業著力打造的新型O2O模式。

目前，格瓦拉已經在行動票務的發展上基於新體系開發了三個針對用戶的產品，分別是網站、行動端和取票機。用戶可以分別從網站和行動端獲取諮詢和購買電影票，當在取票機上完成取票動作後還可以再回到網站和行動端進行評價，如圖5-43所示。

案例解析：在格瓦拉的這個閉環中，電影院成了一個單純的放映廳，在整個環節中所扮演的角色被大幅度弱化，而其他放映之外的多重服務被格瓦拉視為重中之重。格瓦拉包辦了放映之外的所有服務，讓顧客在服務的每一個階段都能受格瓦拉O2O閉環模式的影響，從而擁有全新的體驗。由此可見，格瓦拉不僅僅是一個票務網站，還是一個以「線上選座」為核心的解決方案。

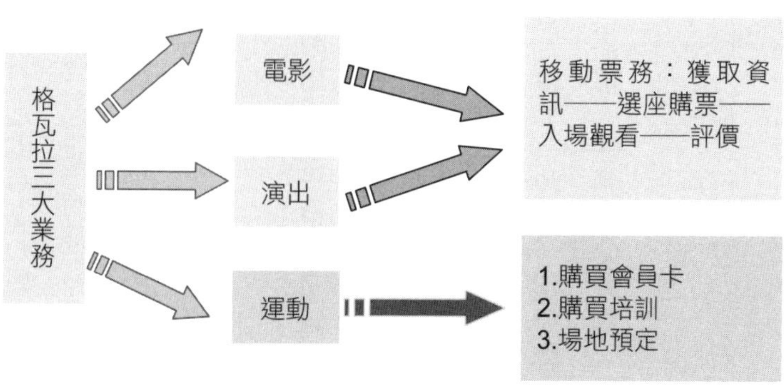

圖5-42 格瓦拉三大業務區塊

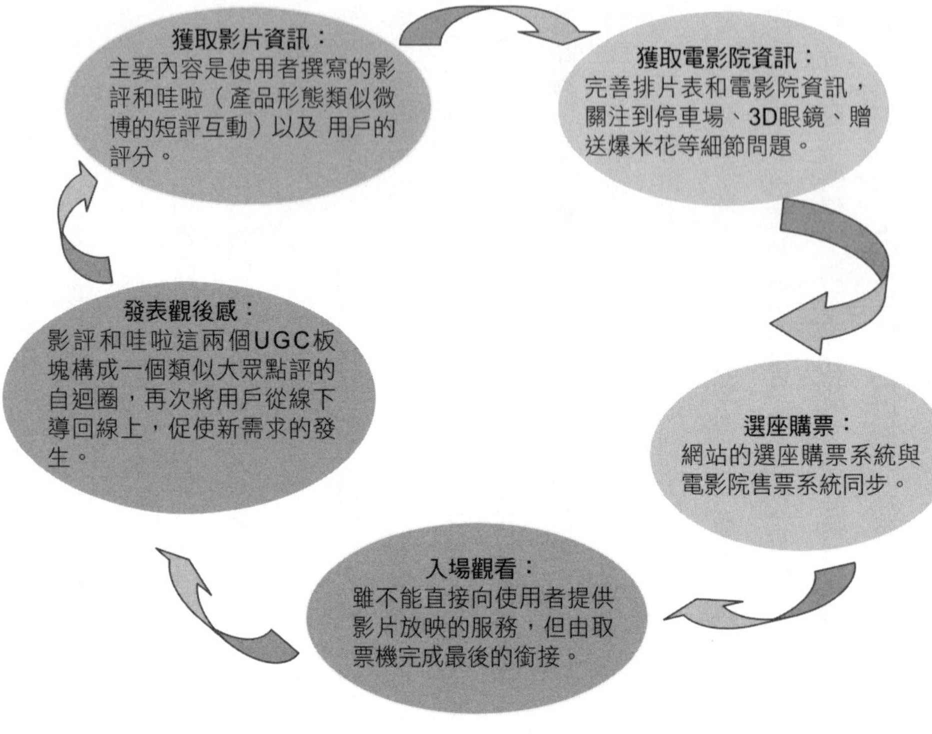
獲取影片資訊：
主要內容是使用者撰寫的影評和哇啦（產品形態類似微博的短評互動）以及 用戶的評分。
獲取電影院資訊：
完善排片表和電影院資訊，關注到停車場、3D眼鏡、贈送爆米花等細節問題。
選座購票：
網站的選座購票系統與電影院售票系統同步。
入場觀看：
雖不能直接向使用者提供影片放映的服務，但由取票機完成最後的銜接。
發表觀後感：
影評和哇啦這兩個UGC板塊構成一個類似大眾點評的自迴圈，再次將用戶從線下導回線上，促使新需求的發生。

圖5-43 格瓦拉O2O完美閉環

格瓦拉當前打造的O2O娛樂服務鏈閉環，已經超越了簡單的電影票銷售層面，它不僅在不斷地網聚大量的寶貴客戶資源，而且還逐步計劃著拉近與電影院的關係。

◆格瓦拉的拓展團隊會與電影院團隊一起開發電影院特色與周邊資源，讓電影院的訊息能夠更容易被消費者獲知。

◆消費者通過格瓦拉網站可以參與電影大片的預售、參加首映會，還能與明星面對面，這些都讓人感到十分欣喜，並獲得了消費者的一致好評。

◆每逢節日，格瓦拉會協同愛看電影的粉絲一起在電影院陣地舉辦活動，這些活動不僅烘托了電影院的現場氣氛，而且還對電影院前期的發展提供了關注度。

由此可見，格瓦拉不僅創新了線上、線下的體驗模式，而且還真正把「2」的作用落到了實處，在整個O2O閉環的過程中，格瓦拉在打造線上售票、評論環節的同時，還採取措施逐步拉近了消費者與電影院的距離，這樣的做法讓「2」的作用被挖掘出來，使格瓦拉的閉環體驗變得更加有效。

6

深度解讀，詳述O2O營運戰略

學前提示

如今，O2O戰場正處於烽火硝煙的時刻，傳統的線下與網路行業要想在戰局中取得勝利，必須構建O2O思維，不斷實踐，加快O2O戰略佈局的步伐，將碎片化流量和個性化內容，相互進行投射行為，找到自己顛覆O2O的正確道路。

要點展示

- ◆開闊眼界，O2O思維構建
- ◆勢不可擋，O2O模式實踐
- ◆準確把握，O2O戰略佈局
- ◆進階攻略，O2O行銷啟示

✣開闊眼界，O2O思維構建

O2O無疑是過去一年服裝行業最炙手可熱的關鍵詞之一，無論哪家企業在談到未來服裝業的發展，都一定會談到電子商務、大數據、行動網路等一系列與O2O有關的話題。

O2O確實很熱門，但要營運好這個模式，遠不止喊口號那樣簡單，對於O2O模式，無論是線上還是線下的佈局，都需要商家逐步構建思維，精心策劃，用最適合企業發展的O2O戰略佈局經營。

❖ O2O產品的設計要求

線上線下互動的商務邏輯是O2O產品設計的關鍵，除了這個關鍵外，一個可營運的O2O產品設計還包含操作體驗、管理監控、客服運維和資訊服務這幾個最基本的要求，如**圖6-1**所示。

所有的O2O類產品，其核心設計理念都是把傳統行業當中，原本需要人力完成但是可以被替代或簡化的部分，與傳統行業中，原本在線下部分運作的、抽象的工作流程，採用資訊化的手段，替換為線上的、可見的、可被操作的具體功能。而完成這些流程需要做到以下幾點。

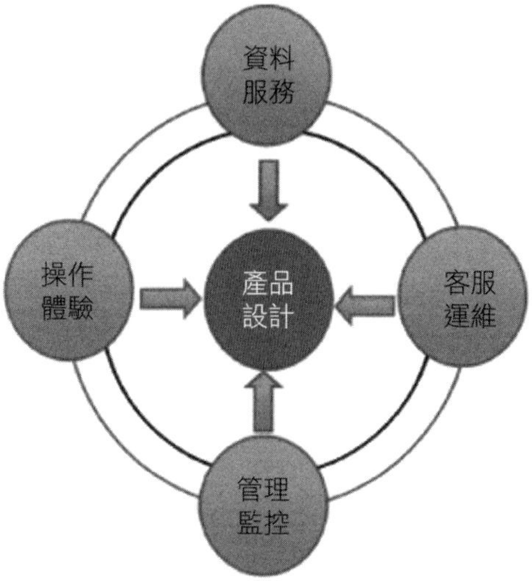

圖6-1 O2O產品設計要求

✧線上傳達訊息真實可靠

如何在線上站點的使用過程中將真實的資訊傳達給用戶，例如，提供真實、可靠的服務，解決誠信問題。可以嘗試以下兩種方法。

◆提供跟線下商務近乎一樣的使用場景，包括操作習慣、使用流程、場景視覺的貼近設計等。

◆提供用戶反饋功能。用戶使用後最真實的感受，可以通過文字、實地拍攝的照片和視頻、語音等反饋給線上平台，如圖6-2所示。

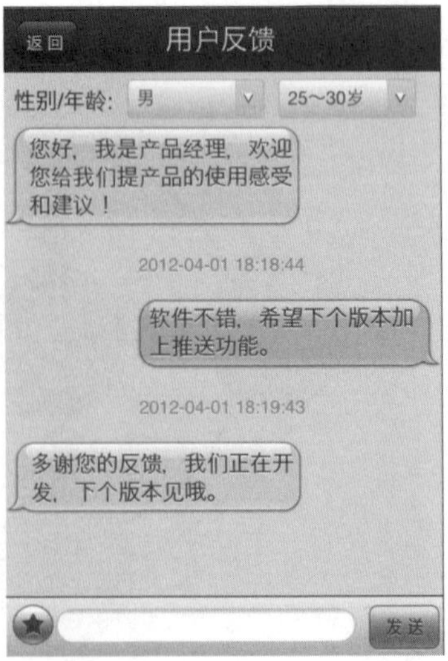

圖6-2 用戶反饋功能

網路優勢的充分利用

把握網路的優勢，分析用戶購買的行為心理，發掘和突出O2O產品或服務的賣點也是O2O行銷的要求之一。

線下商務就算是擁有再多的分店和加盟店，它所覆蓋的「面」，仍然是無法與線上相比擬，這將與單一地點的傳統線下商務行銷方式拉開距離。因此，O2O行銷者可以嘗試以下兩種設計方法。

◆產品設計要表現出其跨地域距離的優勢，如用戶對異地城市服務的需求（例如旅遊、訂飯店等）。

◆表現出同時可預訂多個服務地點的設計，如傳統的線下商務，用戶同一時間只可以到一個線下實體店，在網路可同時對各地的服務提供商下單，常用的呈現方式有地圖應用、LBS推薦、產品捆綁介紹和推薦等，如圖6-3所示。

✧ 產品的選擇與支付便利

體現服務產品線上選擇和支付的便利性，這點將會是線上網點與線下商務的根本區別與優勢所在，也會是整個O2O平台流程核心的體現。如圖6-4所示為羊城7-11聯合微信打造的便利支付平台。

商家首先必須明確O2O產品在線上線下都應該是同樣的，網上平台只是為它提供了網上銷售的途徑，讓更多的網路用戶獲知和選擇。在一般網上交易流程裡，通常是服務產品的介紹、收件地址的填寫以及支付方式，行銷者要做的工作就是捉住這關鍵的三步，減少不必要的頁面流程，保證支付管道提供的多樣性和穩定性，給用戶更好的體驗，盡可能減少用戶在操作過程中的流失，結合之前提到的真實性，貫穿整個流程去設計。

✧ 大數據分析產品設計有效性

行銷者可以隨時利用數據分析與監測O2O產品設計是否合理有效。在O2O產品的設計之初，即可通過網路或實地調查的方式接收數據，幫助產品服務的定價，幫助分析

圖6-3 LBS推薦周邊熱門商店

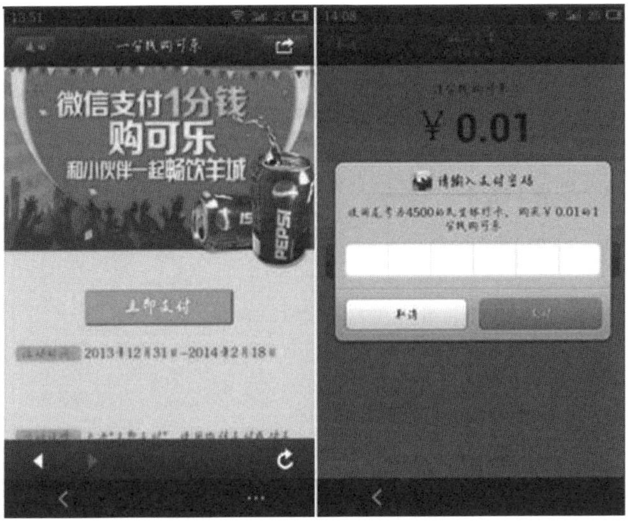

圖6-4 O2O便利支付平台

用戶群和接受程度。

不論從商務上還是設計上，這些資料都會非常有價值，是監測優化O2O產品的依據。比如，在O2O產品監測量化方面，可以關注UV（Unique Visitor，獨立訪客），以及從線上首頁進入流程到完成每步的數據曲線、訂單數、支付率、轉化率，監測各服務產品的被訂購數據，各功能模組的使用情況數據等。如圖6-5所示為零售市場UV數據。

✧不定期回訪追蹤服務用戶

通過追蹤服務用戶，階段性進行快速的可用性測試，為O2O產品的迭代優化提供更客觀的依據。

當產品上線後，使用產品服務的訂購用戶將是企業可以深入研究的目標對象，可以通過不定期的電話訪談、調查問卷、約見專家用戶來做迭代優化後O2O產品的可用性測試。在O2O項目的不同階段，企業都需要做好這個工作。

❖O2O產品的常見類型

縱觀整個行業，各種O2O產品不斷湧現，最開始是大眾點評網、口碑網，還有團購網，後來提出O2O概念後，O2O整個行業開始熱起來，出現了淘寶本地生活、QQ美食、丁丁、切客優惠、百度身邊、愛出發等O2O產品。總的分析來說，O2O產品的常見

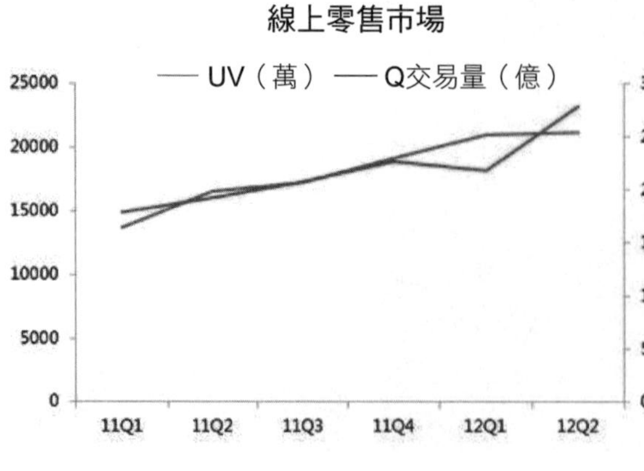

圖6-5 零售市場UV數據

類型有四種，分別是入口型、平台型、垂直型和當地社群媒體型，如圖6-6所示。

從這四種產品類型的分析來看，O2O產品的共同點就是能滿足本地用戶以及商家的需求，並且能讓用戶與商家建立起緊密的聯繫。

對於O2O產品來說，它要顛覆的並不是商家本身，而是商家的某一個低效率環節，它的出現能減少用戶與商家之間的資訊不對稱，讓用戶能更快地知道產品資訊，讓商家可以縮短靠自然增長帶來新用戶的時間。

由於O2O產品能給商家和用戶帶來很多好處，它逐步被大眾所接受，目前已經成了電子商務中的重要產品。作為行動網路下的產物O2O，它必須滿足以下四種特性，才能被商家和用戶看好，如圖6-7所示。

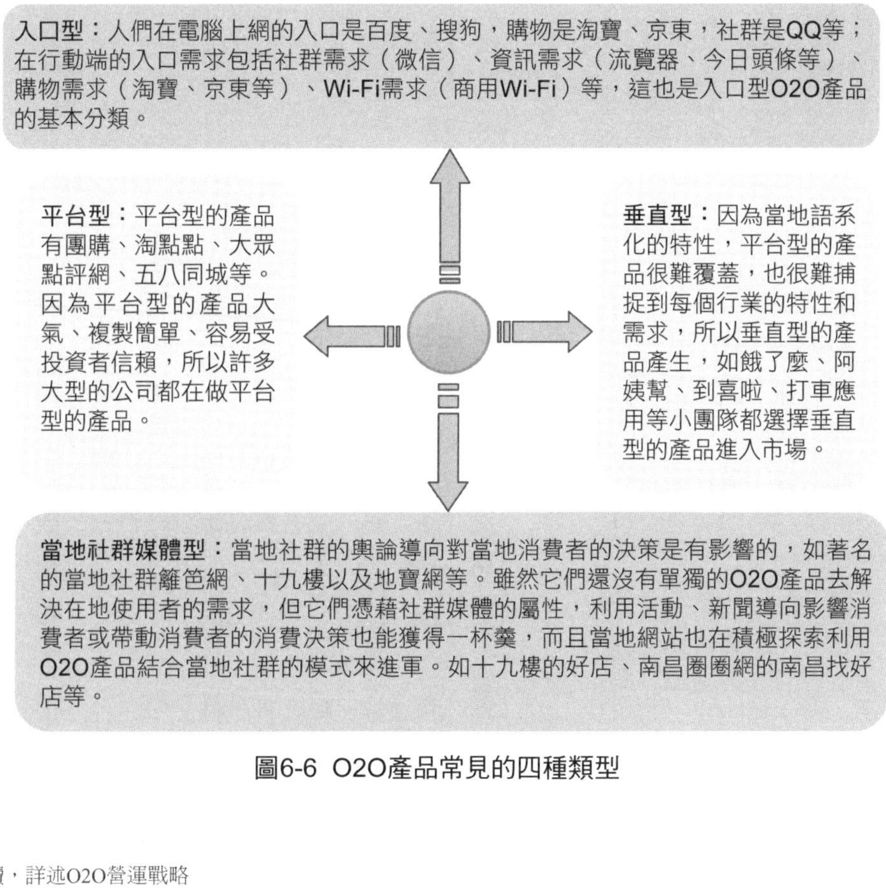

入口型：人們在電腦上網的入口是百度、搜狗，購物是淘寶、京東，社群是QQ等；在行動端的入口需求包括社群需求（微信）、資訊需求（流覽器、今日頭條等）、購物需求（淘寶、京東等）、Wi-Fi需求（商用Wi-Fi）等，這也是入口型O2O產品的基本分類。
平台型：平台型的產品有團購、淘點點、大眾點評網、五八同城等。因為平台型的產品大氣、複製簡單、容易受投資者信賴，所以許多大型的公司都在做平台型的產品。
垂直型：因為當地語系化的特性，平台型的產品很難覆蓋，也很難捕捉到每個行業的特性和需求，所以垂直型的產品產生，如餓了麼、阿姨幫、到喜啦、打車應用等小團隊都選擇垂直型的產品進入市場。
當地社群媒體型：當地社群的輿論導向對當地消費者的決策是有影響的，如著名的當地社群籬笆網、十九樓以及地寶網等。雖然它們還沒有單獨的O2O產品去解決在地使用者的需求，但它們憑藉社群媒體的屬性，利用活動、新聞導向影響消費者或帶動消費者的消費決策也能獲得一杯羹，而且當地網站也在積極探索利用O2O產品結合當地社群的模式來進軍。如十九樓的好店、南昌圈圈網的南昌找好店等。

圖6-6 O2O產品常見的四種類型

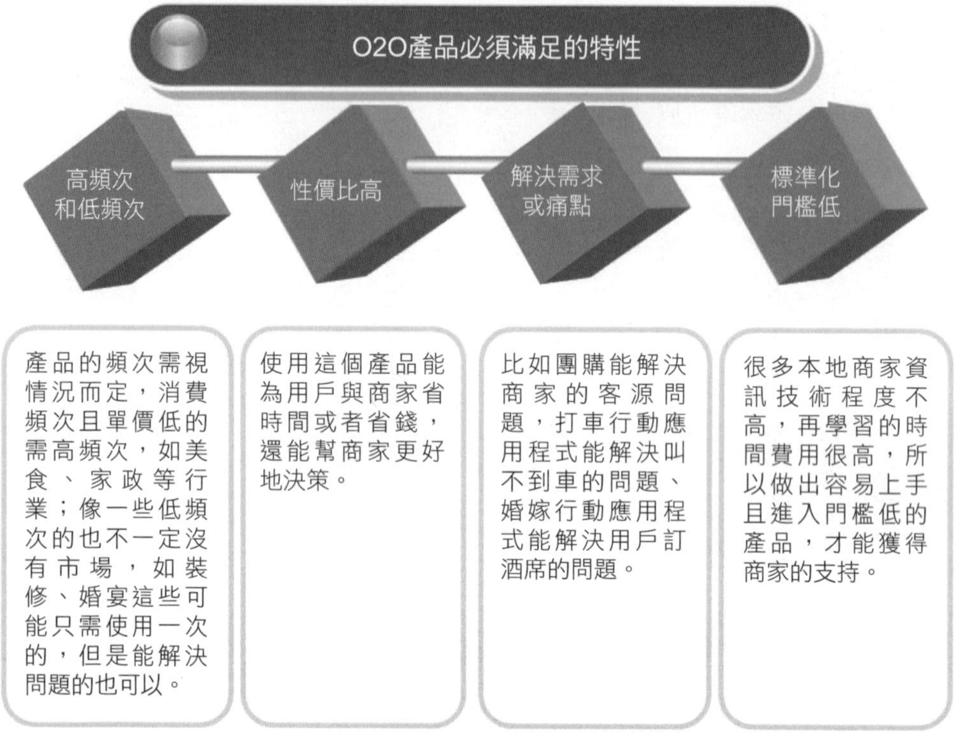

圖6-7 O2O產品必須滿足的特性

❖如何設計O2O產品

產品的設計有時候非常艱難，很多時候，把設計結果展示給商家之前，他們還不知道自己需要的是什麼。

對於O2O產品設計來說也一樣，目前，商家在O2O的實踐中遇到了各種問題，如轉化率太低、成本與收入難以平衡、部分行業的特性使其難以滲透等。當前，如何設計出一款滿意的O2O產品，成了O2O行銷模式發展的重中之重。

✧簡單的O2O互動

對於這個簡單的O2O互動場景，在產品設計中至少需要三個基礎功能，一是定位設計消費者獲取產品的管道；二是線下商戶快速發佈產品內容的方式；三是線上通路能快速瞭解商戶訂單情況，如圖6-8所示。

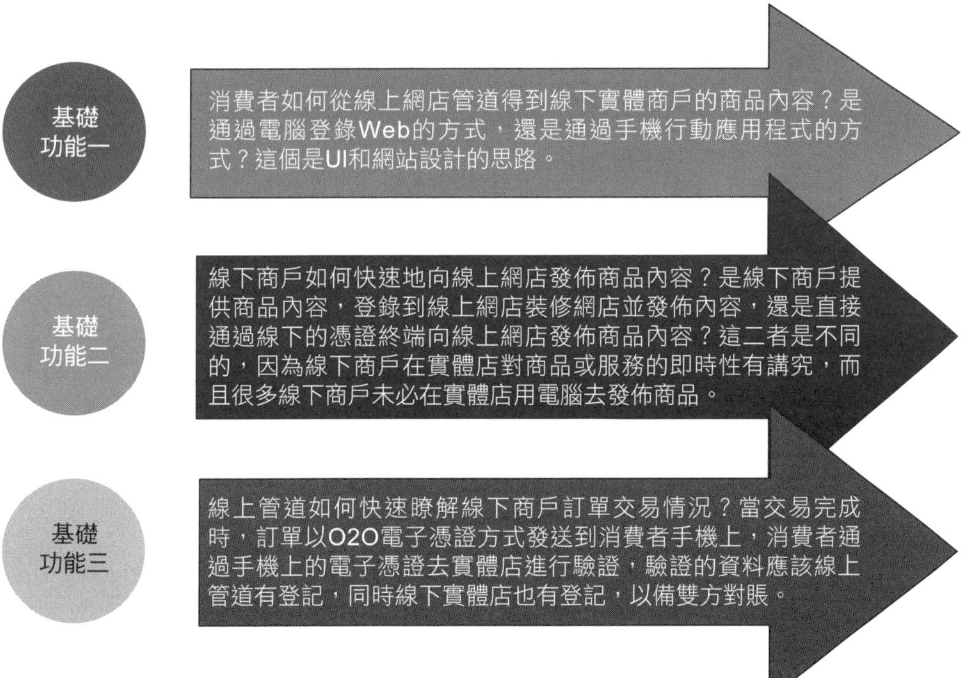
基礎
功能一
消費者如何從線上網店管道得到線下實體商戶的商品內容？是通過電腦登錄Web的方式，還是通過手機行動應用程式的方式？這個是UI和網站設計的思路。
基礎
功能二
線下商戶如何快速地向線上網店發佈商品內容？是線下商戶提供商品內容，登錄到線上網店裝修網店並發佈內容，還是直接通過線下的憑證終端向線上網店發佈商品內容？這二者是不同的，因為線下商戶在實體店對商品或服務的即時性有講究，而且很多線下商戶未必在實體店用電腦去發佈商品。
基礎
功能三
線上管道如何快速瞭解線下商戶訂單交易情況？當交易完成時，訂單以O2O電子憑證方式發送到消費者手機上，消費者通過手機上的電子憑證去實體店進行驗證，驗證的資料應該線上管道有登記，同時線下實體店也有登記，以備雙方對賬。

圖6-8　產品設計需要的三個基礎功能

根據O2O產品設計必須要滿足的三個基礎功能分析得出，一個簡單的O2O互動場景如圖6-9所示。

圖6-9中的流程說明如下。

◆消費者通過電腦或手機在線上網店搜尋商品資訊。這裡的線上網店既是通路商又是內容商。

◆消費者在線上網店中篩選訊息，即通過通路引流到內容（實體商品、服務商品、優惠券或代金券等）的過程，尋找到商品內容完成交易。

◆消費者在線上網店完成商品交易後，得到商品（服務）的電子憑證。

◆消費者到線下實體店驗證電子憑證，享受商品（服務）消費體驗。

✧碎片化O2O互動

由於行動網路的行動和隨時特性，使商

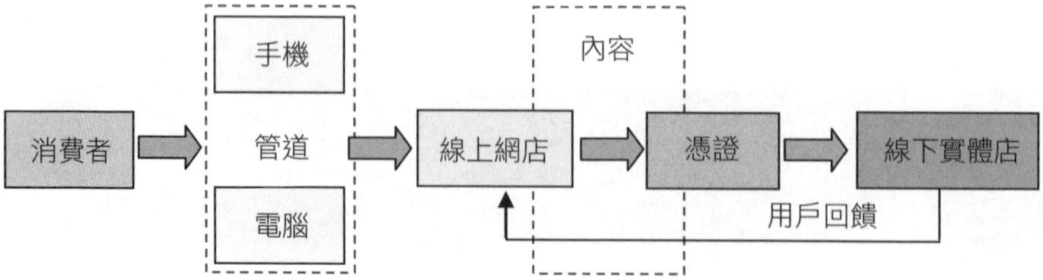

圖6-9　簡單的O2O互動場景

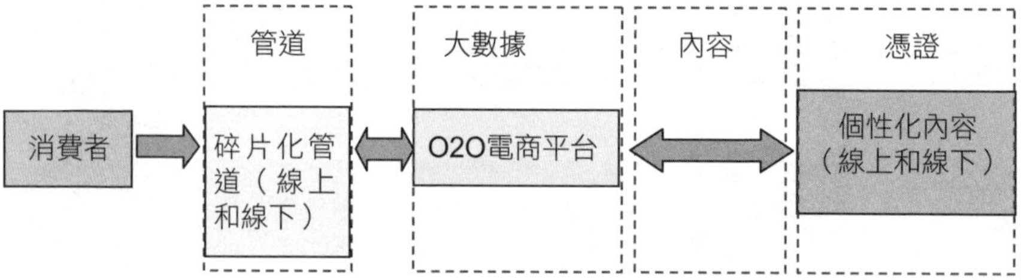

圖6-10　「碎片化通路＋個性化內容」的O2O產品設計

家對於用戶的接觸越來越緊密。但也正是在這種背景下，所有過去的模式或許都面臨著挑戰：一方面通路變得更加多元；而另一方面，用戶習慣也隨著行動網路的推進而改變。O2O的本質是「碎片化通路＋個性化內容」，其產品設計方法如**圖6-10**所示。

◆碎片化通路：智慧手機的出現，使得本來的碎片化通路變得更加「碎片」。用戶體驗已經從電腦時代的「入口」，進入以觸發體驗和行動社群相結合（地理位置）的互動新模式。

專家提醒

比如，基於地理位置的搜尋，搜尋的內容既是訊息也是商品。原來購物是一種場景，現在很多場景都能購物，因為智慧手機觸點變得無處不在。另外，二維碼的出現，使用戶通過手機就可以讓現實世界和虛擬世界發生互動。

◆個性化內容：個性化內容是引用了自媒體裡的「社群」概念。企業的品牌和產品，只要抓住這個社會中的一小部分人，讓這些人成為忠實粉絲，即可讓企業很好地經營下去。

專家提醒

行動網路時代，商家可以把原本投入廣告的資金，直接回饋給用戶，而不是放在廣告上。直接面對用戶後，商家可以更好地管理、經營自己的用戶群體。

❖ O2O行銷思維的構建

現在流行一句話：「思路決定出路。」這句話用在O2O行銷上十分貼切，商家只有真正理解O2O的行銷本質，擁有O2O行銷思路，才可能實施正確的行銷戰略。

什麼是O2O行銷思維？O2O行銷思維就是指企業針對日常工作中所面臨的行銷問題，能夠站在O2O行銷的角度、從O2O行銷的角度出發，運用O2O行銷理論與知識分析問題，並能提出有效的解決方案的思維模式。

行動網路的不斷成熟使得線上和線下擁有有效的連接工具，促使O2O模式得以實現閉環，真正從概念向業態進化。在O2O快速進化的時刻，如何構建O2O行銷思維對企業與商家的轉型至關重要。

對於傳統行業來說，商家在構建O2O營運思維時，必須深入學習O2O產品，並形成對這些產品使用管理方法和培訓資料，同時還需要深入瞭解O2O支撐體系的設計，如**圖6-11**所示。

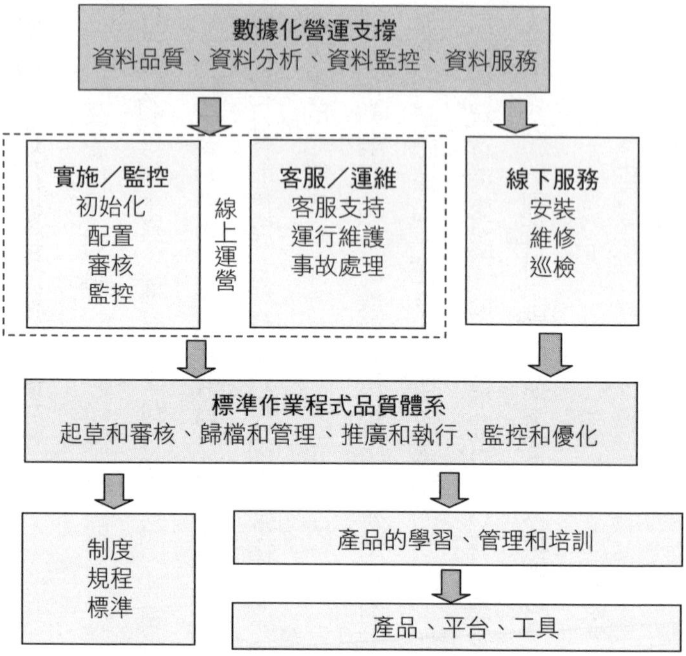
數據化營運支撐
資料品質、資料分析、資料監控、資料服務
實施／監控
初始化
配置
審核
監控
線上運營
客服／運維
客服支持
運行維護
事故處理
線下服務
安裝
維修
巡檢
標準作業程式品質體系
起草和審核、歸檔和管理、推廣和執行、監控和優化
制度
規程
標準
產品的學習、管理和培訓
產品、平台、工具

圖6-11 O2O產品的營運支撐體系設計

✣準確把握，O2O戰略佈局

對於企業和商家來說，僅僅只擁有O2O營運思維與理論知識是遠遠不夠的。如今，O2O戰場正處於烽火硝煙的時刻，傳統的線下與網路行業要想在戰局中取得勝利，必須不斷實踐，加快O2O戰略佈局的步伐，將碎片化流量和個性化內容相互進行投射，找到自己顛覆O2O的正確道路。

❖途牛O2O顛覆傳統旅遊業

「途牛旅游網」是南京途牛科技有限公司旗下的網站，主要通過採集篩選整合旅遊行業資源，如旅行社、航空、飯店、門票、簽證等，為旅遊者提供一站式預訂、一對一管家式服務。

途牛旅游網創立於二〇〇六年十月，當時攜程、藝龍已經是行業內的佼佼者，想要通過複製它們的模式獲得勝利的可能性微乎其微。在這樣的情況下，途牛網開始尋找新的發展道路，結合垂直領域與網路，做起休閒旅遊方向的景點介紹和旅遊攻略社群。如**圖6-12**所示為途牛網線上主頁。

在線上旅遊市場裡，相比飯店機票的預訂服務，專做旅遊線路預訂的很少，玩的人少就意味著機遇。儘管攜程、藝龍等在通路、產品資源等方面的優勢為後來者建立了壯大的競爭壁壘，但途牛網只做旅遊路線並對這一細分市場進行精耕細作，應用網路優勢整合旅遊產業鏈，通過呼叫中心與業務營運體系服務客戶。

✧獲取線上流量

途牛深刻地認識到在行動網路的O2O營運時代，「流量為王」是企業發展的不二法則，為此，途牛開始通過SEO（search engine optimization，搜尋引擎最佳化）、論壇、社群的推廣等各種通路獲取用戶和流量。憑藉不錯的網路線上技術營運手段，剛轉型不到一年的途牛網，已經為合作旅行社帶來了一千萬元以上的預訂額。

✧提升線下體驗

途牛為成功轉戰O2O，提升用戶的線下體驗，將原來的平台模式改成自營模式，嘗試「網路+呼叫中心+落地」的業務模式。也就是說途牛網不再單純當搬運工和旅行社的流量入口，而是採購旅行社產品，賣給消費者，消費者跟途牛簽合同，在遊前、遊中、遊後的整個過程均由途牛提供服務。如圖

圖6-12 途牛的線上主頁

圖6-13 途牛網線下服務產品

6-13所示為途牛網線下服務產品。

途牛在業務上出現了新的突破，它設置了線下服務中心，採取二十四小時客戶服務，為用戶提供了更加全面的線下體驗。如今，途牛網正慢慢向一家真正的線上旅行社發展，它有自己的品牌，可以和用戶直接簽單，給予用戶產品和服務品質的保證。

✧保證服務品質

在服務品質的控制方面，途牛有一套完整有效的管理體系。途牛借鑑服務業的管理經驗，在付款環節方面加以控制，如果旅行社沒有按照相應的標準提供服務，導致用戶體驗下降，途牛會對旅行社有相應的扣款標準。此外，途牛還像實物電商搭建點評體系一樣，搭建了一套用戶點評體系和信譽體系，如圖6-14所示。為了保證用戶的線下體驗品質，體系規定如果產品的好評率低於百分之七十五，將被迫下架。

途牛一直堅持以網路的思維和方式提供旅遊服務，通過線上引流量獲取客戶，然後，再將線上線下相結合，打造一站式O2O服務。途牛的系統已經和供應商系統實現了對接，用戶在途牛網上可以即時

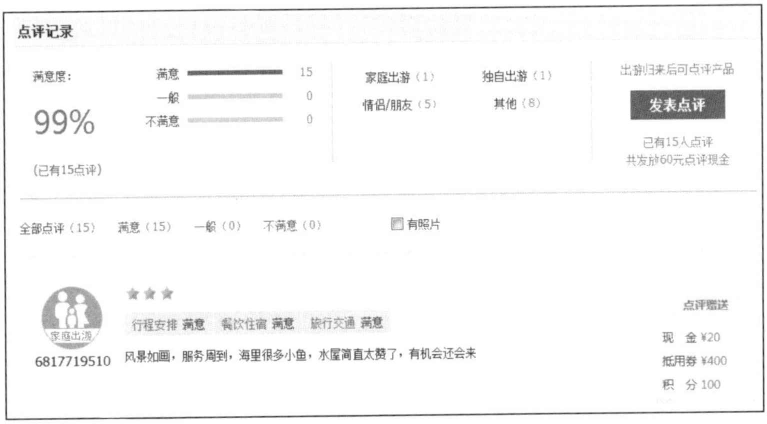
点评记录
满意度：
99%
(已有15点评)
满意 15
一般 0
不满意 0
家庭出游（1）
独自出游（1）
情侣/朋友（5）
其他（8）
出游归来后可点评产品
发表点评
已有15人点评
共发放60元点评现金
全部点评（15） 满意（15） 一般（0） 不满意（0）
有照片
家庭出游
6817719510
行程安排 满意 餐饮住宿 满意 旅行交通 满意
风景如画，服务周到，海里很多小鱼，水屋简直太赞了，有机会还会来
点评赠送
现 金 ¥20
抵用券 ¥400
积 分 100

圖6-14 途牛網點評體系

查詢到供應商的產品狀態、產品特色以及最新的價格訊息，獲得更多的線上體驗。

對途牛來說，它還處在發展的早期，未來不僅面臨著巨大的市場機遇，還不可避免地有著無形的挑戰。它的挑戰是在擴張時，如何為消費者提供更豐富的產品選擇的同時，確保優質和穩定的旅遊服務，並在這個過程中，持續提升自己的品牌知名度。在O2O旅遊行業的激烈市場中，途牛只有打造出高識別度的品牌，才能在旅遊市場傲視群雄。

❖ 寶島眼鏡O2O穿越生死

寶島眼鏡是一九八一年開創的專業眼鏡連鎖經營品牌店，它在歷經三十年的不斷發展後，如今變成為亞洲最大的華人眼鏡連鎖集團，僅在中國大陸的連鎖店就已突破了一千兩百家。

寶島眼鏡提供免費專業驗光和維修服務，確保消費者配戴舒適並享有高性價比的優質產品，它秉持著「用專業的心，做專業的事」的理念，為消費者提供了完美視覺體驗。如圖6-15所示為寶島眼鏡線下門市。

作為中國最大的眼鏡零售企業，寶島眼鏡親歷了中國眼鏡市場的跌宕。如今，在行銷模式不斷創新的時代，電商和行動網路雙重浪潮正瓦解著所有傳統零售企業的堤壩，作為傳統行業的寶島眼鏡，也在

圖6-15 寶島眼鏡線下門市

圖6-16 寶島眼鏡O2O線上發展

行動網路與電子商務的發展下備受衝擊。

在二〇一二年，由於行動網路的快速發展，O2O大勢來襲，寶島眼鏡開始意識到過去那種靠擴張開店「佔山為王」打天下的模式，已走到了盡頭。為了改變傳統線下店面式行銷帶來的困境，寶島眼鏡開始尋求新的發展出路，利用O2O線上線下的行銷模式，打通新市場。如圖6-16所示為寶島眼鏡O2O線上發展。

雖然一些產業觀察者認為需要驗光等一系列線下服務的眼鏡是最不容易遭遇O2O顛覆的產業之一，但寶島眼鏡卻不這樣想，它認為目前網路對眼鏡行業的侵襲已兵臨城下，在市場行銷這個殘酷的競跑遊戲中，只要對O2O稍有猶豫就會被新的行銷市場所秒殺。

因此，為了不被現今的市場所淘汰，寶島眼鏡開啟了新的發展方向，在O2O行銷之初，利用天貓打響了眼鏡行業O2O的第一場戰役。

✧天貓雙十一活動

整個傳統領域裡面有兩種業態，一種叫作賣實物，一種叫作賣體驗，寶島眼鏡比較特別，它既賣實物又賣體驗。在賣實物方面，寶島眼鏡開始與天貓合作，如**圖6-17**所示，它以天貓商城平台為主，利用天貓「雙十一」大促銷活動，展開O2O線上行銷活動。

它投入了一千多家門市參與天貓「雙十一」活動，在此次促銷活動中，為滿足不同消費群體的需求，寶島眼鏡還特別設定了「一百六十八元、三百九十八元、五百九十八元」三檔配鏡套餐，這三檔套餐一經上架就被瘋搶，其中，三百九十八元這檔尤其受消費者青睞，搶購人數最多。

為了此次迎接「雙十一」活動，寶島眼鏡準備了價值超過四千萬元的商品，其中百分之五十為庫存，百分之五十為熱銷款；此外，它還在上海專門設立了倉儲物流中心、配備了一百多人的客服和物流專業團隊，彌補因地域限制造成「雙十一」當天的發貨壓力，更有效地縮短了快遞派送週期。

在寶島眼鏡「雙十一」活動的一個月，它們達到了前所未有的效果，每天達到的平均線上成交率將近一萬筆，其中線上提優惠券、線下消費形式的訂單達四千筆，占比約為百分之四十。這次活動的成功

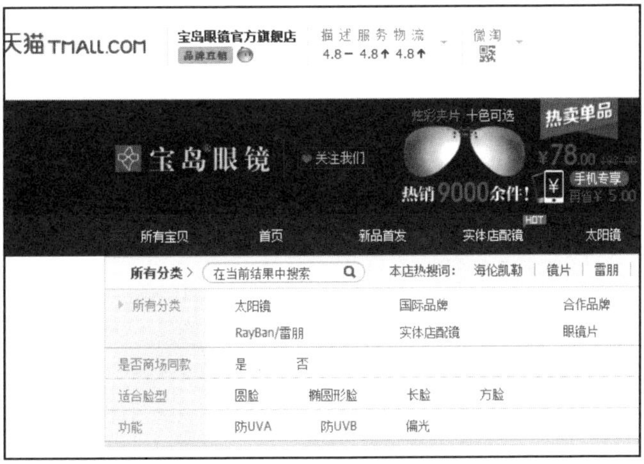

圖6-17 寶島眼鏡與天貓合作

讓寶島眼鏡看到了未來眼鏡行業O2O發展的希望，不過，它在欣喜的同時也感到擔憂，因為網路的遊戲規則是贏家通吃，可能一不留神就會被其他企業所取代。

為了不被迅速地淘汰，寶島眼鏡還在繼續密集地加快行銷流程調整，去投資O2O的發展方向，打通與微信、京東的接口，體驗行動網路的線上多平台行銷。

✧攜手大眾點評網

在O2O實踐中，寶島眼鏡發現大眾點評網提供的服務比較完整，對於消費者來說，可以滿足其查詢、購買、支付、預約、獲得優惠與特權、評價的完整需求；對於商戶來說，不僅能夠給傳統企業帶來網路的巨大流量，還能進行資訊管理、口碑管理，在商戶中心後台進行線上行銷管理、會員管理、溝通CRM以及效果分析和交易管理的一站式需求。如**圖6-18**所示為大眾點評網服務功能。

為了將線上潛在用戶引流到線下，並能夠根據用戶的需求，提供更多的優惠及個性化、訂製化的服務，給予更好的用戶體驗，寶島眼鏡將目光投放在大眾點評網這個多功能平台上，開始與其進行深度合作攻克O2O模式。

本次寶島眼鏡與大眾點評網的合作，一方面是對連鎖零售行業進行O2O的線上和線下深度整合，另一方面也是通過網路對零散的長尾流

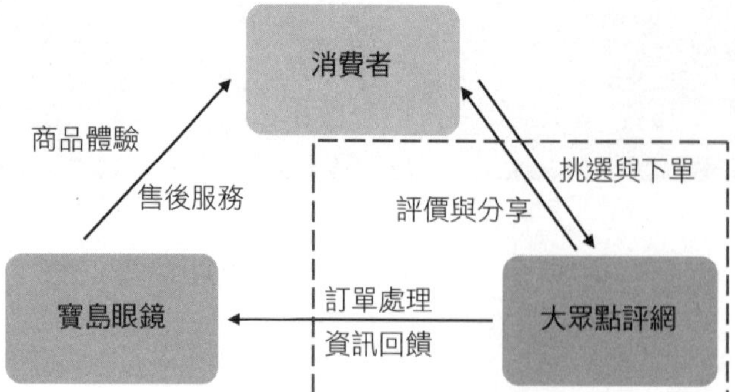

圖6-18 大眾點評網服務功能

量進行有效的整合行銷，也就是所謂的化「零」為「整」。在與大眾點評網的合作中，寶島眼鏡主要強調了以下幾個方面的O2O管理，如圖6-19所示。

◆流量資訊管理：首先，作為在地生活消費的主入口，大眾點評網給寶島眼鏡帶來了具有明確消費意願的精準用戶群體。以前，門市是寶島品牌與消費者唯一的接觸地方，而現在，消費者只要通過大眾點評網就可以獲取寶島眼鏡所在的地理位置以及其他與店鋪商品有關的訊息。此外，通過大眾點評網，寶島眼鏡也可以對旗下一千兩百多家門市的資訊進行統一管理，例如在官方相冊展示新品等。

圖6-19 寶島眼鏡在大眾點評網的O2O管理

此外，對於零售連鎖企業，假冒品牌也是一大問題。而通過大眾點評網，寶島眼鏡能通過後台系統排除非寶島體系的虛假店鋪資訊，起到保護寶島眼鏡的連鎖品牌，讓用戶識別正宗寶島品牌，達到幫寶島眼鏡打擊仿冒的目的。

◆線上行銷管理：成本控制是零售連鎖行業的一大命題，通過大眾點評網的一站式行銷方案——包括電子優惠券、團購等，寶島眼鏡不僅可以降低行銷的成本，還可以根據自己所處的經營時期選擇不同的行銷工具，客觀分析行銷的效果。

此外，在大眾點評網，寶島眼鏡門市不僅可以單獨做推廣，還可以和全中國門市聯合進行行銷活動，利用線上平台，極大地簡化了傳統促銷操作方式。

◆口碑管理：做O2O是否成功，更是在於行銷和客戶之間的互動環節，在大眾點評網，每個消費者都可以自由地發表對商戶的評論，分享自己的消費體驗，好則譽之、差則貶之。通過大眾點評網，寶島眼鏡可以對全中國一千兩百多家連鎖門市統一進行口碑管理，時時瞭解各個城市每個單店的服務情況，根據各個單店消費者的消費評價有針對性地優化服務體驗。如**圖6-20**所示為寶島眼鏡在大眾點評網的評價體系。

◆會員管理：如果說團購、電子優惠券可以幫助商戶引來新客戶，那麼，電子會員卡則是商戶吸引新會員、維護老用戶和集中進行會員管理的入口。在大眾點評網的商戶中心後台，電子會員卡記錄所有門市用戶的消費金額、頻率、偏好，用戶的生日、節日等訊息，讓商戶能更好地瞭解用戶，針對性地對不同城市、不同門市、不同消費者提供更個性化的服務和精準的行銷活動。如**圖6-21**所示為寶島眼鏡大眾點評網會員卡。

對於寶島眼鏡原有的CRM系統，大眾點評電子會員卡可以進行無縫對接，寶島眼鏡無須做CRM系統和終端設備的改造，就可導入原有實體會員卡會員資訊，而寶島眼鏡會員通過會員卡可以即時看到自己的積分、消費權益和活動內容。大眾點評網對寶島眼鏡的會員管理，使寶島眼鏡的O2O營運效率大大提升。

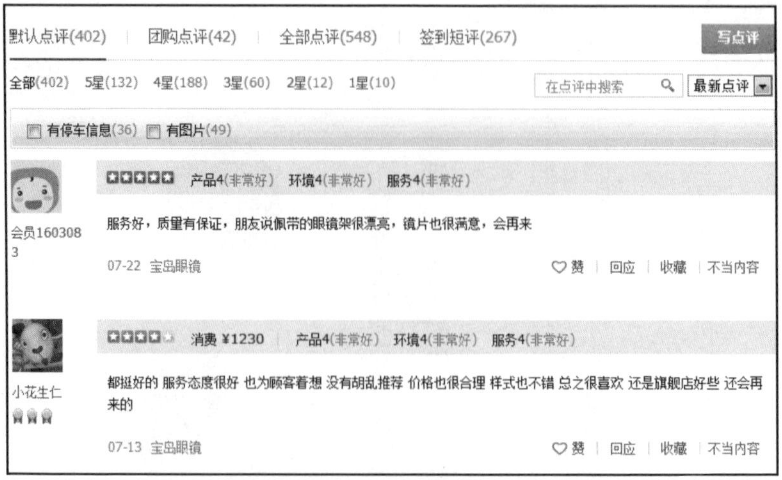

圖6-20 寶島眼鏡在大眾點評網的評價體系

圖6-21　寶島眼鏡大眾點評網會員卡

◆交易管理：大眾點評網在與騰訊達成戰略合作之後，除了佔住了微信上在地生活服務類目的獨家入口，還真正地完成了消費閉環，即消費者可以完成線上搜尋、購買、支付、評價、線下消費體驗的完整流程。由於大眾點評網實現了O2O的閉環，寶島眼鏡可以在其平台完整地進行獲取用戶、行銷、交易、行銷效果的數據化分析、口碑管理的一站式服務活動。這樣一整套服務和體驗下，寶島眼鏡O2O零售連鎖業態將提升到一個新的階段。

作為一家傳統零售企業，寶島眼鏡並沒有「網路基因」，但隨著市場環境和用戶消費習慣的變化，寶島眼鏡意識到眼鏡零售行業必須經過網路的「進化」，它利用天貓與大眾點評網等平台，成功地實現了傳統零售行業的O2O轉型。

❖美邦的O2O「雙線」結合

在服裝行業公認O2O做得比較領先的是美邦服飾，美邦電商起步較早，二〇〇九年年末就開始搭建電商平台——邦購網，如圖6-22所示。

在O2O剛興起的時候，美邦率先轉戰O2O戰略，到二〇一四年，開始全新開設重慶新華國際店，已實現了諸多別家品牌還停留在概念上的功能。

圖6-22 美邦網線上平台邦購網

美邦的全稱為「美特斯・邦威」，它是上海美特斯邦威服飾股份有限公司於一九九五年自主創立的本土休閒服品牌。作為面向年輕人群的服裝品牌，美邦在O2O的營運中特別注重了目標消費者的需求，它通過快速把握消費者需求，尤其是對從O2O中獲得的大數據進行挖掘，來不斷地修正產品設計與購物體驗設計，使消費者更樂意購買自己的產品。

✧線上服務改造

以「不走尋常路」著稱的美邦服飾在O2O線上行銷方面多有嘗試，美邦先是與微信合作，打造線上微信行銷平台，如圖6-23所示，其後又開始與支付寶攜手，打造線上行動支付平台。

美邦與微信的合作，為用戶提供了一個便利的線上購物平台，提升了用戶的線上服務體驗，而它與支付寶的攜手，不僅改善了用戶購物的支付體驗，還為其帶來了首批支付寶優質消費類用戶。

✧線下體驗升級

做O2O的一個誤區是專攻線上、忽視線下，例如，許多服裝商家普遍認為線下體驗提升除了對試衣間的改造，在其他方面無須做過多的投資。在傳統服裝行業向O2O轉型時，很多商家都忽略了線下體驗的問題，造成了O2O線下經營的短板。美邦卻與這些商家不同，它認為線上雖然便利，線下購物

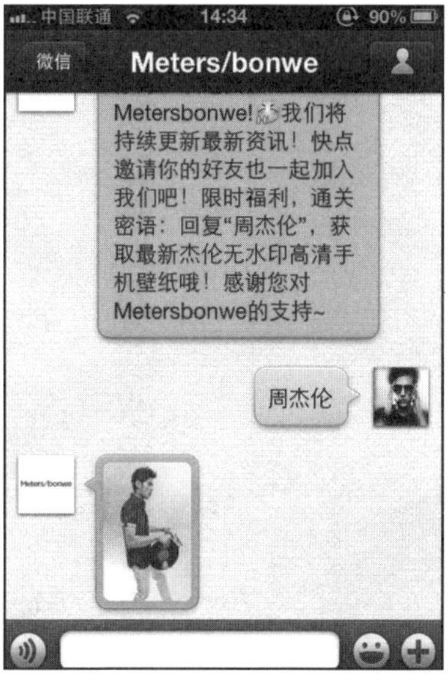

圖6-23 美邦微信線上行銷平台

的社交功能和休閒體驗卻是線上難以媲美的，而且不論是線上還是線下，提升消費者的購物體驗才是終極目標。

自發佈O2O戰略以來，美邦服飾就一直將其與店鋪的升級改造結合在一起，在二〇一三年，美邦陸續推出多家體驗店，店面設計均植入當地文化元素，如廣州的「花房」概念、杭州的「中央車站」風格、成都的「寬窄巷子」元素等，打造情景式購物體驗。美邦店內除了提供多種O2O功能服務外，還都設置了休閒區，提供咖啡和甜點。

除此之外，美邦還在不久前提出了以「生活體驗店＋美邦App」的O2O模式，也推出了六家體驗店。美邦期望通過這些體驗店提供的舒適上網服務將消費者留在體驗店內，店內提供高速的Wi-Fi環境和愜意的咖啡，有大量的公用平板電腦供用戶使用，用戶喝著咖啡登錄美邦App購買商品，可在行動應用程式下單後選擇送貨上門，以此實現線下向線上導流量，如圖6-24所示。

案例解析：所謂生活體驗店模式，是指品牌商在優質

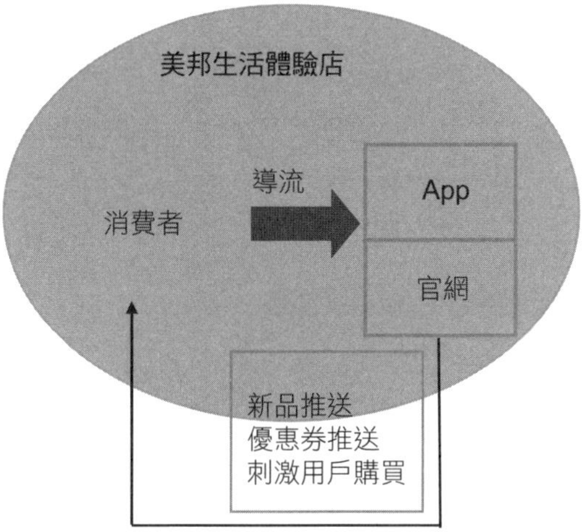

圖6-24 美邦「生活體驗店＋App 」的O2O模式

商圈建立生活體驗店，為到店消費者提供Wi-Fi、平板電腦、咖啡等更便利的生活服務和消費體驗，從而吸引消費者長時間留在店內使用平板電腦或手機上網，登錄和下載品牌自有行動應用程式，以此實現線下用戶向手機行動應用程式的轉化。

生活體驗店模式在服裝零售O2O領域是一個大膽、新穎的嘗試，在這種模式下，門市將不再局限於靜態的線下體驗，不再是簡單的購物場所，而是購物的同時可以愜意地上網和休息，尤其給陪著配偶購物的男人們提供一個愜意的環境來休息，他們無聊的時候可以喝著咖啡上網，瀏覽一下美邦行動應用程式上的商品介紹，或者直接手機下單，快遞到家裡，這會加大美邦App的下載量，為用戶的手機網購使用量和下單量打好用戶基礎。

目前，美邦O2O的具體模式還持續在測試之中，核心是想通過O2O的模式提高門市的零售體驗，同時加強線下向手機行動應用程式的導流，加強用戶的行動應用程式沉澱，為下一步加強行動網購、互動和會員體系做準備。

❖ O2O興起蘇寧改變傳統行銷

對於網購，用戶已經不再陌生，靠低價格、快速的物流，淘寶、京東等電商平台快速崛起，而目前，蘇寧、國美等傳統電商也紛紛推出蘇寧易購與國美等線上交易平台，並開始大力推廣線上支付、線下體驗的O2O模式。如圖6-25所示為蘇寧線上平台。

圖6-25 蘇寧線上平台

✧線上線下融合

蘇寧在二〇一〇年開始自主研發電子商務線上平台——蘇寧易購，它首先在大城市試點，整合線上線下兩大模式，轉型測試O2O。

蘇寧打造了網路門市，與傳統的門市不同，蘇寧的網路門市結合了店面佈局的優勢，以消費者的購物體驗為導向，重視消費者的體驗，將體驗、支付、服務三者融合為一體。

蘇寧網路門市的主要特點是，將網路引進了實體店，在蘇寧的線下商店隨處可以看到O2O的影子——二維碼，消費者在實體店體驗完之後，只要掃一下二維碼就能夠線上購買、支付，如圖6-26所示。

✧O2O購物節

二〇一三年，蘇寧聯合開放平台的商戶舉辦了「蘇寧第一屆O2O購物節」。這一以O2O為主題的狂歡大促銷的目標是讓消費者感受到O2O無界購物帶來的便利，同時，也讓更多的商戶能從線上、線下這兩個平台感受到蘇寧品牌的內涵，加強商家與消費者對蘇寧的黏合度，如圖6-27所示。

蘇寧的這次促銷活動包含家電、3C、百貨、美妝、

圖6-26 蘇寧易購二維碼

圖6-27 蘇寧第一屆O2O購物節

母嬰、食品、圖書等商品，線上線下同步銷售，活動規則與活動力度保持一致，如蘇寧的優惠券——雲券，在線上線下都可以使用。

✧附近蘇寧

「附近蘇寧」是蘇寧易購打通線上線下，快速發展O2O的重要戰局，它順應了蘇寧易購滿足消費需求的發展目標，運用O2O模式與行動定位服務系統的創新，讓消費者更加瞭解蘇寧的產品，促使銷售額增長。如圖6-28所示為「附近蘇寧」的功能。

圖6-28 「附近蘇寧」的功能

案例解析：蘇寧O2O線上線下的融合滿足了如今消費者的購物需求，它通過覆蓋用戶的所有消費管道，提供全品類產品，做全零售行銷，進行規模經濟加規範經濟，不僅顛覆了其本身的行銷模式，也顛覆了整個零售行業的行銷模式。

二○一三年，蘇寧還在實體門市採取虛擬出樣的方式，增強品類的豐富度，提升了消費者購物體驗。蘇寧將基於線上線下融合打造一個全新的零售生態圈，在前端，基於多通路、多業態的零售平台，廣泛拓展和整合各類產品、內容和服務，為消費者提供一站式的購物休閒娛樂的生活解決方案；在後端，通過全面整合各類社會資源，蘇寧將採購、物流、資金、資訊科技等核心競爭能力開放給產業鏈合作夥伴。蘇寧隨著社會環境的變化改變了行銷模式，在O2O的行銷道路上取得了巨大的成功。

O2O的發展對於蘇寧而言無疑有著得天獨厚的優勢，因為其在傳統賣場方面多年的耕耘，是其他電商平台短時間內無法超越的。不過，目前蘇寧實體店也存在諸多問題，其中房地產高起之後龐大的店面開支已經成為實體店面最大的「傷痛」，所以，未來如何將絕大部分的行銷戰場轉移到線上，節約線下門市開支，已經成了蘇寧不得不面對的問題。

✣勢不可擋，O2O模式實踐

網路引起了消費習慣的改變，中國的數位原住民（十二至三十五歲）已超過五億人，他們在電腦與智慧手機的環境中成長，習慣於在電子商務平台搜尋資訊、商品，參與評論，對比價格，隨時隨地地購物、支付，與商戶互動交流。網路資訊流的高效率傳遞應用到了傳統行業中，兩者結合提升了行業效率。隨著行動網路大潮的到來，O2O對每一個行業來說都是必然的，對傳統行業來說更是經營模式的一次革命。

❖線上O2O旅遊鼻祖青芒果

青芒果旅行網是芒果網旗下專注優質經濟類飯店和特色精品飯店預訂的線上旅行網站，可提供超過兩萬家的經濟型飯店、特色客棧、家庭旅館等經濟旅店的預訂服務，是中國第一家純網路、部分預付的訂房網路，如圖6-29所示。

圖6-29 青芒果旅行網

青芒果旅行網提供更優惠的價格、更便捷的訂房，是年輕人、自助遊、驢友一族、普通商旅客人出行覓宿的絕好選擇。正是憑藉著便捷的服務以及龐大的用戶群，青芒果旅行網成了中國線上旅遊O2O模式的鼻祖。那麼，從青芒果旅行網成功的案例中，我們能學到哪些O2O實戰經驗呢？

✧優化內部服務系統贏口碑

青芒果從四個方面開始優化線上旅遊平台內部系統，通過打造線上極致體驗，贏得用戶的口碑，如圖6-30所示。

◆打造另類線上旅行業（OTA）：青芒果從創建伊始至今，就一直致力於經濟類飯店線上預訂服務，而且在中國率先打破攜程、藝龍推廣多年的前檯面付模式，創造性地運用預付和半預付模式，取得了巨大成功。

與攜程的佣金制相比，青芒果採用平台服務費模式，服務費比例根據飯店行業知名度、位置、服務水準、用戶喜愛程度由系統與飯店協商，在保障飯店盈利水準的情況下，盡量以更加低廉的價格

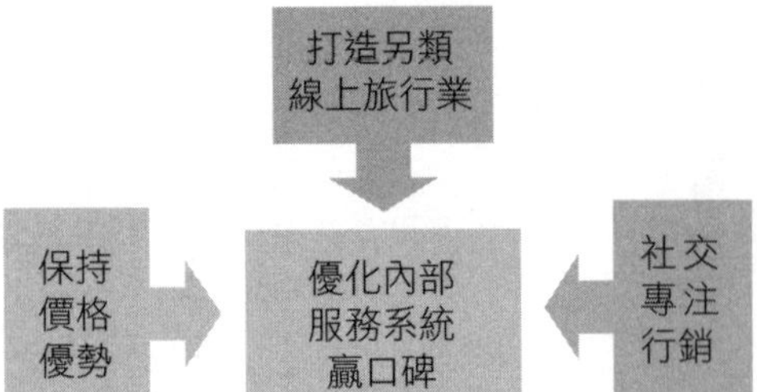

圖6-30 青芒果優化內部服務系統贏口碑

提供給消費者。正是因為持續專注，把經濟類飯店預訂做到極致，青芒果短短兩年間積累三百萬註冊用戶並取得了良好口碑。

◆發揮管道效應：與攜程、藝龍等快速推出自己無線網路產品相比，青芒果獨闢蹊徑，化身無線網路管道，為廣大創業者和有意進入線上旅遊的公司提供飯店庫存產品、並提供相應的後續服務。

◆「專注＋社群」進行行銷：青芒果持續專注經濟類飯店線上預訂領域，關注自由行客人，為自由行客人提供最好的住宿類產品。通過不斷提升用戶體驗、滿足用戶核心需求，融入更多的社交元素，構建熟人之間小圈子及產品智能推薦，幫助消費者快速選擇最好的產品。

◆保持價格優勢：電子商務行業價格戰日趨激烈，京東、淘寶、蘇寧易購、庫巴、易訊等在3C領域進行慘烈肉搏戰。對此，青芒果負責人高戈表示不會主動發起價格戰，也不會參與任何短期形式的價格戰。

一直以來，青芒果都堅持為用戶提供最佳性價比的飯店類產品，同時通過線上預訂與預付模式，努力降低營運成本。目前，青芒果的營運成本約為傳統線上旅行業（攜程、藝龍）的三分之一，因此能夠時刻保持價格優勢，將低價進行到底。

✧聯手高德推客棧預訂行動平台

二〇一四年青芒果旅行網宣佈牽手高德，雙方將在數據融合、服務整合、合作應用、開放平台等方面進行合作。據瞭解，高德軟體為青芒果網提供專業的手機地圖應用程式介面調用服務，青芒果網則為高德提供中國近五萬家客棧、旅舍的資訊；此外，青芒果手機行動應用程式將實現應用間調用高德地圖導航功能，並在發展中逐步實現無縫導航，如圖6-31所示。

未來，高德地圖行動應用程式產品將會以「訂酒店」的主題頻道形式提供青芒果線上服務功能，讓用戶能通過手機上的「高德地圖」對目的地飯店的價格、位置、周邊環境等綜合資訊進行即時查詢及預訂。

高德擁有領先的地圖數據和位置服務技術，而青芒果在旅行經濟類飯店服務領域有多年積累，這一合作不僅會進一步優化用戶的行動旅行服務體驗，同時也是青芒果的飯店合作夥伴拓展O2O行銷的又一有力宣傳管道。

✧牽手大眾點評網拓客棧O2O市場

與大眾點評網的合作，是青芒果繼與高德戰略合作後的又一大平台性開放合作。大眾點評網是中國領先的在地生活資訊和交易平台。通過這次合作，青芒果把五萬多家飯店、客棧、旅舍、家庭旅館帶到大眾點評平台上，為廣大大眾點評用戶帶來更多的線上線下，尤其是在行動端的本地生活體驗；同時也幫助飯店合作夥伴接觸到更多消費者，深化了其與消費者的互動。如圖6-32所示為青芒果與大眾點評網合作。

在雙方達成合作後，依託於大眾點評網目前超過兩億的用戶資源和本地生活化平台，青芒果網大量的數據資源和飯店服務將有更大的價值體現。

圖6-31 青芒果手機App 應用高德地圖

圖6-32 青芒果與大眾點評網合作

案例解析：行動網路快速發展，手機地圖日益成為智慧機標配，生活服務軟體也日益成為用戶生活習慣，行動旅行的商業前景和應用價值漸漸得到凸顯，行動飯店預訂市場潛力巨大。而青芒果正是因為看到了高德手機地圖的O2O應用優勢，開始與其合作，達成戰略同盟，共同打造O2O線上體驗平台。

此外，青芒果與大眾點評網合作，為廣大用戶提供更加優質、更全面的本地生活服務，同時也為飯店旅舍提供網路O2O解決方案，增強了雙方的黏性和價值。

二〇一五年中國O2O市場規模突破四千億元人民幣。從BAT巨頭紛紛通過投資或收購團購、地圖、打車等本地生活服務企業開展O2O戰略開放合作來看，不管是社群、流量與用戶體系，還是內容、商業模式和行業能力，都可以形成互補。現在企業與企業之間、網上平台與線下門市之間的O2O合作已不單單是一加一大於二的問題，合作如果進行得順利更會有潛在的乘法效應。在未來O2O市場的博弈會越來越激烈，隨著與大眾點評在地O2O的巨頭合作，青芒果在飯店O2O市場的價值會日益凸顯。

❖ 七匹狼衝刺O2O營運體系

七匹狼是以經營男裝休閒品牌為核心的大型服裝企業，它擁有三千多家線下實體店鋪，如圖6-33所示。從二〇一一年開始，七匹狼的電子商務業務就已經開始保持百分之三百以上的增長率，如此快速的發展讓這個中國傳統服裝行業的巨頭放開步伐，從一個害怕通路衝突的測試者，到未來傳統電商的終極目標「O2O聯動」，七匹狼的電子商務正在一步步地推進。

七匹狼在線下與線上協同、通路商整合管理、供應鏈匹配、零售和社群媒體結合等方面挑戰頗多，企業歷史上或者其他企業也沒有太多的成功經驗可以借鑑。但是，七匹狼通過實踐，在考慮到其電商整體盈利的前提下，已經打造出了一套全新的O2O營運體系。

圖6-33 七匹狼線下實體店鋪

✧調整線下通路

為減少內部消耗，在二〇一三年，七匹狼建立了「通路預警機制」，加大對於無效、低效店鋪的排查，果斷關閉部分低效及無效店鋪，以保證企業的終端利潤。這一年，七匹狼首次關閉線下門市約五百零五家，大大地節約了線下門市營運成本，為其O2O的線上發展儲備了足夠的資金。

七匹狼在關店的同時，一方面持續推行終端的精細化管理，在二〇一三年繼續進行通路的分類工作，提升通路與產品的匹配度，使之承接產品及品牌的升級；另一方面，不斷完善零售終端營運的管理標準和流程，推動促銷體系的標準化。

圖6-34 七匹狼線上商品交易與發佈平台

七匹狼的最終目的就是為了實現「O2O」線上線下聯動。實體店鋪與網店相互補充，用網路去延伸實體店的豐富度。由於積分是互通的，保障了線下線上的便利性和權益，更進一步改善用戶體驗。線上會員的特權也可以在線下實現，讓顧客無論是線下還是線上，都能同時享受到一樣的服務。

案例解析：在本案例中，七匹狼這一系列做法打造出一個完整的O2O生態體系，各種通路不會產生「內耗」，而是互相協作，多方得力，解決了之前品牌商遇到的一系列難題。

對於傳統服裝企業來說，O2O模式正是解決線下實體店與線上電子商務通路衝突的辦法之一。此外，從另一個市場的角度來說，線上線下整合，傳統服裝企業可以利用自己的實體店優勢，增加消費者的購物體驗，對純網路品牌來說就是一個很直接的打擊。

不過，儘管七匹狼的O2O電商戰略步驟已經建立，但是在實現的過程中，每個企業不可能都像蘇寧、國美、京東等企業一樣，建一個自己的物流或者其他的運輸體系，最終的結果，還是需要更多的真正落地的實驗和合作。

專家提醒

七匹狼的品牌商屬性，相比蘇寧的通路商屬性，注定了七匹狼在線下和線上同價策略方面要好很多，品牌商可以自己掌控價格，而蘇寧是向品牌商進貨，所以蘇寧的線上和線下同價將受到更多的挑戰，由於消費者通常並不太關注線上線下是否同價，而是更關注同一個產品在哪個電商平台上價格更低。

❖互動優惠O2O行銷

隨著市場經濟的不斷發展，同行業的競爭越來越激烈，在這個時候，同類商品逐漸趨於同質、同價，而商家想要脫穎而出，打折優惠是最好的方式。在O2O模式中，各種打折優惠活動層出不窮，其中利用返利、積分、優惠來拉動消費的做法在商家與消費者之間備受歡迎。

✧返利網：返利模式

返利網是中國首家電商類效果行銷（Cost Per Sales, CPS）服務提供商。作為電子商務的重要導購環節，返利網根據用戶在京東商城、天貓、蘋果、當當網、一號店、蘇寧易購等在內的四百餘家知名B2C電商網購產品的成交量，即合作電商實際銷售產品的數量結算佣金，並把佣金的百分之七十左右按照各自的返利比率返還給網購用戶。如圖6-35所示為返利網線上平台。

返利網採取的是線上—線下的返利模式，此類返利模式在國外已營運多年，用戶下載相關購物應用後，點擊準備購買的產品，就會轉到返利任務頁面。用戶將指定線下商家的購物結賬單上傳到返利網，這些企業就會把相應的返還錢打到用戶的賬號上。返利網其實就是一個幫助用戶購物砍價的網站，這樣的一個網站讓用戶網上購物變得更划算，如圖6-36所示。

圖6-35 返利網線上平台

圖6-36 返利網砍價角色

二〇一三年九月，返利網舉辦了新的返利活動，該活動的內容為，用戶添加網站官方微信後，根據提示去上海指定的超市（便利商店）購買活動指定的商品後，將商品小票（收據）拍照發給返利網官方微信，就可在活動結束後的一週內得到二十至一百七十五F幣不等的返利，F幣可用於儲值話費、兌換集分寶、禮品等。

本次活動涵蓋了上海地區多家超市（便利商店），指定商品包括食品、飲料、日用品等十多件消費者經常購買的商品。

活動結束後，返利網獲得了良好的反饋情況和活動效果。作為返利模式的代表，返利網整合聚集了電商行業內淘寶網、淘寶商城（天貓）、京東、凡客等優質B2C商城，可以說是消費者最貼心的省錢購物導航。目前，返利網常見的優惠形式包括以下三種，如圖6-37所示。

◆淘寶返利：會員可以去淘寶眾多的商家購物，獲得相應比例的返利。

◆商城返利：會員可以通過返利網，去相應的網上商城購物，獲得返利。

◆積分兌換：會員積攢的積分可以直接進行話費儲值、公共事業繳費等。

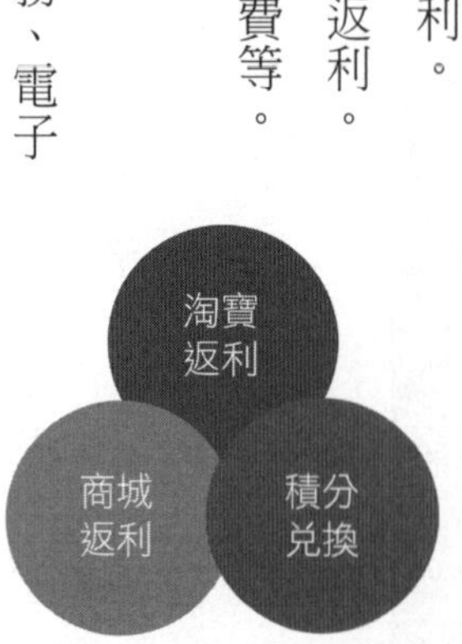

圖6-37 返利網常見優惠形式

✧布丁優惠券：優惠模式

行動電子憑證是消費時代必然趨勢，主要有電子優惠券、電子票務、電子會員卡等形式。較之傳統消費憑證（紙質票券、短訊等），其擁有的諸多特性

（綠色環保、成本優勢、精確統計）正改變著人們的消費生活。

布丁行動，是中國較早專注於行動網路的創業公司，二〇一〇年首創推出「行動電子憑證」消費模式，相繼推出布丁優惠券、布丁電影票、布丁K歌惠、布丁電影、布丁美食、布丁外賣等多款生活行動應用程式，覆蓋iOS、Android、WP等多平台。其中的布丁優惠券是基於Android平台的一款提供麥當勞、肯德基等多家知名快餐店優惠券的應用。

目前，布丁優惠券支持提供肯德基、永和大王、和合谷、DQ、必勝客、呷哺呷哺、真功夫、漢堡王、吉野家、比格、棒！約翰、豆撈坊、Mr. Pizza等多款品牌優惠，不限地區使用，無須列印即可使用，並且支持離線使用。如圖6-38所示為布丁優惠券。

布丁優惠券採取的是打折優惠的模式，它無須註冊即可使用，用戶在首次使用應用時，布丁會自動定位用戶當前所在的城市；此外，布丁除支持北京、上海、深圳等主流一線城市之外，還支持大部分城市，對於經常出差的用戶來說相當方便。布丁在確定用戶所在的城市之後，還會顯示當前城市支持優惠券的商家，如圖6-39所示。

為了便於用戶區分，布丁會將支持電子優惠券和需列印後使用的商家分開，用戶只需要點擊喜歡的商家就可以查看他們當前的優惠券訊息。如果該商家當前沒有優惠活動的話，有可能會出現空白的情況。

圖6-38 布丁優惠券

圖6-39 北京支持布丁優惠券的商家

對於支持電子優惠券的商家，用戶只需在就餐的時候出示手機電子優惠券即可；而對於需要列印優惠券的商家，用戶就需要將該優惠券發至郵箱列印出來才能使用。

對於用戶感興趣的商家，當前用不到但是有效期又較長的優惠券，還可以收藏到「口袋」之中以備以後使用（應用程式會自動刪除過期的優惠券）。如果用戶擔心下載優惠券浪費手機流量的話，可以在Wi-Fi環境下將感興趣的商家所有優惠券一鍵下載到手機中。

✧ 悅兌網：積分模式

「悅兌網」是由四川悅兌信息技術有限公司開發營運，集商家線上促銷線下消費及積分兌換為一體的聯動互通式第三方O2O促銷聯盟服務平台。

對於廣大消費者來說，悅兌網是一個真正的實惠消費平台，在悅兌網的平台上，消費者可以憑藉悅兌網的積分卡，在悅兌網上兌換商品；對於線下的商家來說，悅兌網是一個大的流量入口，可以吸引大量的用戶，做全新的體驗式廣告，讓用戶免費體驗產品，然後直接讓其知道商家的產品品質。

悅兌網站採取消費送積分的模式刺激消費，規則是消費者在加盟商家處消費後，即獲得商家免費贈送的積分兌換卡後到本網站上註冊，然後可以通過所積累的積分在悅兌網上兌換數千上萬種產品，

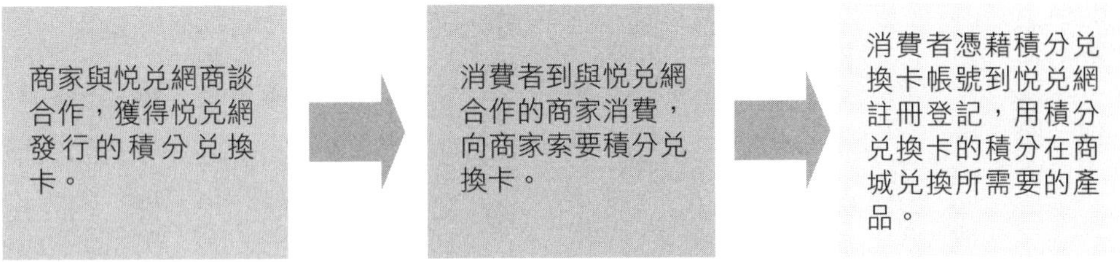
商家與悅兌網商談合作，獲得悅兌網發行的積分兌換卡。
消費者到與悅兌網合作的商家消費，向商家索要積分兌換卡。
消費者憑藉積分兌換卡帳號到悅兌網註冊登記，用積分兌換卡的積分在商城兌換所需要的產品。

圖6-40 悅兌網模式流程

讓消費者消費的錢通過兌換各種產品的方式收回來。如圖6-40所示為悅兌網的模式流程。

悅兌網模式的出現讓用戶消費更加超值，例如，用戶在悅兌網某聯盟商家消費，由商家贈送得到一定金額的積分，然後又可以在悅兌網平台用這些積分免費兌換商品或服務。

這樣就可以讓消費增值，一筆錢花兩次；同時又通過積分兌換通路將商家的商品和服務切入市場。這樣就形成「商家—消費者—悅兌網」三贏的積分流通鏈。

通過以上各種方式，消費者最終實現消費的最大化增值，讓自己的錢更有價值；另一方面也讓商家的商品流通得更快，商家的盈利能力更強。也正是採用這樣的方式，使得悅兌網模式擁有以下四大優勢，如圖6-41所示。

一、網路優勢
二、傳播優勢
三、投入優勢
四、功能優勢

圖6-41 悅兌網模式的四大優勢

◆網路優勢：不受時間、地區限制；迎合網路電子商務日益發展、深入的大趨勢；將傳統商鋪無縫接入網路電子商務，完全網路化提升傳播的效果。

◆傳播優勢：促進銷售能更為主動，可當場成交；所有商家資訊、形象、服務、產品清晰展現，不打折扣；與商家發展面對面銷售，啟用最迅捷、有效的溝通促銷模式；提供比打折、送積分更形象、更具體的促銷成交模式；零成本購物比傳統模式更能吸引消費者主動傳播。

◆投入優勢：操作簡單易學，無技術壁壘；無須技術、設備、維護的投入；用更低廉的傳播成本獲得應有的效果。

◆功能優勢：悅兌網旗下「全額返商城」是悅兌網幫助傳統商家繞開技術壁壘，為傳統商家切入網路電子商務領域，將自己的產品直接面向全世界銷售的全新平台，直接將傳統商家由地域性轉化成國際性的傳播互動，加強了產品廣告的有效傳達。

❖豐田汽車「O2O＋LBS」應用

豐田汽車推出了一款叫作Backseat Driver，意為「後座司機」的行動應用程式，當司機在前面開車，坐在後座上的其他人應該玩些什麼呢？來自汽車製造公司的豐田想出了一個絕妙的注意，設計了一個名為Backseat Driver的小遊戲，可以讓汽車後座上的玩家實現與司機同步「開車」，如圖6-42所示。

藉助iPhone的GPS定位系統和地圖導航系統，遊戲中的虛擬車程與現實車輛保持一致，如圖6-43所示。前座的司機在開車時，它能給坐在後座的孩子們帶來很多樂趣，同時，也能方便開車的家長們專心開車，對用戶們來說，可謂是一個非常有趣貼心的小應用。

圖6-42 Backseat Driver應用

圖6-43 遊戲中的虛擬車程與現實車輛同步

在該應用中，真實車輛所遇到的店鋪、學校、餐廳等坐標也會出現在遊戲的虛擬世界中，在遊戲車輛行駛的道路上，用戶會不斷地遇到代表不同地點的小圖標，介面下方也會提示用戶剛剛路過了哪些地方。通過Foursquare的介面，用戶可以沿途收集各種地標的積分，並用積分換取虛擬汽車的個性化裝飾物。

Backseat Driver這款遊戲因為其趣味受到了眾多用戶的喜愛，後座的小朋友被模擬前座開車所吸引，而前座的家長也因為考慮到孩子的安全性而鍾情於Backseat Driver App。這款基於地圖和流行的行動定位服務元素的創意應用，融合了親情，連接線上模擬開車的小朋友與線下駕駛的家長，讓豐田的汽車一時間營業額暴增。

案例解析：行動網路時代的來臨與智慧手機的普及，已經讓眾多品牌不得不認真思考該如何基於行動平台做「文章」，如果一個科技品牌還沒有自己的行動應用程式，說起來可能還是有點落伍的事情，不過真正能讓用戶耗費時間與流量下載到手機中，並且願意玩兒上一把的品牌行動應用程式，其實屈指可數。

豐田的Backseat Driver App就是一個很好的嘗試，結合手機GPS定位功能，讓後座的孩子也可以體會到前排駕駛者的樂趣，體現產品本身特性的同時，這款遊戲還可以幫助駕駛者記錄旅程路線與駕駛數據，並且支持社群網路的分享，當行動定位服務遇上社群網路服務，其後對於品牌來說，也許意味著更多種新玩法與新機遇。

❖樂都特「GPS+AR」尋寶模式

樂都特（La Redoute），一個近乎傳奇的法國時尚服裝品牌，似乎在不經意間牢牢地抓住了人們的視線，成為時尚圈熱門的關鍵詞。樂都特覆蓋一百二十多個國家，擁有七十多個品牌，是法國排行第一的電子商務銷售平台。如**圖6-44**所示為樂都特天貓旗艦店官網。

二〇一二年六月，為了宣傳秋冬新款成衣和一些設計師的作品，法國服裝零售商樂都特在法國的十個城鎮開設了虛擬商店，顧客只有使用樂都特推出的Street Shopping（意為「逛街購物」）——擴增實境（Augmented Reality, AR）的技術應用才能訪問這些虛擬商店。

該應用還在五十六個城鎮開展了虛擬尋寶活動，用戶根據GPS的指示找到虛擬寶物，即可有機會贏得樂都特、耐克等品牌提供的獎品。

案例解析：樂都特利用GPS與擴增實境技術實現了線上線下的互動，在線上，用戶只要利用GPS導航進入樂都特虛擬商城就可以真實地感受到擴增實境技術帶來的真實購物體驗；此外，由於樂都特在虛擬商城提供了各種優惠，用戶在線上完成尋寶後，就可以直接在線下享受優惠。

圖6-44 樂都特天貓旗艦店官網

專家提醒

擴增實境技術是利用電腦生成的一種逼真的視、聽、力、觸和動等感覺的虛擬環境，通過各種傳感設備使用戶「沉浸」到該環境中，實現用戶和環境直接進行自然交互。

它是一種全新的人機交互技術，利用這樣一種技術，可以模擬真實的現場景觀，它是以交互性和構想為基本特徵的計算機高級人機介面。使用者不僅能夠通過虛擬現實系統感受到在客觀物理世界中所經歷的「身臨其境」的逼真性，而且能夠突破空間、時間以及其他客觀限制，感受到在真實世界中無法親身經歷的體驗。

在行動網路的O2O行銷世界，各種行銷手段層出不窮，此次樂都特創新行銷方式，採取新技術連接了線上與線下，完成了秋冬新款成衣的O2O行銷，值得眾多商戶借鑑。

大眾的O2O網路平台，比如說微信、騰訊等，確實能夠有效地連接線上線下，不過在網路行銷競爭的時代，所有的商家都堵在這幾個線上端口，很有可能造成行銷不暢的結果。微信等大平台確實重要，但如果商家單靠微信來實現線上線下的互動，很難帶動大量的客戶，對於現在的商家來說，像樂都特一樣利用新技術創新行銷方式，對O2O的發展也同樣重要。

✣ 進階攻略，O2O行銷啟示

網路，特別是行動網路的發展，不僅改變了人們的生活習慣，還在潛移默化地改變人們的溝通與交流方式，由此改變著行銷模式。在此背景下，傳統行業根本無法置身事外，它必須積極擁抱行銷模式的變化，順應用戶的需求，創造性地利用微博、微信等新媒體行銷工具，將線上用戶引到線下，同時打造全新O2O線下體驗，重新將線下客戶再帶到線下，實現O2O閉環，才能真正有效地黏合客戶，贏得未來O2O的發展戰事。

❖ O2O行銷工具——微博

新浪網副總編輯孟波曾說過：「微博是手機短信、社交網站、博客和IM（Instant Messaging，即時通訊）等四大產品優點的集成者。」微博的迅速發展為中國市場行銷的進一步發展創造了機會，同時也為O2O行銷提供了新的媒體工具。

微博行銷是指通過微博平台為商家、個人等創造價值而執行的一種行銷方式，也是指商家或個人通過微博平台發現並滿足用戶的各類需求的商業行為方式。

隨著O2O模式的興起，微博也因為具有訊息發佈、傳遞、關注、轉發和通信交流這些基本功能而成功地成為線上線下互動的重要媒體工具之一。微博為什麼會成為適合O2O模式的行銷工具，這還必須從微博的傳播特徵和傳播機制兩方面進行探討。

◆從微博的傳播特徵上來看：微博具有低門檻、全時性（即時傳播與延時傳播兼備）與價值性這三個明顯符合O2O發展的具體特徵，如**圖6-45**所示。

微博門檻低的特徵具體表現在兩個方面，一是內容極簡單，

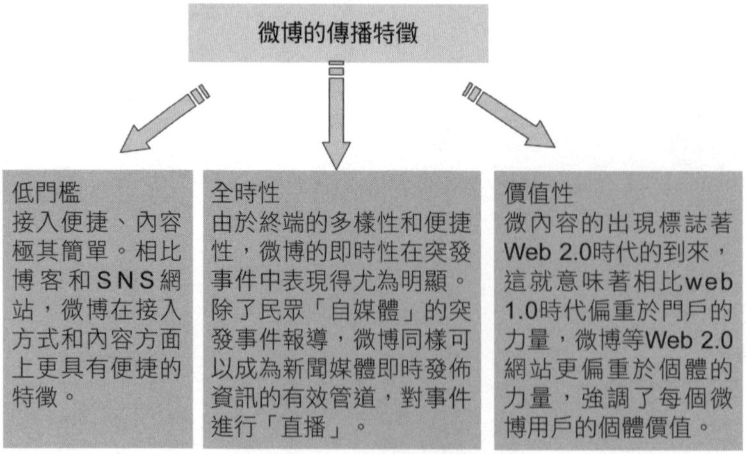
微博的傳播特徵
低門檻
接入便捷、內容極其簡單。相比博客和SNS網站，微博在接入方式和內容方面上更具有便捷的特徵。
全時性
由於終端的多樣性和便捷性，微博的即時性在突發事件中表現得尤為明顯。除了民眾「自媒體」的突發事件報導，微博同樣可以成為新聞媒體即時發佈資訊的有效管道，對事件進行「直播」。
價值性
微內容的出現標誌著Web 2.0時代的到來，這就意味著相比web 1.0時代偏重於門戶的力量，微博等Web 2.0網站更偏重於個體的力量，強調了每個微博用戶的個體價值。

圖6-45 微博的傳播特徵

呈現個人化、私語化的敘事特徵；二是接入方式多樣化，且對硬體要求不高。在微博上用一百四十個字發佈訊息，遠比發佈博客更容易，而且費用非常低，特別是與傳統的大眾媒體（報紙、電視等）相比，微博的受眾更加廣泛。

微博內容的簡化還加強了微博用戶在發佈訊息所處環境的隨意性和不確定性，這種隨意性與不確定性包括用戶發佈訊息的時間、空間、心理狀態等因素，正如所有的微博網站所提倡的一樣——隨時、隨地、隨意。

微博的接入方式多樣，以新浪微博為例，新浪微博開通了短訊接入、視頻網站接入、博客接入、關聯微博網站接入等接入方式，並且實現了一鍵轉帖，只要點擊「分享到新浪微博」的圖標便能把博文或者視頻地址轉發至微博。

隨著3G時代的到來，手機開始成為最主要的微博應用工具之一，以手機版微博為例，它的功能主要集中在訊息交流上，需要的只有文字和圖片功能，對手機硬體的要求不高，普通的手機也能支持。如圖6-46所示為手機版微博主頁。

圖6-46 手機版微博主頁

隨著手機應用工具的使用，微博因為其低門檻的便捷行銷特徵，在不久的將來，一定能成為O2O行銷的得力助手。

◆從微博的傳播機制來看：微博有裂變式資訊傳播模式、網站聚合訊息模式與用戶交互模式這三種模式。

•裂變式資訊傳播模式。在微博的傳播機制中，有兩種不同的路徑：關注路徑和轉發路徑，其中訊息接收的力量來自於粉絲的「關注」，資訊傳播的推動力則來自於粉絲們的「轉發」，如圖6-47所示。除原始訊息源於博主以外，所有人都是訊息的終點，但同時也可以是訊息的起點。許多熱門話題就是通過轉發這種途徑不斷裂變而形成的。

•網站聚合訊息模式。裂變式的資訊傳播模式固然讓微博呈現出自我組織和去中心化的人際傳播特徵，使得微博呈現出豐富多彩的話語內容，但同時也帶來了文字的碎片化。

對於這種情況，微博需要對頁面上不成系統的文字進行聚合整理，使得管理人員進行有效的議程設置。以新浪微博為例，議程設置在微博首頁表現得尤為明顯：在顯眼位置，設有「今日看點」欄目，由新浪微博根據近日的熱點事件設置議題，用戶可直接點擊「我也說幾句」的超鏈接進行評論，邊欄設有「熱門話題榜」，顯示這一小時內被提到最多的詞彙，並且每個詞條都設有超鏈接，用戶可以直接點擊查看所有含有這個

官方认证推荐
媒体
企业
万宁 mannings
万宁中国 V
万宁官方微博
粉丝：33万
+关注
ZARA
ZARA V
ZARA中国官网
粉丝：52万
+关注

圖6-47 微博關注

热门话题榜
#吴镇宇雷人神曲# 299673
#身份证神秘的X# 232304
#120公分美腿# 181487
#今日大暑# 140687
#孙燕姿723生日快乐# 109911
#不做热狗，重新做人# 105938
#河南大旱# 88649
#环法自行车赛# 86009
#鹿晗入驻微博三周年# 83818
#带着微博去旅行# 82269

圖6-48 微博「熱門話題榜」

詞彙的微博訊息，如圖6-48所示。

- 用戶交互模式。微博是一個社交網路平台，這就意味著用戶交互在微博中佔有非常重要的地位。從類型來看，微博中的用戶交互模式可以分為兩種：公共空間的交互和私人領域的交互。

在微博中，公共空間的交互不妨認為是開放的聊天室，用戶可以通過平等地對話關注公共議題。仍以新浪微博為例，公共空間的交互是指轉發、評論和回覆功能，用戶通過這三項功能實現訊息的雙向流動，但是這種訊息的流動所有用戶都可見，是完全公開的。

這種公共空間交互的議題通常集中於公共事件的討論中，並且通過上述裂變式資訊傳播模式在微博上呈幾何級數式傳播。

公共空間的交互最顯著的例子就是在微博上的政府資訊的發佈，而私人領域的交互則是不為大眾所見的，在微博的設置中，有一項私信功能，可供用戶們私下進行交流，其功能類似於E-mail，但比E-mail更加隨興、方便、快捷。

在瞭解了微博傳播的特徵與機制之後，就可以總結出利用微博進行O2O行銷的具體技巧，如圖6-49所示。

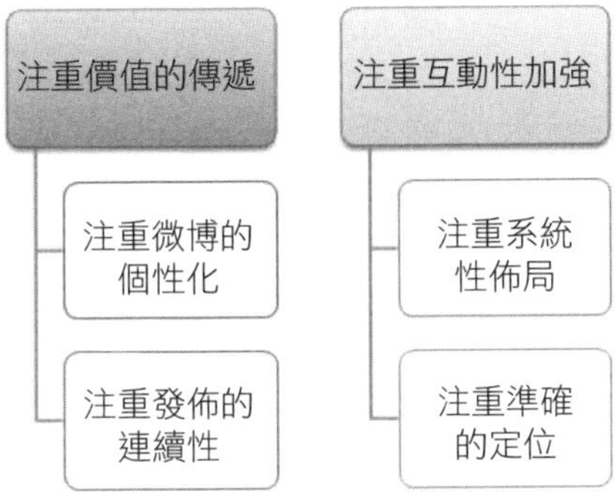

圖6-49 微博進行O2O行銷的技巧

✧ 注重價值的傳遞

微博是一個「給予」價值的平台，只有那些能對瀏覽者創造價值的微博，才備受用戶關注，達到長存的目的。因此，對於企業來說，在微博上進行O2O行銷一定要注重價值的傳遞，只有這樣才可能利用微博達到期望的商業目的。

✧注重微博的個性化

微博的特點是「關係」、「互動」，因此企業在設計微博平台時要注重給人以情感與個性化的體驗。

如果一個瀏覽者覺得這個企業的微博和其他企業的微博差不多，或者別的企業微博可以取代這個企業的微博，那麼這個企業的微博設計是不成功的。打造微博平台和定位品牌與商品的一樣，必須塑造個性，這樣才能使微博具有很高的黏性，可以持續積累粉絲與關注。

✧注重發佈的連續性

微博就像一本需要隨時更新的電子雜誌，它必須要注重定時、定量、定向地發佈內容，以此來培養用戶的瀏覽習慣。當用戶登錄微博後，如果最先想到的是看看這個企業的動態，那這個企業的微博行銷無疑已經達到了成功的最高境界。

✧注重互動性加強

微博的魅力在於互動，擁有一群不說話的粉絲是很危險的，因為他們慢慢會變成不看企業內容的粉絲，最後更有可能取消對企業的關注。因此，互動性是使微博持續發展的關鍵，企業在與粉絲進行互動時，第一個應該注意的問題就是商品的宣傳訊息不能超過微博訊息的百分之十，它的最佳比率是百分之三至百分之五，其他更多的訊息應該融入粉絲感興趣的內容之中。

此外，「活動內容＋獎品＋關注（轉發／評論）」的活動形式一直是微博互動的主要方式，如圖6-50所示，但實質上獎品比企業所想宣傳的內容更吸引粉絲的目光，不過，相較贈送獎品，如果企業的微博能認真回覆留言，用心滿足粉絲的需求，換取其情感的認同，才是最大的成功。

✧ 注重系統性佈局

任何一個行銷活動，想要取得持續而巨大的成功，都不能脫離了系統性，如果企業只把行銷活動單純當作一個點子來運作，很難持續取得成功。假如企業想要微博發揮更大的效果，就必須將其納入整體行銷規劃中來，這樣微博才有機會發揮更多的作用。微博行銷雖然看起來很簡單，但對大多企業來說要使行銷產生好的效果也是比較困難的，所以，對於企業來說，要進行整體佈局，把微博當作行銷中的重要環節，才能挖掘微博行銷的巨大潛力。

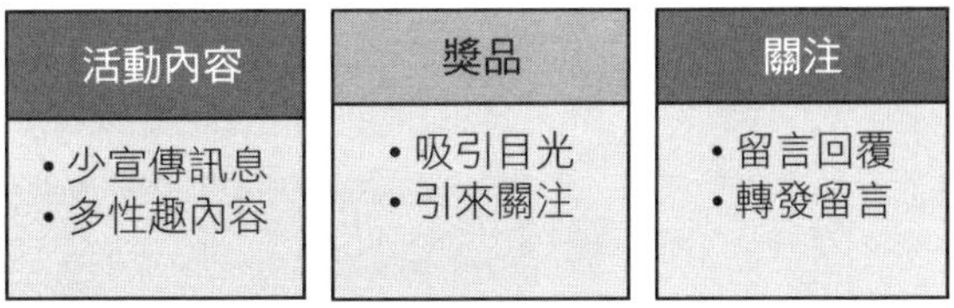
活動內容
•少宣傳訊息
•多性趣內容
獎品
•吸引目光
•引來關注
關注
•留言回覆
•轉發留言

圖6-50 微博互動形式

✧ 注重準確的定位

在這個起步階段很多企業微博會陷入一個誤區，完全以吸引大量粉絲為目的，卻忽視了粉絲是否是目標消費群體這個重要問題。微博粉絲眾多當然是好事兒，但是，對於企業微博來說，「粉絲」質量更重要。因為企業微博最終的目的就是吸納有價值的粉絲，實現微博營運的商業價值。而企業要獲得有價值的粉絲，就涉及微博定位的問題，很多企業抱怨：微博人數都過萬了，可轉載、留言的人很少，宣傳效果不明顯，其中一個很重要的原因就是其定位不夠準確。

企業除了需要掌握微博行銷的技巧外，還需要精通微博行銷的具體策略。微博行銷的具體策略主要有五種，如圖6-51所示。

◆話題策略：鼓勵用戶發表看法，並對別人的看法發表觀點。

◆訊息策略：提供有價值的資訊來獲得用戶的關注。

◆推廣策略：站內包括新浪平台和自建活動；草根賬號推送；開展聯合活動；開發微博App應用；主動關注；站外包括博客、論壇、貼吧、企業官網；微博組件；EDM、DM宣傳、名片等。

◆促銷策略：形式創新，特別或者具備排他性媒體的訊息。

◆體驗策略：邀請用戶參加，通過在前期吸引關注、活動中報導、用戶發表體驗感受來擴大宣傳。

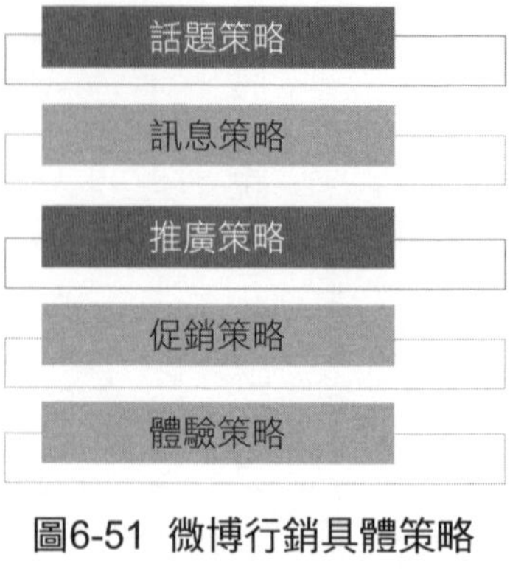

話題策略
訊息策略
推廣策略
促銷策略
體驗策略

圖6-51 微博行銷具體策略

作為準備或正在轉型O2O的企業來說，掌握微博的行銷技巧，利用微博行銷策略進行線上線下互動絕對具有極佳的優勢。因為微博作為一個新媒體，具有其他媒體所無法比擬的行銷優勢。如圖6-52所示。

建立行銷通路成本低
自動篩選潛在受眾
與受眾互動功能強

圖6-52 微博行銷優勢

◆建立行銷通路成本低。對於中小企業來說，由於對行銷的投入有限，所以以低成本獲得良好的行銷效果，這也是O2O行銷的初期訴求。

以目前中國微博的運作方式來看，在微博上建立行銷平台的成本幾乎為零。以新浪微博為例，新浪微博現在仍然允許企業用戶以自媒體的身份在微博上建立行銷平台，允許其發佈企業廣告或公關活動廣告，而且不收取任何費用。所以說，在目前市場下，微博仍不失為一個低成本的補償性行銷通路。

◆自動篩選潛在受眾。O2O模式的重點在於線上與線下的互動，不過前提是找到自己的潛在受眾。關於這一點，微博可以完美地解決。在微博模式中，用戶可以選擇成為某個媒體的粉絲或完全無視它，在這個過程中，受眾才是主動者。

這些粉絲有可能已經是這個媒體的忠實受眾，也有可能是新加入者，甚至可能是以前完全沒有接觸過這個媒體的。但可以肯定的是，他們對於這個媒體本身或者對媒體在微博上的發言有興趣，換句話說，這些人是可以爭取的潛在受眾。

微博可以實現的功能不僅限於此，媒體可以向這些潛在用戶進行有針對性的精準行銷，比如直返式廣告。這種廣告方式就是對傳統廣告傳播方式的改良，它主要是通過策劃一項關於產品和服務的主題活動讓人們參與，激發起人們的興趣，讓消費者在參與的同時也接收了活動所要傳遞的訊息，在無形中達到廣告傳播的目的。

◆與受眾互動功能強。從用戶流量上來說，傳統媒體自辦網站的瀏覽率遠遠小於微博網站，因此，從這個角度來說，微博網站在與用戶進行積極交互這個層面上更佔優勢。而且在傳統媒體自辦網站中，用戶反饋通常是有專門的超鏈接進入的，不會在首頁上完整顯示，但在微博中，只要進行答覆，所有的關注者都可以看到，無論是從傳播的廣度還是效果，都優於傳統媒體自辦網站。

專家提醒

在媒體自辦網站中，用戶是與企業進行對話，其關係從根本上來說不是平等的；而在微博上，品牌人性化的特徵更加明顯，將大眾傳播化為人際傳播，用戶更像是與人對話，因此其交互關係更趨於平等化。

❖ O2O行銷工具——微信

隨著微信功能的拓展和升級，它已經由最初的社交工具逐漸演變成為一種行銷工具，企業公眾賬號的推出是其商業化的表現，而隨著微信支付的推出，使它進一步演變成為一個類似「淘寶」的購物平台。在微信發展的過程中，我們不難發現：微信在慢慢地向O2O模式靠攏，或者說微信行銷的O2O屬性逐漸顯露出來了。如**圖6-53**所示為微信O2O模式示意圖。

由於微信一對一的互動交流方式具有良好的互動性，精準推送訊息的同時更能形成一種朋友關係。基於微信的種種優勢，藉助微信平台開展O2O客戶服務行銷也成為繼微博之後的又一新興行銷通路。如**圖6-54**所示為微信的行銷優勢。

✧ 龐大的用戶群

據可靠的數據資料顯示，在微信行銷後的一年多時間內，微信的用戶數量就達到了龐大的兩億，發展空間堪稱恐怖，毫無疑問，微信已經成了當下最火熱的網路聊天工具，而且根據騰訊QQ的發展軌跡看，我們有理由相信微信的用戶量並不僅僅限於這個數量，發展空間仍然很廣闊。

圖6-53　微信O2O模式示意圖

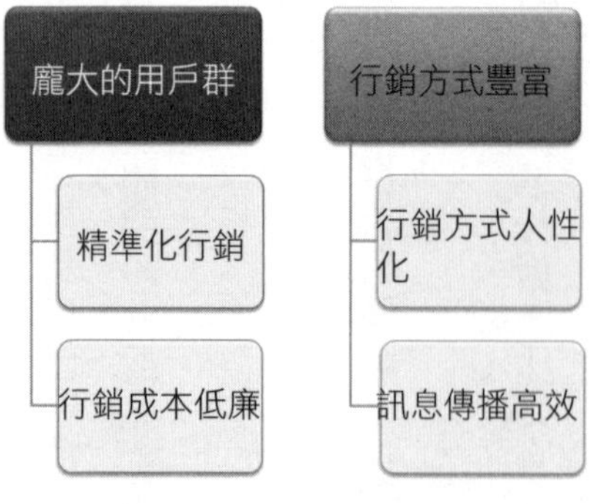

圖6-54　微信的行銷優勢

✧ 精準化行銷

微信公眾平台裡實現了對用戶的精準區分，商家可以通過管理後台，對用戶進行各種多樣化的區分。商家可以根據性別、年齡、地域、職業等向用戶推送適合他們的訊息、活動內容、產品訊息，實現最大程度的精準行銷。

✧ 行銷成本低廉

微信在使用上是不需要任何費用的，如此之低的門檻也是其用戶群體壯大的一個原因。

而對於商家而言，微信公眾平台使用也是不收取任何費用的，當然如果需要其他更豐富的功能，一年也只需要三百元的認證費，這對於商家而言無疑是一個低廉的行銷通路。

商家在微信公眾號上打造屬於自己的微平台，從而實現智慧化回覆，精彩的文字、圖文訊息傳送，和用戶達到最完美的溝通互動。如果商家對於微平台建設有困難的話，打造免費微信第三方平台的機構也是商家的得力助手。

✧ 行銷方式豐富

傳統的行銷方式已經無法滿足現代人的消費需求了，隨著行動網路的到來，微信正好彌補了這個空缺。微信多元化的行銷方式不僅能夠吸引用戶，還能吸引商家。微信的搖一搖、漂流瓶、行動定位、附近的人、掃一掃二維碼、朋友圈、微網站、微商城與微網店等豐富的功能不僅可以滿足不同階段的消費人群，還能為商家帶來大量的流量和打造暢通的線上平台。微信通過一系列行銷手段，逐漸拉近了商家與用戶的距離，讓消費不再是生硬的博弈關係，使得行銷更加生動有趣。如**圖6-55**所示為微信的多功能頻道。

✧ 行銷方式人性化

微信最大的好處是雙方自由選擇，用戶可以選擇關注或取消某個公眾號，而商家也可以選擇給分組好的用戶推送某個訊息。微信公眾號（訂閱號）每天只可以推送一條訊息，最大限度地杜絕了垃圾訊息的氾濫。商家通過優化自己的公眾號，設置豐富的智慧化回覆，利用線上客服CRM管理系統，通過對微信客戶的詳細分組，滿足各層次客戶的滿意度，從而提升商家的品牌影響力，提高轉化率。

✧ 資訊傳播高效

微信最為吸引商家的地方便是它的便捷高效的點對點傳播方式，在微信上，商家推送的每一條訊息都可以百分之百地傳送到用戶的手機中。在行動網路快速發展的今天，用戶可以離開電腦，但卻無法離開手機，只要手機在，微信便在。微信就是利用這一點，讓商家可以零距離、無時差地與客戶時時溝通交流。

微信正是因為具有如此多的優勢，在這個O2O大行其道的行銷時代，逐步被企業與商家運用到線上線下的互動中來。

微信在O2O中的廣泛應用開始於二〇一三年。在二〇一三年，微信正式啟動面向實體零售業態的

圖6-55 微信多功能頻道

O2O計劃，線下實體門市可採用微信開店的方式進行線上銷售，首批試點企業在深圳展開，同時還將打通與實體百貨業務的會員體系，用戶可以將微信當會員卡使用。

在此之前各大媒體都在質疑微信O2O是否可行，微信O2O的盈利模式也令人擔憂，按目前微信針對O2O模式的測試，可以看出未來微信O2O的發展潛力是非常巨大的。

◆豐富的關係鏈資源：微信對於騰訊而言，最引以為豪的自然是其積累的關係鏈資源，據統計目前微信擁有破八億的用戶和關係鏈，這是一個龐大的線下潛在客戶群體。

微信是怎麼做到的呢？其實這是「LBS＋CRM」系統結合的功勞，用戶查看「附近的人」能看到附近的商家公眾賬號，比如當用戶點進去，就看到會員卡特權，關注了此公眾賬號，你就獲得了會員卡號，到店裡消費，店員會將此次消費記錄在與微信後台對接的CRM系統裡，包括個人的消費的項目、金額、習慣等，針對這些資訊，商家可以做深度的挖掘，依據你的喜好做更多的精準行銷。

◆線上線下完成閉環：藉助微信，商家可以打造一條行動生活線上線下的生態鏈，找到一個消費者和商家共贏的價值鏈。通過二維碼、行動支付或者會員卡儲值卡支付來形成最終的O2O閉環。

例如，上品折扣利用微信開了一家微信概念店，這家店的購物體驗是這樣的：在這家店裡所有衣服都有二維碼，消費者看中一件衣服，拿手機掃碼支付後，就可以直接把商品拿走了。此外，如果用戶看完A品牌，選中了一件衣服，還想去逛其他的品牌，還可以把這件衣服掃碼直接加到手機的微信購物車裡，然後接著到第二個品牌處進行選購。上品折扣的這家概念店正是借力微信二維碼完成了線上線下的閉環，為用戶打造了極致的消費體驗。如圖6-56所示為上品折扣微信概念店。

◆微信支付加速O2O：以「友寶＋微信支付」活動為例，友寶是一家專注於線下實體交易的品

圖6-56 上品折扣微信概念店

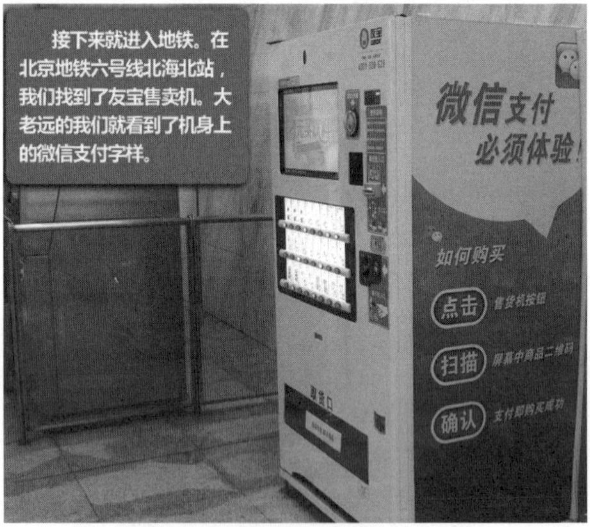

圖6-57 「友寶＋微信支付」活動

牌，而微信支付背後則有強大的網路大老撐腰，兩者的結合正是O2O行銷模式的典型。「友寶＋微信支付」活動，使用微信支付享受八折優惠，依據RP（人品）最高還可以享有首單「買一送四」。

首先，用戶找到友寶線下自動售貨機，螢幕會展示該活動，不過僅限支付方式選擇「微信支付」，確保手機已安裝友寶和微信，打開微信，進入「發現」主選單，選擇「掃一掃」，單擊「立即測試人品」就可以進行購買了，如圖6-57所示。

微信支付是一種網路交易模式，自動售貨機是一種線下實體交易模式，區別在於中間少了實體貨幣，大大地節約了實體店的費用，吸引了廣大客戶前來體驗，這是全新的O2O行銷模式。

專家提醒

自O2O逐漸被人們熟知之後，在線下零售領域很快就形成了一個共識：線下線上的無縫銜接將是百貨零售通路未來最重要的發展方向。

7

巧妙運用，玩轉O2O行銷技巧

學前提示

在O2O行銷風靡的時代，企業必須抓住時機，自主經營，打造O2O品牌。對於O2O模式來說，行銷的訣竅就是互動，既包括線上線下的互動，也包括商家與消費者的互動，而互動的最終目的是建立信任感、提高轉化率。本章將結合案例重點講解O2O模式互動行銷的技巧。

要點展示

◆行銷須知，O2O行銷概述
◆平台一覽，O2O行銷平台
◆實戰經驗，O2O行銷方案

✣行銷須知，O2O行銷概述

對於企業來說，無論是已經轉型O2O，還是將要轉型O2O，掌握O2O行銷技巧都是其發展道路上最為重要的環節。很多企業在想到轉戰O2O之後，便把心思放在了找人幫忙上，與其將企業生死大權交給他人，不如自己率先出擊，掌握O2O行銷技巧，打造全新線上線下經營品牌。

❖自主經營，打造O2O品牌

O2O在行銷市場上雖然已經不是一個新的概念，但是對於找誰來做O2O、如何去做O2O，很多商家和企業到目前為止也沒釐清頭緒。對於準備投身行動網路的傳統行業來說，O2O行銷是企業的當務之急，多數企業主因為找不到方向而病急亂投醫，想到「找個人來行銷」或者「依賴媒體去行銷」。

由於多數企業認為自己對O2O不夠瞭解，不知O2O行銷到底該從何做起，抱著對自己專業性懷疑的態度，企業把O2O行銷的重責交給了公司以外的人去做。行銷必須靠自己，對於準備轉戰O2O行銷市場的商家們，在這裡不得不奉勸一句：自主經營，打造自身的O2O品牌，才是市場經營的王道。

因為害怕自己專業性不足而把經營的方向交給他人來掌握，對於企業的行銷來說，這並不是一個可取之處。對於在行動網路的發展下瞬息萬變的市場，企業自己來進行O2O行銷具有更多的優勢。

✧樹立品牌

由於企業自營通路的產權完全屬於企業，企業可以完全自主地對通路進行管理和調整，利用自營通路拉近與消費者之間的距離，並通過組織定期的品牌活動、訓練有素的銷售人員、營造整齊劃一的終端銷售環境在消費者心目中樹立起個性鮮明、差異化的品牌形象。企業自營通路可以利用人員促銷深化與消費者之間的互動交流。自營通路的一線銷售人員都是企業自己進行培訓、管理，他們對企業品牌理念、企業文化的理解比他人更加透徹，因此，企業還可以有效地利用服務人員深化與消費者之間的交流和溝通。

✧降低成本

企業找他人做O2O行銷雖然省事，但事是省了，錢卻要多花，不僅如此，找人做行銷還會讓企業內部的廣大員工失去對工作的關注與熱心，同時也失去了學習新知識的機會和成長的機會。

企業O2O行銷要涉及公司內部的很多部門，尤其是規模較大、集團性質運作的公司，找人代理的話，代理公司不僅要熟悉這些公司的職能部門和人員，而且溝通成本將會很大，不僅是資金成本，還有時間成本，這無疑增加了公司的資金運轉負擔。但如果企業自己經營，不僅能夠提高員工的關注度，增長員工的知識，還能大大降低企業的營運成本。

從以上分析來看，企業自己學習O2O行銷技巧，掌握行銷大權，比把經營主導權交給他人或代理機構來做O2O行銷更具有優勢。為了讓企業更加清楚地瞭解其中的利害關係，將用強弱危機分析法（SWOT Analysis），對誰來做O2O行銷更有利，做一個簡單的分析，如**圖7-1**所示。

通過SWOT分析，企業會清楚地發現，自主經營比代理機構代理經營更具優勢，且對長遠的發展更有利。

專家提醒

SWOT分析法，強弱危機分析法又稱劣勢分析法，用來確定企業自身的競爭優勢（Strength）、競爭劣勢（Weakness）、機會（Opportunity）和威脅（Threat），從而將公司的戰略與公司內部資源、外部環境結合起來。EMBA、MBA等主流商管教育均將SWOT分析法作為一種常用的戰略規劃工具包含在內。

試圖通過O2O方式建立新型通路的企業應該認識到，雖然建立O2O通路絕非易事，但企業並不應該因為有困難就假手於人，對於企業而言，任何企業必須擁有自身通路的控制權，企業主對於行銷，可以不做，但是絕對不能不懂。完全依賴外援或者完全依賴別人最終都會因為受制於人而得不到好的結果，O2O行銷必須靠自己！

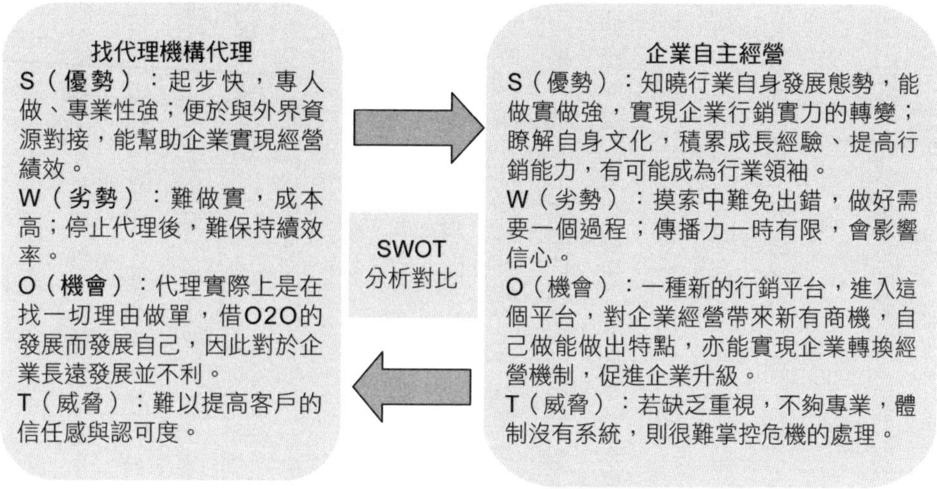
找代理機構代理
S（優勢）：起步快，專人做、專業性強；便於與外界資源對接，能幫助企業實現經營績效。
W（劣勢）：難做實，成本高；停止代理後，難保持績效率。
O（機會）：代理實際上是在找一切理由做單，借O2O的發展而發展自己，因此對於企業長遠發展並不利。
T（威脅）：難以提高客戶的信任感與認可度。
SWOT
分析對比
企業自主經營
S（優勢）：知曉行業自身發展態勢，能做實做強，實現企業行銷實力的轉變；瞭解自身文化，積累成長經驗、提高行銷能力，有可能成為行業領袖。
W（劣勢）：摸索中難免出錯，做好需要一個過程；傳播力一時有限，會影響信心。
O（機會）：一種新的行銷平台，進入這個平台，對企業經營帶來新有商機，自己做能做出特點，亦能實現企業轉換經營機制，促進企業升級。
T（威脅）：若缺乏重視，不夠專業，體制沒有系統，則很難掌控危機的處理。

圖7-1　「誰來行銷」SWOT分析

專家提醒

企業應該自己營運O2O行銷，要及時掌握O2O行銷技術，培養這方面的人才，通過組建專業的、專職的、高效的O2O行銷團隊，增強企業的行銷力。行銷力的增強一直是一些公司所期待的，O2O行銷是一個很好的學習機會，也是促進行銷力提升的重要途徑，企業用自己的人做自己的事，會做得更仔細，各環節會運作得更好，也會在產品與服務方面做得更專業。

❖用戶為王，投身O2O市場

「龍巷」創始人錢鈺說過一句話：「我們的用戶在哪裡，我們就在哪裡。」對於企業來說，要投身O2O市場，首先必須瞭解到企業的用戶到底身在何處，在什麼樣的地方才能挖掘到客戶。

對於O2O來說，要發現用戶的蹤跡其實很簡單，只要用心去瞭解用戶使用的網路工具就萬事大吉了。在這個用戶為王的行動網路行銷時代，企業想要做好O2O行銷，就必須與用戶使用同樣的線上工具，並且懂得用電腦端的網站與手機端的聊天軟體等去瞭解用戶動態，獲取用戶資訊，推廣企業產品，打造O2O行銷平台。

O2O行銷與傳統行銷通路的目標是一致的：獲取新用戶（這裡指初次有效購買的用戶）、留住老客戶與利用老客戶挖掘新客戶。這在某種程度上是市場推廣活動的終極目標，在這幾個目標的指導下，企業行銷的職責也就十分清晰了。

在獲取新用戶、留住老客戶與利用老客戶挖掘新客戶幾個目標之間，企業需要面對的首要問題是如何獲取新用戶，而考慮這個問題，首先要做的是找到新用戶，也就是明確新用戶到底在哪裡。企業只有清楚地知道自己用戶的方向，才能夠順利地與用戶接洽，進一步尋求獲取用戶的方法。

那麼，用戶到底在哪裡呢？在行動網路發展的時代，各種社群網站、聊天平台層出不窮，究竟哪些平台才會有企業經營所需要的大量用戶呢？據統計，現在在人群中比較受歡迎的主流線上工具主要是騰訊QQ、微信與微博，如**圖7-2**所示。騰訊QQ的月活躍用戶在二〇一五年達到了六億四千兩百萬；微信戶已經達到了六億九千七百萬人，而微博中的代表新浪微博用戶有兩億四千兩百萬。

對於企業來說，首先需要對自己的用戶進行一個精確的定位，然後再選擇一個或者多個線上工具進行O2O行銷。

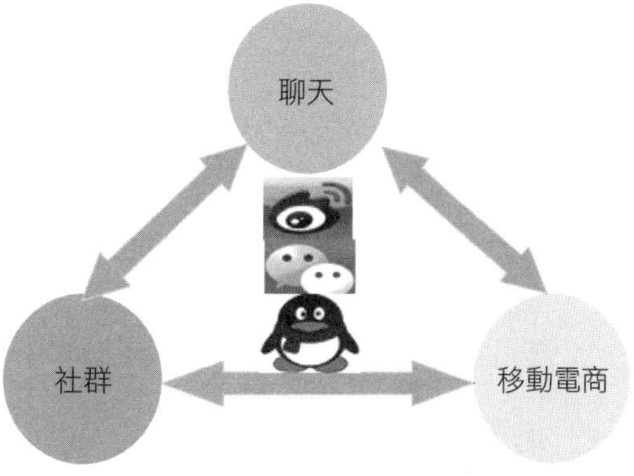

圖7-2 三大主流線上工具

✧年輕客戶

如果企業把自己的客戶群體主要定位為年輕人，那麼微信將是行銷的首選工具，為什麼是微信而並非微博呢?因為根據研究，年齡的差異在微信、微博的用戶群體上表現得非常明顯，總體而言，微博用戶偏成熟，微信的年輕用戶比例更高。三十六歲以上，尤其是四十歲以上的微博用戶比例大大高於微信用戶，三十五歲以下的微信用戶比例均大於微博用戶，尤其是十八歲以下、十九至二十四歲的微信用戶比例更是遠高於微博。

✧女性客戶

如果企業把自己的客戶群體主要定位為女性客戶，那麼，無論是微信、微博、騰訊QQ還是其他社群平台，都能滿足企業找到用戶的需求，因為與男性相比，女性更注重網路平台的社交活動，注重與周圍朋友的聯繫和溝通。

不過，在如此多的平台下，企業不可能各個都測試，在這樣的情況下，最好的方式是選擇一個或幾個線上工具，然後找到女性鍾愛瀏覽的區塊發佈自己的行銷訊息，從而找到自己的用戶。

據調查，在用戶喜愛瀏覽的微博和微信內容中，娛樂類、旅遊類、生活類、教育類更受女性的喜愛，企業可以抓住這一關鍵點，在這些區塊中與用戶進行互動，準確地找到自己的用戶。

❖內容行銷，吸引O2O客戶

內容行銷指的是以圖片、文字、動畫等介質傳達企業的相關內容來給客戶信心，促進銷售。它們所依附的載體，可以是企業的LOGO（VI）、畫冊、網站、廣告，甚至是T恤、紙杯、手提袋等，根據不同的載體，傳遞的介質各有不同，但是內容的核心必須是一致的。

對於O2O行銷模式來說，做內容行銷遠比做廣告行銷要更有效果，因為相對於廣告行銷，內容行銷並不追求短期或立即性的、不理性的、直接的行為改變，而是理性的、傾向長期的那些內容教育，最終收穫更加忠誠、黏度更高的用戶群體。

此外，比起其他載體，在網路中，內容行銷可以在動畫、文字、視頻、聲音等各種介質中呈現出來，對於目標客戶更具有吸引力。

那麼在O2O的經營模式中，究竟要採取怎樣的策略來進行內容行銷呢？下面將從內容行銷的七個方面簡單地說明O2O內容行銷的策略。

✧熱點性內容行銷

熱點性內容即某段時間內搜尋量迅速提高，人氣關注度節節攀升。合理利用熱門事件能夠迅速帶動網站流量的提升，當然熱門事件的利用一定要恰到好處。對於何為熱門事件，行銷者們都可以藉助平台通過數據進行分析，比如：百度搜尋風雲榜、搜狗熱搜榜等都是不錯的利用工具，當然熱點性內容可以根據自身網站權重而定，瞭解競爭力大小，是否符合網站主題非常重要。

自二〇一四年二月份以來，如果消費者在淘寶上搜尋「星星同款」、「來自星星的你」等關鍵詞，就會發現，嗅覺靈敏的淘寶店主已經創造了一個消費熱點，那就是圍繞著這一個月以來熱播的韓劇《來自星星的你》的一系列所謂「同款」商品，如**圖7-3**所示。

利用熱點性內容能夠在短時間內為網站創造流量，獲得非常不錯的利益，淘寶網店正是利用了熱播韓劇《來自星星的你》這個熱門事件，銷售同款「星星產品」，吸引了用戶的目光，創造了大量的流量。

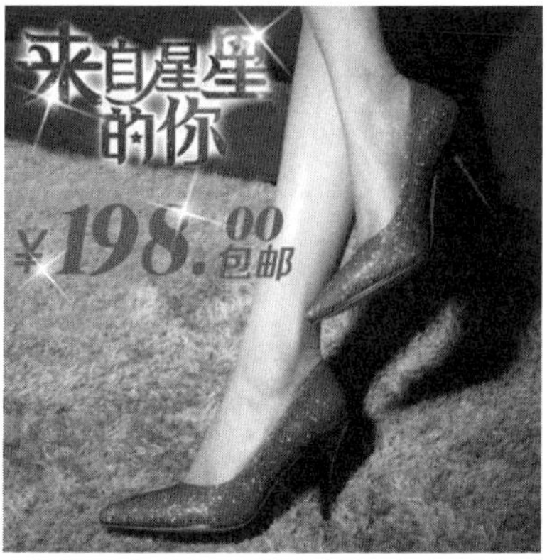

圖7-3 「來自星星的你」同款鞋

✧時效性內容行銷

時效性內容是指在特定的某段時間內具有最高價值的內容，時效性內容越來越被行銷者們所重視，並且逐漸加以利用使其效益最大化，行銷者們利用時效性創造有價值的內容展現給用戶。所發生的事和物都具備一定的時效性，在特定的時間段擁有一定的人氣關注度，作為一名合格的行銷者，必須合理把握以及利用該時間段，創造豐富的主題內容。時效性內容對於百度搜尋引擎而言也十分重視，搜尋結果頁面中也充分利用了時效性。

✧即時性內容行銷

即時性內容是指內容充分展現當下所發生的物和事。當然，即時性內容策略上一定要做到及時有效，若發生的事和物有記錄的價值，必須第一時間完成內容寫作，其原因在於第一時間報導和第二時間報導的區別比我們想像的大很多，其所帶來的價值也不一樣。就軟文投稿而言，即時性內容審核通過率也有所提高，比較容易得到認可與支持。不僅如此，就搜尋引擎而言，即時性內容無論是排名效果還是帶來的流量，都遠遠大於轉載或相同類型的文章。

✧持續性內容行銷

持續性內容是指內容品質不受時間變化而變化，無論在哪個時間段，內容都不受時效性的限制。持續性內容作為內容策略中的中流砥柱，不得不引起高度重視。持續性內容帶來的價值是連續持久性的，持續性內容已經作為豐富網站內容的主打，在眾多不同類型的內容中佔據一定的份額。就百度搜尋引擎而言，內容時間越長久，獲得的排名效果相比而言越好，帶來的流量也是不可估量，因此行銷者們越來越關注持續性內容的發展以及充實。

✧ 方案性內容行銷

方案性內容即具有一定邏輯符合行銷策略的方案內容，方案的制定需要考慮很多因素，其中受眾人群的定位、目標的把握、主題的確定、行銷平台、預期效果等都必須在方案中有所體現，然而這些因素必須通過市場調查，通過資料對比分析，並且需要依靠豐富的經驗。

作為方案性內容而言，它的價值是非常大的，對於用戶來說，內容中品質非常高，用戶能夠從中學習經驗，充實自我，提升自身行業綜合競爭力。方案性內容的缺點是在寫作上存在難點，需要經驗豐富的行銷者才能夠很好地把握。由於在網路上方案性內容相對而言較少，因此，它獲得用戶的關注會更多。

✧ 實戰性內容行銷

實戰性內容是指通過不斷實踐在實戰過程中積累的豐富經驗而產生的內容。實戰性內容的創造需要行銷者們具有一定的實戰功底，只有具有豐富經驗的行銷人員才能夠做到真實性，內容中能夠充分展現實踐過程中遇到的問題，讓讀者從中獲得有價值的資訊，能夠得到學習鍛鍊的機會。實戰性內容能夠獲得更多用戶的關注，是因為這是實踐者真實經歷，是真正的經驗之談，對於用戶來說價值量較高。

✧ 促銷性內容行銷

促銷性內容即在特定時間內進行促銷活動產生的行銷內容。特定時間主要把握在節日前後。促銷性內容主要是行銷者利用人們需求心理而制定的方案內容，內容中能夠充分體現優惠活動，利用人們貪便宜的普遍心理做好促銷活動，促銷性內容行銷往往能提高企業更加快速地銷售產品，提升企業形象。

促銷性內容行銷已經成為一種幾乎所有商家都會選擇的行銷方式，目前比較火爆的是商家節假日的線上線下促銷活動，如圖7-4所示為天貓商城「五一」節大放價的促銷活動。

專家提醒

在進行內容行銷時，企業提供優秀的內容發佈平台十分重要，企業可以將內容發佈到博客上，也可以將內容發佈到垂直論壇上，還可以將內容發佈到大眾平台上。一方面，企業在發佈內容的時候要選擇好平台，平衡好投入產出比的問題；另一方面，企業需要對發佈的內容進行優化，讓其更加適應搜尋引擎爬蟲的算法。

圖7-4 天貓「五一」促銷活動

❖ 服務至上，營造O2O口碑

相對於其他行銷模式，服務行銷是一種通過關注顧客，進而提供服務，最終實現有利的交換的行銷手段。服務行銷是企業在充分認識並滿足消費者需求的前提下，為充分滿足消費者的需要在行銷過程中所採取的一系列活動。

服務作為一種行銷組合要素，正在逐漸被人們所重視，特別是在行動網路快速發展的今天，人們的需求發生了改變，對服務品質的要求也越來越高。因此，在O2O行銷過程中，服務與行銷的每一個環節都必須是息息相關的，它不能獨立存在於行銷環節之外。

以網路燒烤店「原始燒烤」的O2O戰略佈局為例，它的服務始終貫穿於O2O行銷的整個環節，無論是線上還是線下，都給顧客帶來了高品質的體驗感受。原始燒烤是一家提供燒烤所需食材和一切器具的網店，它為消費者的燒烤體驗提供了一站式的解決方案，如圖**7-5**所示。

在原始燒烤的線上平台，一共有十五個員工，他們為顧客提供的線上服務體驗是別致貼心的，首先，他們會利用微信平台向消費者推送一些非商業性質的心得與小貼士，比如食補的常識、牛肉真假的辨別等；其次，原始燒烤在店內都貼上了二維碼，用戶可以直接通過掃描二維碼進行預約，然後再去店內提貨，原始燒烤還會在現場為用戶加工燒烤食品，讓用戶能夠吃得安心；再次，原始燒烤還在線上線下設計了各種與用戶互動的環節，比如邀請用戶分享烤肉照片，對燒烤體驗進行評價等，這些活動培養了用戶對原始燒烤的歸屬感；最後，原始燒烤十分注重口碑行銷，如果員工送貨不及時，會將產品免費送給用戶。

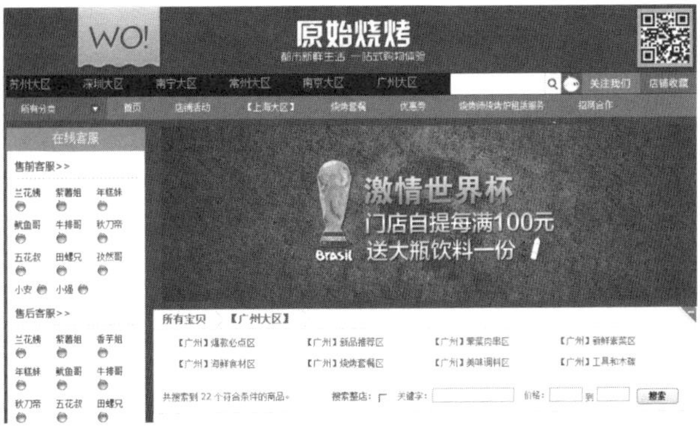

圖7-5 原始燒烤一站式購物體驗

原始燒烤的每一個服務環節都給用戶帶來了不一樣的體驗，它以用戶為本，為用戶提供了大量戶外燒烤訊息和燒烤注意事項，營造了良好的口碑。在原始燒烤環環相扣的服務體驗下，用戶感受到了舒適貼心的服務體驗，對原始燒烤給予了一致好評，如圖7-6所示。

從原始燒烤這個例子中可以看出服務行銷對於O2O行銷的重要性，在O2O的服務行銷中，只有真正關心用戶的感受，從用戶的角度出發，才能獲得用戶的信賴。

服務行銷更像是一種口碑行銷，因為在服務行銷的過程中，「顧客關注」是重要的環節之一，服務品質的高低，將決定後續環節的成功與否，影響服務整體方案的效果，所以，對於O2O行銷來說，應該把服務品質放在行銷競爭的關鍵位置。

專家提醒

需要注意的是，服務的結束並非行銷終點，O2O最有價值的閉環絕不是為了平台利益而建立的，而是行銷的閉環。線上線下的結合，線下絕不是行銷的終點，而是下一個起點。如果將服務的結束當作終點，企業將永遠無法提升投資報酬率，無法體會到網路行銷與傳統行銷的區別。

圖7-6 原始燒烤大眾點評網評價

❖ 互動轉化，提高O2O信譽

每一個開展O2O行銷的人，都應認識到行銷轉化率的重要性，其實提高行銷轉化率很簡單，企業只需要站在用戶的角度，用心去改進O2O體驗環節，優化行銷平台和流程，重視用戶的消費感受，善於引導用戶參與互動，就能夠維繫與潛在客戶之間的關係，讓O2O行銷之路走得更長遠。

現在很多企業由於缺乏對於轉化率的認識，通過發送垃圾郵件、購買彈窗廣告、進行插件／病毒推廣、瘋狂購買網路廣告等錯誤的行銷方式進行O2O行銷，這樣的盲目推廣導致企業的大量金錢投入成了泡影。企業因為收不到成效，最終會對O2O行銷失去信心。

在O2O交易過程中，如何把用戶從線上拉到線下是O2O行銷的核心環節，而這個環節的根本是轉化率，要提高轉化率，企業必須在與用戶互動中做到以下幾點要求。

✧ 要求一：圖片的美感度與真實度

視覺行銷影響關聯銷售的點擊轉化率和訂單轉化率，所以，商家永遠不要忽視了圖片的重要性，美觀大方的圖片能夠為用戶帶來的不只是視覺的愉悅，更是具有感情色彩的體驗。

在O2O線上行銷中，商家需要在登錄頁面的某個醒目位置，測試不同類型的圖片對轉化率產生的作用，還需要分析到底什麼類型的圖片才能夠在短時間內讓用戶產生消費衝動的反應。

當然，所選的美觀圖片如果不夠真實也是絕對不行的，在O2O行銷中，商家選擇的宣傳頁面與圖片不僅要使用戶產生購買的慾望，同時也必須真實可靠，否則極有可能因為遭遇退貨和差評的影響，導致商家信譽受損。商家如果想要做得長遠，就必須用圖片做口碑行銷，提高自己的信譽度，如**圖7-7**所示。

用圖片做
口碑行銷
照片就是一
個品牌的臉
用照片解剖
產品的價值

圖7-7 真實美圖提高轉化率

✧要求二：評價體系的構建與創新

大膽地讓新用戶去瞭解過往消費者對自己的商品的評價，如**圖7-8**所示。除此之外，商家還可以考慮讓老用戶的點評在頁面上滾動顯示，這樣一來，新用戶就不再需要專門去點評頁面查看，體驗度也會隨之大大提升。

✧要求三：服務體驗的加強與完善

用戶在網上消費，會比在線下實體店消費更難感受到真實感，這是因為網上消費缺少了很多線下的服務。對於O2O這種網上支付服務來說，想要牢牢地控制住用戶的消費習慣，企業就必須想方設法與用戶進行大量的互動，比如給予用戶每一個煩瑣問題的認真回應反饋，設置一個答疑解惑區塊，如**圖7-9**所示。

在實施線上行銷時，企業還可以通過多種途徑如電子郵件、即時通訊、入口、博客、論壇等，與消費者在行銷全過程進行互動。

商家必須明白，自己所做的一切事情的目的，都是為了鼓勵用戶在你的網站上完成下單和消費，為了提高轉化率。

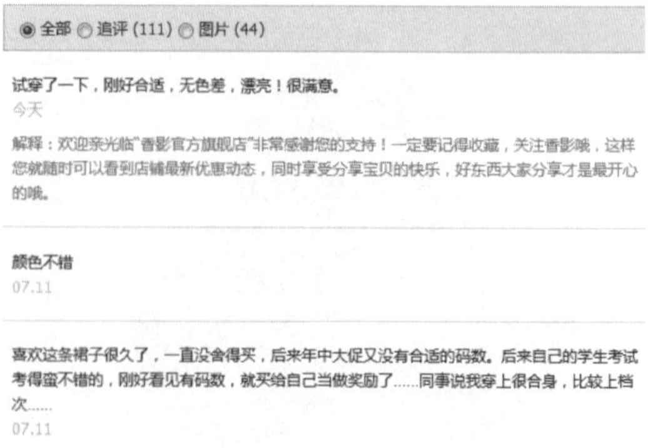
全部 追评 (111) 图片 (44)
试穿了一下，刚好合适，无色差，漂亮！很满意。
今天
解释：欢迎亲光临"香影官方旗舰店"非常感谢您的支持！一定要记得收藏，关注香影哦，这样您就随时可以看到店铺最新优惠动态，同时享受分享宝贝的快乐，好东西大家分享才是最开心的哦。
颜色不错
07.11
喜欢这条裙子很久了，一直没舍得买，后来年中大促又没有合适的码数。后来自己的学生考试考得蛮不错的，刚好看见有码数，就买给自己当做奖励了……同事说我穿上很合身，比较上档次……
07.11

圖7-8 消費者評價平台

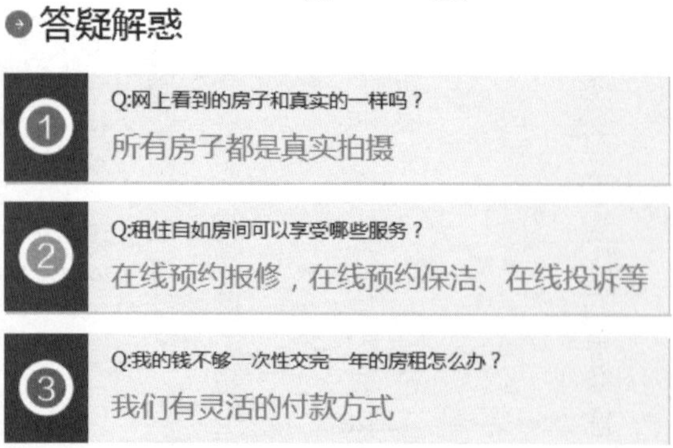
答疑解惑
1
Q:网上看到的房子和真实的一样吗？
所有房子都是真实拍摄
2
Q:租住自如房间可以享受哪些服务？
在线预约报修，在线预约保洁、在线投诉等
3
Q:我的钱不够一次性交完一年的房租怎么办？
我们有灵活的付款方式

圖7-9 商家答疑解惑區塊

✣ 平台一覽，O2O行銷平台

藉助於各種智慧終端，O2O把服務的雙方或服務方的前台放到網路上，使消費者可以在自己的手機或其他終端上便捷地按照自己的價格、位置、時間等訴求查看服務方線下服務；並可以人性化地解決消費者的核心需求，獲得滿意服務。現在，O2O的行銷平台有很多，在這裡，將著重介紹以下五種平台。

❖ O2O＋LBS平台

在行動網路與O2O行銷模式發展大好的趨勢下，行動定位服務行業被一致看好。未來是屬於行動網路的時代，而在O2O這樣的生活服務類平台的支撐下，基於行動定位的在地生活化服務商圈模式，將擁有更加廣闊的市場前景。

什麼是行動定位服務？簡單地說就是一種定位系統，即基於地理位置的服務，如**圖7-10**所示。它通過無線電通信網路或外部定位方式，獲取行動終端用戶的位置訊息，為用戶提供相應服務的一種增值業務。

而O2O與LBS結合，則是一種新型的行銷方式，這種基於地理位置服務的行銷方式能夠精準定位客戶，實現行動網路時代的精準行銷。

Grubwithus是矽谷創業孵化機構Y Combinator的孵化項目，成立於二〇一〇年，創始人給Grubwithus的定位是一家基於地理位置的社交餐飲服務網

圖7-10 LBS地理位置服務

站。進入Grubwithus網站後，可以看到各地的餐館詳情，用戶可以根據喜好隨意選擇餐館，然後購買餐券，參與聚餐團購。

其實，簡單地說，Grubwithus就是一個線上訂餐網，但有所不同的是，用戶在訂餐的同時可以根據地理位置選擇和自己共同進餐的人，與陌生人一起用餐，這也算是完成了一次社交活動。如**圖7-11**所示為Grubwithus晚餐邀約平台。

案例解析：在行動定位服務和電商領域的交界處，誕生了許多創新性的網路和行動產品，這種創新的行銷模式在很大程度上影響了我們的日常生活。在本案例中，Grubwithus利用O2O模式與LBS地理位置系統，將線上線下打通，為大眾構建一個基於O2O模式的社交餐飲平台。

對於用戶來說，進入網站就可以找到附近的店面，發現與自己有共同進餐需求的朋友，用戶除了可以在這個平台上享受美食外，還能結交更多的朋友，這無疑是一件兩全其美的事。

對於商家而言，這樣一個基於地理位置的訂餐網站，不僅讓餐飲機構更容易找到客戶，而且還能節約許多不必要的宣傳成本。

圖7-11 Grubwithus晚餐邀約平台

行動定位服務除了能夠應用在行動O2O電商領域外，還能夠廣泛支持需要動態地理空間資訊的應用，從尋找旅館、急救服務到導航，行動定位服務幾乎可以覆蓋生活中的所有方面。以下是行動定位服務常見的一些應用：資訊查詢、車隊管理、急救服務、道路輔助與導航、資產管理、人員追蹤、定位廣告、行動黃頁與網路規劃等。

專家提醒

行動定位服務業需要找到一條與線下服務結合的模式，讓用戶真正獲得線上到線下的體驗感。而從目前來看，本地化生活消費類的O2O平台是一個很好的契合點。當然，行動定位服務無論是與O2O、團購，還是導旅遊消費等領域結合，都是不同形式的嘗試和創新，是為了滿足用戶個人需求而提供的服務。

❖ O2O＋支付平台

隨著行動網路的風生水起，傳統生活服務行業逐漸認識到App行銷帶來的巨大商業價值，開始紛紛轉戰O2O行銷領域。戰略的轉移帶來了企業與消費者對行動支付的需求，順應市場的發展潮流，各種支付平台開始與O2O攜手開啟了行動支付大戰。行動支付平台的成熟與發展使得用戶能夠更加便利地享受O2O服務，對於O2O，尤其是行動網路時代的O2O具有重要的促進作用。

匯銀豐集團有限公司（簡稱「匯銀豐集團」）是中國一家老牌的第三方支付機構，於二〇〇九年開始佈局行動網路在傳統行業的應用。匯銀豐經過多年的行業摸索與技術革新，儲備了大量的通路關係，已經與多個商家建立了戰略合作關係，如**圖7-12**所示。

二〇一二年年初，匯銀豐開始加大力度投入人力、資金來研發「匯貝生活」O2O行銷管理系統，

圖7-12 匯銀豐集團的戰略合作商家

圖7-13 「匯貝生活」手機支付平台

圖7-14 匯貝生活卡支付功能

破解O2O行業的多項閉環難題，打通了銀行、線上、線下多重通路。在匯銀豐的精心佈局下，一個具備「行動＋支付＋行銷」等多重功能為一體的行銷管理平台誕生了。如圖7-13所示為「匯貝生活」手機支付平台。

「匯貝生活」是一個以行動網路為基礎，刷卡支付為核心，手機用戶為導向，提供商家優惠的交互資訊平台，它具有刷卡打折、消費返券、手機支付、現金券、儲蓄等功能。如圖7-14所示為匯貝生活卡的支付功能。

案例解析：在本案例中，匯銀豐集團打造一個具備「行動＋支付＋行銷」等多重功能為一體的行銷管理平台，在匯貝生活這個平台上，消費者除了可以用其衍生出的匯貝生活卡進行刷卡消費外，還可以直接用手機進行「匯幣」支付。這樣一個具有支付與打折功能的平台，讓O2O的行銷市場變得更加廣闊。

隨著行動網路的快速發展，O2O商業模式正在逐漸成熟，而行動支付是O2O閉環不可缺少的一部分，行動支付將伴隨著O2O商業模式快速發展。在行動支付領域，行動網路支付有著廣泛的應用場景和較好的用戶體驗，市場前景更為廣闊。

❖ O2O＋NFC平台

NFC，即是近距離無線通信技術，這個技術由無線射頻識別演變而來，由飛利浦半導體、諾基亞和索尼共同研製開發。

目前「O2O＋NFC」模式已經成為一種極受用戶喜愛的手機O2O應用，不同於手機客戶端，NFC手機帶有獨特的近場通信模組，用戶可以憑著配置了支付功能的NFC手機行遍全國，這種手機可以用作機場登機驗證、大廈的門禁鑰匙、交通一卡通、信用卡、支付卡等。如**圖7-15**所示為NFC手機的支付功能。

由於近場通信是一個具有多功能的手機應用系統，它可以幫助O2O平台完成很多工作，所以，現在「O2O＋NFC」平台的行銷手段已經開始被廣泛地應用到大小商家的線上線下行銷佈

圖7-15 NFC手機支付功能

局中。

PagSeguro是巴西的一家電子商務公司，主營方向是通過網路提供轉賬和匯款業務。PagSeguro與手機生產商諾基亞合作推廣ＮＦＣ轉賬業務，而且重點是面向個人用戶。

用戶只需要一張信用卡（Visa、Mastercard、American Express或者巴西本地的金融卡）和一部諾基亞（C7、701或者N9），就可以下載並安裝PagSeguro應用程式，享受近場通信系統的轉賬功能。在需要轉賬時，用戶只需登錄自己的賬號，輸入轉出的金額，然後和對方具有同樣功能的ＮＦＣ手機輕輕一觸就可以了，如**圖7-16**所示。

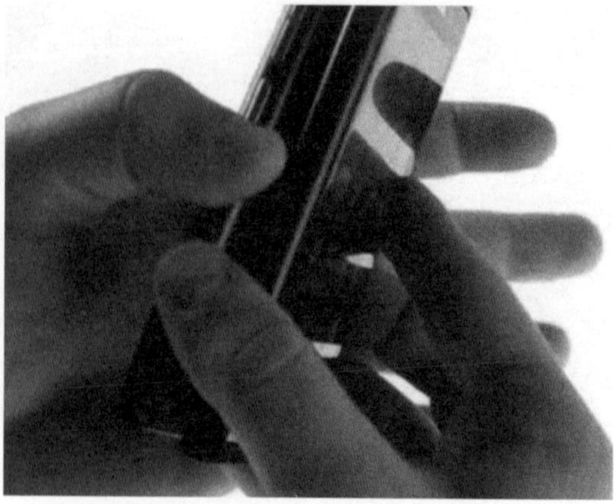

圖7-16 NFC手機轉賬功能

因為ＮＦＣ具有這樣一項轉賬功能，應用到Ｏ２Ｏ行銷中，不僅讓用戶的支付變得更加簡單方便，同時也使Ｏ２Ｏ具有了更多的趣味性與安全性。

ＮＦＣ與Ｏ２Ｏ的應用關係並不止於手機支付這一項，近場通信還能具備許多其他能夠帶動Ｏ２Ｏ模式發展的實用功能，比如說近場通信技術可以應用到Ｏ２Ｏ行銷模式的簽到中來。

對近場通信簽到系統功能應用得比較得當的是「街旁網」，街旁網是中國一家領先的基於位置的行動社群服務網站，旨在為世界上最大的行動網路用戶群創建基於位置的社群網路服務。

在二〇一一年，街旁網與諾基亞合作，推出近場通信簽到系統，它在諾基亞推出的手機中內置街旁客戶端，讓用戶可以直接通過ＮＦＣ手機進行簽到。用戶在購物時只需要將手機輕觸店鋪的近場通信系統貼紙即可完成簽到動作，這種簡單的方式不僅使用戶簽到更加快捷，而且也解決了傳統行動定位服務的真實簽到問題。如**圖7-17**所示為街旁網近場通信簽到功能。

此外，在日本麥當勞O2O完美閉環的案例中，麥當勞也因為引用了手機近場通信技術做個性化優惠券，實現了市場行銷的大滿貫。

從上面的案例可以看出，近場通信係統可以幫助O2O平台完成很多工作，它與條形碼掃描儀提供的功能相似，NFC手機用戶可以啟動一款應用或訪問一個網站，也可以完成其他動作。例如，在社交網站上喜歡一個品牌，關注一個明星微博，選擇接收零售商通過手機發送的優惠訊息，或者掃描近場通信系統的標籤獲得文字內容，如**圖7-18**所示。

NFC給O2O模式帶來的更多發展機遇還需要商家們慢慢去挖掘，未來，O2O商業模式要想在行動網路領域建立持久的優勢，必須在挖掘和滿足用戶需求的同時，不斷升級產品，降低企業的進入門檻，為消費者提供優質的行動網路應用軟體和服務，以此建立一個完整的行動行銷網路和平台。

圖7-17　街旁網近場通信簽到功能

圖7-18　NFC掃描標籤

❖ O2O＋ERP平台

ERP英文全稱為Enterprise Resource Planning，譯為企業資源計劃或企業資源規劃，它是由美國高德納集團於一九九〇年提出來的，最初被定義為應用軟體，經過迅速的發展與傳播，逐步得到了世界廣泛的認可，現在已經發展成為現代企業管理理論之一。

企業資源計劃系統，是指建立在資訊技術的基礎上，以系統化的管理思想，為企業決策層及員工提供決策運行手段的管理平台。它是實施企業流程再造的重要工具之一，是個屬於大型製造業所使用的公司資源管理系統。

ERP與O2O的結合，為企業的發展創造了新的機會，ERP能使O2O計劃團隊完全介入到整個線下供應鏈中，獲得線下營運經驗，並確切地知道各個環節會出現的問題；它還能使整個O2O服務鏈條更順暢，也更容易吸引用戶，獲得他們的青睞。

例如，最新的一個O2O發展案例，在二〇一四年，京東商城宣佈與上海、哈爾濱、東莞等十五座城市的萬餘家便利商店（包括快客、好鄰居、美宜佳等）達成戰略合作，這些便利商店將通過京東商城提供的O2O模式進行網路轉型，如**圖7-19**所示。

便利商店將在資訊系統、會員系統、消費信貸體系及服務體系等方面與京東商城深度整合，京東商城將在線上給這些便利商店搭建入口。京東所推廣的O2O模式核心是通過雲技術幫助傳統零售企業、

圖7-19 京東商城O2O平台

品牌企業推出網上商城的，並通過與零售業主流ERP軟體商SAP、IBM等達成合作，實現零售業ERP系統和京東O2O平台對接。

專家提醒

ERP系統集資訊技術與先進管理思想於一身，成為現代企業的運行模式，反映時代對企業合理調配資源、最大化地創造社會財富的要求，成為企業在資訊時代生存、發展的基石。它對於改善企業業務流程、提高企業核心競爭力具有顯著作用。

新O2O平台的具體操作方式為：通過京東平台上便利商店的官網，消費者可藉助行動定位，在其旗下所有門市中找尋最近的店面進行購物。同時京東還將與便利商店實現線上線下會員體系共享，將積分優惠等活動打通，會員的所有訂單都由京東統一下發給便利商店，由便利商店或京東自營配送團隊以京東統一服務標準進行「最後一公里」配送，並實現即時監控。同時，京東將聯手便利商店推出更具個性化的物流服務，如「一小時達」、「定時達」、「十五分鐘極速達」、「就近門市的售後服務」等。

由於倉儲體系的共通，便利商店可以在網上擴充品類建立線上賣場、生鮮超市等多種業態，甚至在未來還可以發展預售模式。京東商城方面透露，這一O2O業態在二〇一四年年底覆蓋全國所有省會城市和地級市。

案例解析：在本案例中，京東商城不同於其他電商側重於行銷端、支付端的O2O，而更多扮演的角色是數據、計算處理和流量入口。

O2O模式的核心是線下對接、訊息反饋以及支付，同時流程的方便、順暢也是用戶評判服務好壞的一大標準。要實現這些目標，除了各大行業固有的環境因素外，將線下的物流、資訊流、資金流打通並與線上平台高度集成就成為關鍵。

京東商城運用的ERP系統是指建立在資訊技術基礎上，以系統化的管理思想，為企業決策層及員工提供決策運行手段的管理平台。如果說傳統C2C、B2C模式的電子商務對ERP系統並不是十分依賴的話，O2O模式（特別是重型O2O模式）下的電子商務則需要將其當作項目的重點來考慮。

O2O項目的關鍵是要考慮清楚整個服務的流程，各個環節的數據反饋、分析，確保各個環節銜接的流暢，並將整個流程分解精細化，盡可能映射到ERP系統中。

對於設計O2O項目的團隊人員來說，搭建ERP系統使他們能夠完全介入到整個線下供應鏈中，實際獲得線下營運經驗，並確切地知道各個環節會出現的問題。團隊如果能很好地處理掉這些問題，這無疑就是一筆財富，並能增強團隊對行業資訊的掌控能力。另外，整個O2O服務鏈條的順暢也更容易吸引用戶，獲取他們的青睞。

同時，與消費者的互動可以幫助企業實現精準的數位行銷，也讓消費者找到了更優惠、更適合自己的個性化產品。在「O2O＋ERP平台」上，實體經營者可以實現線上流量向到店客流的轉化，而消費者可以享受線上獲取、到店享用的便利和實惠，其實現過程是全程的、可計量的數位化行銷。

❖ O2O＋手機客戶端

隨著智慧手機應用時代的到來，手機上網慢慢成為人們與網路接觸的主流通路，正是因為瞄準了行動網路發展的機會，商家開始把手機客戶端應用到O2O行銷中來，如圖7-20所示。

手機客戶端為商家企業開闢了全新的行銷推廣平台，它通過軟體技術將公司產品和服務介紹安裝於客戶的手機上，相當於把公司的名片、宣傳冊和產品等一次性派發給用戶。通過手機客戶端進行這些宣傳的花費都是很低的，用戶使用的次數也不受限制，是最便攜的企業宣傳冊，在手機上輕鬆攜帶大容量的企業資訊，省去資料攜帶不便的煩惱，隨時隨地洽談客戶企業成本，也不會隨著客戶下載數量的增加而增加。

手機客戶端因為具有這些優勢，目前已經發展成為O2O行銷的重要平台之一。對於O2O行銷來說，它一方面連接著眾多商家企業，另一方面承載著數量龐大的線上消費者，如何打通兩者之間的壁壘，是O2O閉環的重點。而在這裡，完成O2O閉環關鍵的工具就是手機客戶端，因為行動網路的快速發展，手機客戶端已經成為O2O打通線上與線下阻隔的必要工具。

對手機客戶端進行應用的O2O成功行銷案例有很多，這其中就包括H&M服裝企業的手機客戶端應用，如圖7-21所示。

圖7-20 手機客戶端O2O應用

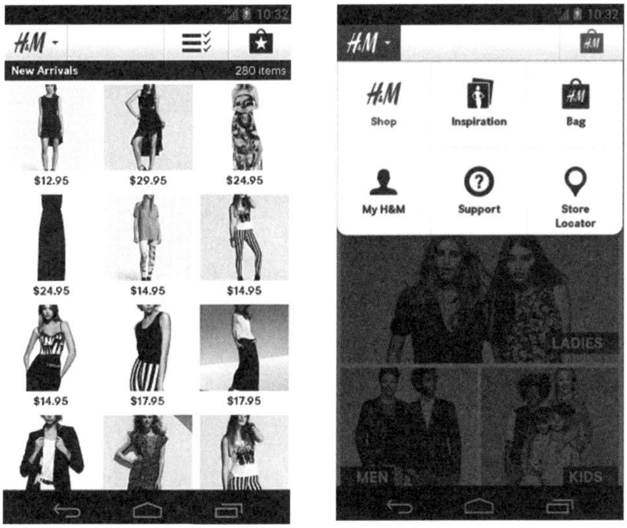

圖7-21 H&M手機客戶端應用

H&M為iPhone、iPad與iPod用戶推出自身品牌的行動應用程式，用戶安裝後，可獲得最新的促銷優惠、時尚資訊等訊息，同時，用戶還可以將產品資訊通過社群網站、微博分享給好友，另外，H&M的行動應用程式還為用戶提供了一項更貼心的定位服務，用戶可以查詢附近的店鋪地址和服務資訊，如圖7-22所示。

圖7-22 H&M的GPS定位功能

案例解析：本案例中的H&M是瑞典最大的服裝連鎖經營商，作為歐洲第三大最有影響力的品牌，它成立於一九四七年。迄今為止，已經成功地在歐洲的十八個國家和美國開設了九百五十家連鎖店，H&M期待通過「多款、平價、少量」的產品法則迅速佔領年輕人的衣櫥，如今，H&M在二十八個國家超過一千四百家的專賣店內銷售服裝與化妝品。

此次，H&M推出的行動應用程式，濃縮時裝世界的萬千變化於掌間，讓用戶在網路購物體驗方面始終先人一步。用戶通過行動應用程式可以隨時隨地網羅H&M服裝資訊，以最優的價格購買時下最時髦的服裝。H&M行動應用程式主要功能有以下幾方面。

◆用戶只需輕輕搖動手機，即可接收最新促銷和優惠資訊。

◆用戶能及時瞭解店內新品、查看最新活動和H&M新聞及視頻，還能開通通知服務，獲得當地H&M優惠和活動的即時提醒。

◆通過包含商品收藏夾、優惠及更新訊息的「我的H&M」，隨時進行互動。攜帶收藏的商品訊息，前往專賣店購物。通過Facebook、Twitter、電子郵件和社交網路與親友分享喜愛的商品。

◆無論用戶身在世界哪個角落，都可以輕鬆地查找離自己最近的H&M專賣店。

H&M利用O2O與手機客戶端的結合，為用戶提供了一次方便快捷的網路購物體驗，用戶的掌上掌握著關於H&M的一切資訊，可以隨時隨地實現線上輕鬆購物。

✣實戰經驗，O2O行銷方案

O2O市場的戰役早已打響，並於二〇一四年開始進入火爆時期，目前，無論是京東商城、阿里巴巴，還是百度、天貓，都處於圈地狀態，並沒有確定自己的天下，未來，無論是大型企業還是小型商家，都有自己O2O發展的一席之地。要想在O2O的激烈戰場中佔據越來越有利的地位，快速構建O2O發展的格局，掌握O2O行銷方案是關鍵。下面將結合幾個O2O行銷案例，為企業提供一些具體的O2O行銷方案。

❖螞蜂窩決戰O2O行銷時代

隨著行動網路時代的到來，線上旅遊行業迎來了更大的發展機遇，像「螞蜂窩」這樣的旅遊網站隨著行動網路時代的誕生，迅速發展起來，如**圖7-23**所示。因為旅遊網站具有社群媒體屬性，適應了用戶日益個性化旅行的需要，所以在O2O的發展道路上與其他行業相比會顯得更加順暢。

圖7-23 螞蜂窩線上旅遊網

螞蜂窩旅遊網站是中國最大的旅行分享網站，它為用戶提供了全球的旅遊攻略、旅行點評等綜合服務。目前，它是中國領先的旅遊社群媒體，為旅行者提供了新鮮、真實的決策參考，為旅遊行業提供了精準的行銷方案，今螞蜂窩註冊用戶已超過八千萬。

多數人都知道，中國的線上旅遊行業十餘年發展歷程中產生了攜程、藝龍這樣以「標準化」為主的大型旅遊企業，在這樣的大型旅遊企業面前，螞蜂窩要用怎樣的方式打通線上線下的發展通路，迎來發展O2O的發展新機遇，是一個值得深入探討的問題。

在這個行動網路迅速發展的時代，對創業者來說，有機遇也有挑戰，高科技的網路與行動網路成了企業的重要行銷工具，行動網路行銷功能為創業者帶來了發展機遇，螞蜂窩正是因為專注了這個發展機遇開始創業測試O2O旅遊行業。激烈的O2O戰役打響，在眾多的旅遊網站中，螞蜂窩如何迎接挑戰，確立自己的發展地位。將是未來關注的問題。

✧市場與技術的結合

隨著科技的快速進步，人們的生活水準大幅度提高，開始更加重視生活的品質和享受，旅遊成了人們享受生活的重要方式之一。在這樣的情況下，旅遊業成了一個擁有巨大發展前景的行業，而螞蜂窩的創始人正是因為看好旅遊業的發展市場，開始投入營運旅遊網站的。

市場與技術的結合是螞蜂窩成功的關鍵因素之一。螞蜂窩的創始人在開始營運網站之前便在一個旅遊網站工作了一段時間，在瞭解網站營運的具體情況與親身出遊體驗之後，才開始實施自己的發展計劃。

✧ 多款行動應用程式投入使用

基於創始人本身在旅行中遇到的交流障礙，螞蜂窩推出了「旅行翻譯官」這款行動應用程式，如圖7-24所示。這是螞蜂窩的第一款行動應用程式，於二〇一一年四月份上線，在六個月之後，得到了五百萬美元的A輪融資。

隨後，螞蜂窩又基於用戶的需求陸續推出了其他四款行動應用程式，分別是旅遊攻略、旅行家遊記、嗡嗡、旅遊點評，讓自己的服務能夠覆蓋旅途的前、中、後。

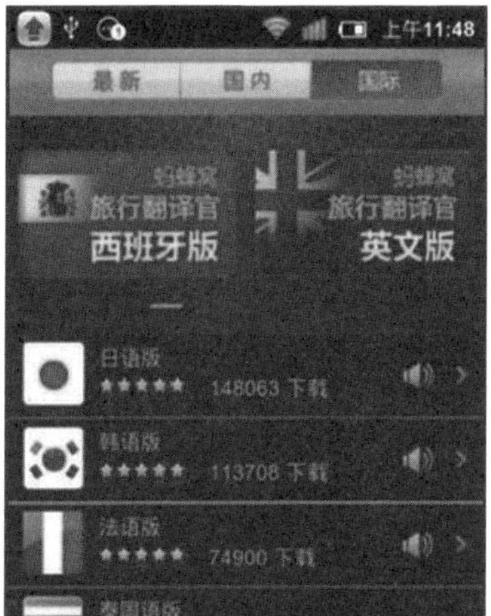

圖7-24 螞蜂窩「旅行翻譯官」

旅遊攻略是一款介紹國際間城市旅遊資訊的應用，它分為國內外兩個大區塊，分別具體介紹了國內外城市的旅遊詳情；旅行家遊記則是旅客分享自己旅遊心得的區塊，用戶可以隨時登錄，發佈自己的旅遊心得；而嗡嗡則是基於旅行社交的應用，不僅可以分享足跡，還可以進行旅行結伴，尋找與自己同行的旅遊愛好者；另外一款叫旅遊點評，是針對「十一黃金週」推出的行動應用程式，可以尋找旅行過程中周邊口碑不錯的景點、評價不錯的飯店，甚至是當地很有特色、備受歡迎的餐廳和美食。

從螞蜂窩的幾款行動應用程式中，看到了為用戶全心服務的創造心意，相信有這樣幾款產品在手，旅行愛好者在路途中不僅能獲得更多的樂趣，還能避免遇到像別人口中說的旅遊宰客、欺客等陷阱。

行動網路和個人電腦是完全不同的，它不僅要求創新，還要求能滿足用戶的具體需求。螞蜂窩的整個行動應用程式產品設計、互動、推廣和營運都完全不同，讓用戶感受到行動網路的簡單直接，它的每個行動應用程式都是為了解決用戶的特定需求而設計的，而不像網站一樣，功能大一統。因為螞蜂窩對產品設計和用戶服務的用心，到二〇一三年四月份時，它的行動端安裝量已經超過了兩千萬。如圖7-25所示為螞蜂窩國內旅遊行動應用程式。

案例解析：本案例中，螞蜂窩不同於其他旅遊網站，專門只從事為旅客提供機票與飯店預訂的服務，它把旅遊服務的中心放到了旅行分享上，不僅為顧客提供飯店預訂等傳統旅行網站具有的服務，還為旅遊者提供了精心策劃的旅遊攻略，創新推出了多款旅遊行動應用程式。這樣貫穿旅遊前、後的貼心服務，使螞蜂窩得到了快速發展，到二〇一四年，它的旅遊攻略下載量躍居為旅遊資訊行動應用程式中的第一位，如圖7-26所示。

螞蜂窩的快速發展最根本的原因在於它能立足於旅行愛好者的根本需求，在產品製造上花費心思，滿足旅遊者的愛好，受到了用戶的歡迎；另一方面，還得益於螞蜂窩背後擁有一個比較龐大的社群，螞蜂窩電腦端的註冊用戶已經超過四百萬，這些用戶都是非常熱愛生活、熱愛旅行的愛好者，他們成了螞蜂窩忠實的口碑傳播者。

圖7-25 螞蜂窩國內旅遊行動應用程式

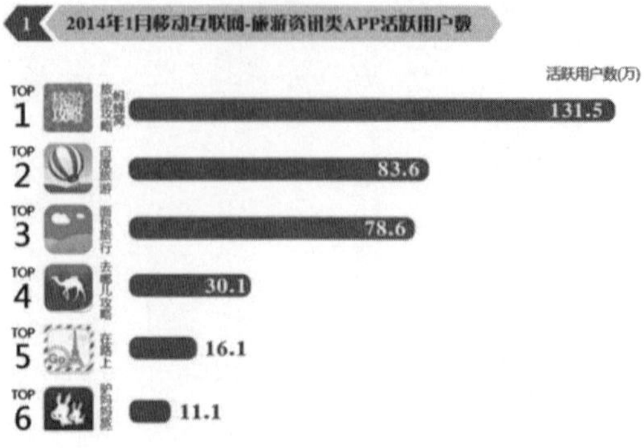

圖7-26 螞蜂窩旅遊攻略下載量躍居第一

專家提醒

在手機端，用戶一般是在旅途中使用旅遊行動應用程式，使用場景更碎片化、臨時化，針對這樣的特點，手機端的產品設計需要更加小巧、簡單、精緻、實用。

而在電腦端，也由於它的發展特性，要求網站投放數量多、像素高、尺寸大的精美照片和分類非常詳細的旅遊區塊，另外，由於用戶一般會在旅行前選擇用電腦端，所以，這就要求企業在電腦端與用戶之間的互動以及線上的活動必須更加豐富。

❖ 吉野家的O2O創意行銷

吉野家始創於一八九九年，是一家享有百年歷史的著名的牛肉飯專賣店。吉野家的第一家飯店開設在日本築地魚市場，經過百多年的積極發展，它的分店已經遍及世界各地，如北京、上海、香港、新加坡、美國加州及馬來西亞等地區，時至今日，吉野家已在全球擁有分店超過一千一百間，為各地顧客提供日式美味食品及優質服務。

吉野家主要經營各式美味的日式蓋飯，包括煎雞飯、牛肉飯、東坡飯與咖喱雞肉飯等，牛肉飯和煎雞飯是吉野家的典型招牌菜，如圖7-27所示。

餐飲業本來一直是一個高速發展的行業，可是自從

圖7-27 吉野家招牌菜

二〇一三年以來，它的發展速度明顯變慢，面對這樣的困局，大多數商家都在求變——尋求新的發展方式，利用行動網路平台轉型O2O模式。

吉野家也屬於多數求變商家中的一家，它從二〇一三年八月開始，在中國發起了一系列O2O活動，通過線上線下戰略佈局，採取多通路經營的方式，已成為餐飲行業的典範。

通過洞察O2O行銷市場，吉野家設計了新的行銷戰略，首先，吉野家分析了自己的消費群體特徵，按照他們的特徵開始佈局O2O戰略。由於吉野家的消費群體主要集中在學生和年輕白領之間，這一類人的明顯特徵是有明確的喜好、愛玩、愛新鮮事物，針對這些特徵，吉野家開始展開佈局，設計了一系列主題為「外貌協會」的O2O創意活動。

✧憑臉吃我

吉野家的「憑臉吃我」是一次推廣新品「吉味米堡」的創意行銷活動，這次活動規定，消費者可以憑藉在吉野家的自拍照換取一次「吉味米堡」的試吃機會，如**圖7-28**所示。

這個活動抓住了目標消費群體愛「自拍」的特點，將此轉化為個性化的微信優惠券，不僅趣味性強，而且十分接地氣，簡單的操作吸引了大量消費者的目光，由於感受到此次活動的趣味性，消費者開始關注並參與進來。

圖7-28 吉野家「憑臉吃我」活動

✧帥哥換帥鍋

為了推銷石鍋拌飯，吉野家舉辦了「帥哥換帥鍋」活動，讓這道食品從眾多的石鍋拌飯中脫穎而出。吉野家將自己的石鍋拌飯取名為「大帥鍋」，舉辦「帥哥換帥鍋」的行銷活動，它在二〇一三年策劃了一個「白襯衫帥哥日」，在活動當天，對前來吉野家的前一百名白襯衫帥哥免費贈送一份石鍋拌飯，如**圖7-29**所示。

在這次活動的前期，吉野家充分利用了微信、微博、BBS論壇等媒體的資訊傳播功能，傳播了活動訊息，並打通了線上線下的行銷通路。在此次活動中，通過微信將消息轉發分享給朋友，不僅抓住了目標客戶的關注目光，還形成了口碑。

圖7-29 吉野家「帥哥換帥鍋」活動

案例解析：吉野家利用行動網路新思維，重新構建線下生意行銷，這種具有創意的行銷手法就是O2O行銷。利用網路與行動網路的優勢去彌補線下的不足，使線上線下相得益彰，這種行銷新玩法，讓吉野家的發展更加順利。

◆O2O門市推廣，實用性強，直接轉化為購買力：很多企業以為O2O只有「線上導線下」這種單線導流量的方式，其實不是這樣的，O2O的真正爆發在於能夠把線上和線下結合在一起，只有把線上線下結合在一起，才能使微信行銷的效果最大化。

吉野家在此次活動舉辦地區的所有門市都進行了活動宣傳，從線下反推到線上再導入線下，利用這種方式，讓消費者到店掃描二維碼玩「憑臉吃我」，消費者通過掃描，獲得了吉野家的優惠券，由於優惠券可以立即使用，直接刺激了消費，轉化為購買力。

◆在微博上利用明星效應，以點帶面快速傳播：利用明星的力量在粉絲中進行傳播；此外，邀請知名美食達人胖星兒、王子強等意見領袖率先體驗，迅速在網路上開始傳播推廣。

◆微信朋友圈分享，迅速形成口碑傳播：此次，吉野家「憑臉吃我」活動中的優惠券是以二維碼的形式存在，可重複掃描使用，吉野家鼓勵消費者將自己的優惠券分享到朋友圈，與朋友一起分享這份優惠；並通過朋友圈這個網路上信賴度最強的口碑傳播平台，形成與友同樂的感覺，引導了更多的消費者參與到活動之中。

❖O2O挑戰傳統租車行業

滴滴打車是一款免費打車軟體，是時下最便捷與時髦的手機「打車神器」，是覆蓋最廣、用戶最多、最受用戶喜愛的「打車」應用，入選「App Store二〇一三年度精選」，榮登日常助手類應用榜單冠軍。

滴滴打車應用與微信相似，用戶啟動滴滴打車軟體客戶端，點擊「現在用車」，按住說話，發送一段語音說明現在所在的具體位置和要去的地方，鬆開叫車按鈕，叫車訊息會以該乘客為原點，在九十秒內自動推送給直徑三公里以內的出租車司機。司機可以在滴滴打車司機端一鍵搶應，並和乘客保持聯繫，如**圖7-30**所示。

在乘客到達目的地下車需要支付車費時，可使用滴滴打車合作夥伴微信支付和QQ錢包進行線上支付，既可享受免找零的煩惱，也避免了收到假幣與丟錢包等現象發生，完成了從打車到支付的一個完美閉環服務，讓用戶的出行盡在自己掌握，如**圖7-31**所示為滴滴打車微信支付。

圖7-30 滴滴打車應用介面

案例解析：「滴滴打車」App改變了傳統打車方式，建立培養出大行動網路時代下引領的用戶現代化出行方式。相對於傳統的路邊攔車，滴滴打車利用行動網路的特點，將線上與線下相融合，從打車初始階段到下車使用線上支付車費，畫出一個乘客與司機緊密相連的O2O完美閉環，最大限度的優化乘客打車體驗，改變傳統出租司機等客的方式。

圖7-31 滴滴打車微信支付

專家提醒

滴滴打車可以讓司機師傅根據乘客目的地按意願「接單」，節約司機與乘客溝通成本，降低空駛率，最大化地節省司乘雙方的資源與時間。

與衣、食和住不同，在線上，租車公司已經開遍大江南北的時候，出門打車這件事之前從沒有和網路發生過聯繫，頂多和呼叫台有點關係。而恰巧打車難又是每個大城市的通病，於是，處於行動網路領域創業熱門的打車「滴滴打車」，成為行動網路改變傳統行業的一個典型案例，同時它也是技術勢力逆襲傳統行業的又一典範。「滴滴打車」應用究竟有些什麼好處呢？

✧司機與顧客的雙贏

「打的」是人們日常生活中最常接觸的出行方式，目標受眾一端是出租車司機，另一端是乘客。從「打的」軟體運用的結果來看，毫無疑問，它帶來了一個雙贏的局面。打車行動應用程式所解決的一個問題便是出租司機與打車者之間的資訊不對稱。

在司機端，它解決了非高峰期以及司機在交接班或者回家途中出現的出租車空載狀況。對打車者來說，打車過程由路邊攔車升級為「等待外賣式接客」，並且增加了以往的呼叫台（在之前呼叫台只能提供第二天的約車服務）所提供不了的智慧手機操作體驗。這不得不說是一種優勢明顯的打車體驗。雙贏局面的出現，無疑是O2O模式所帶來的。

✧承運公司管理的便捷

眾所周知，中國的出租車准入與管理制度多年來一直備受詬病，加上競爭激烈，出租車公司的生存之道便是壓低出租車師傅的待遇。客觀地說，這是出租車司機怠工、人員流動率大、坐地起價的主要原因。長久以來，這已經形成了惡性循環，是出租車公司難以自我治療的積弊沉痾。此時，打車行動應用程式則以非常合適的功用和角色，插入到了產業的縫隙中去，這不啻說是給出租車營運公司開出的一劑良藥。

專家提醒

滴滴打車採取返還現金的方式，砸下巨額資金後，已經在打車領域基本完成了行動支付的圈地，如此大力度的補貼很難再重現。而打車軟體的路今後還是要靠自己走，如何黏住用戶，主要拚的將是產品和服務。

❖ StyleSeat美髮垂直O2O

StyleSeat是一家解決美容美髮問題的網站，用戶如果想要諮詢與美髮相關的問題，進入該網站就可以輕鬆解決。在該網站上，用戶不僅可以瀏覽各地沙龍或者根據具體位置資訊尋找專業美髮師，獲得美髮師的特長、各類名目的價格、評價、效果照片等資訊，還可以直接在網上根據美髮師的日程做直接預約。

經過一年多的上線，StyleSeat已經擁有五萬五千家沙龍和SPA的註冊，並實現了八十萬次的沙龍預約。

作為美容O2O創業計劃的StyleSeat，是二〇一一年矽谷二十大最值得關注的創業公司之一，StyleSeat計劃創立之初，就獲得了七十萬美元的天使投資和種子基金，被美國媒體稱為是美容美髮版Open Table，如圖7-32所示。

StyleSeat不僅為美容美髮等業主提供了一個平台，讓他們可以創建店鋪位置、美髮師及其簡歷、髮型圖片，給客戶的建議等內容，同時，也給消費者提供了一個可以做美髮預約的平台，讓他們可以享受到更加便利的美髮消費生活。

從另一個角度來看，國外創業項目StyleSeat，儼然就是將大眾點評服務如Yelp垂直化處理，並且提供更進一步的服務，如可以網上預約等更加精細化的服務。下面整理了StyleSeat的思想來源和成功因素分析，供大家借鑑。

✧ 行銷服務

StyleSeat 提供市場行銷的SaaS（軟體作為服務），跟OpenTable的行銷方式非常類似。通過StyleSeat可以在Facebook上分享內容，也能獲得關於流量和轉化率的分析，向客戶發送行銷電子郵件，以及張貼促銷和優惠活動。

例如，StyleSeat可以告訴你某位美髮師的用戶預約狀況如何、何時是這位美髮師工作量最少的時候

圖7-32 StyleSeat美髮網站介面

等數據。客戶的所有訊息都被放在一個位置，美髮師可以從iPhone和Android應用程式獲得這些訊息。

✧定位服務

StyleSeat基於地理位置向用戶提供附近的美髮商家，讓用戶可以更加便捷地享受到美髮服務。在StyleSeat手機應用介面上，用戶只需要打開StyleSeat軟體，就可以在上面搜尋附近的美髮商家，然後，瀏覽商家的介紹與評價，最後根據具體訊息來選擇自己滿意的店面，就近享受服務。

✧點評服務

對於消費者，StyleSeat網站的遊客不僅可以訪問某個美髮沙龍美髮師的所有相關資訊，還可以依照成本、頭髮類型或特殊要求搜尋在地美髮師，如圖7-33所示。

比如，如果用戶有一頭捲髮，那可能就會需要一個善於打理捲髮的美髮師，那麼StyleSeat會告訴用戶，在所在地區哪些美髮沙龍可以提供這樣的服務，而通過StyleSeat預約美髮服務的用戶也會收到短訊和電子郵件提醒。

圖7-33 StyleSeat預約美髮師

✧行動應用服務

目前StyleSeat行動應用程式與iPhone、iPod和iPad相容，對於顧客來說最大的意義在於從此再也不必把時間浪費在排隊上面了。而對於美髮師來說，可以通過StyleSeat應用管理日程安排顧客列表，瞭解顧客的預約情況，如圖7-34所示為StyleSeat手機行動應用程式的介面。

專家提醒

行動應用程式StyleSeat的推出，是讓StyleSeat騰飛的一個最重要因素，因為它順應行動網路的發展趨勢。StyleSeat致力於將這個美容美髮垂直行業的預約服務做到極致。

❖ Argos的O2O戰略佈局

Argos是英國家喻戶曉的百貨零售連鎖商，其經營範圍涉及五金工具、汽車配件、運動器材、家具、裝飾材料、文化用品、家用電器、珠寶首飾、工藝品、照相器材、玩具等。

Argos一成立就採取了一種與傳統零售商不同的經營方式，它抓住了英國現代社會的生活本質：生活富裕但閒暇時間有限的群體越來越多，特別是那些懂得使用現代網路技術、容易接受新思維的青少年，更是它的忠誠顧客。Argos結合現代青少年的生活習慣，充分利用App行銷的優勢，通過多種手段來滿足消費者的不同購物方式，實現了O2O、線下目錄行銷與B2C三種模式的整合。

圖7-34 StyleSeat手機行動應用程式的介面

Argos擁有電商的戰略性思維，它從起家的時候就採取了O2O發展戰略，開始佈局線上線下的互動行銷，通過一段時間的快速發展，已成為英國零售業的銷售巨頭。

Argos於二〇一二年十月二十五日正式進駐中國市場，針對中國市場推出綜合網路商城——愛顧商城，主要提供家庭配送服務、二十四小時的顧客服務熱線中心以及定點線下服務等。消費者可以通過網路平台及手機行動平台隨時隨地選購品類豐富的高品質產品，對於各種豐富多樣以及愛顧獨家高端品牌，消費者只需動動指尖，便可一網打盡。如**圖7-35**所示為Argos愛顧商城線上平台。

Argos的門市經營與傳統的門市經營完全不同，消費者走進任何一家Argos門市都看不到貨架，他們所看到的只有一個個商品冊子被陳列在外，而商品則全部被放在門市後面或者倉庫中。如**圖7-36**所示為Argos商品冊子。

消費者在走進Argos後，只需要翻閱店內的小冊子，便可以掌握商品的一切資料，消費者決定購買某件商品後，只需在電腦上輸入商品編碼，便可以查詢到商品的庫存資料，如果有庫存就可線上支付，然後再在店面領取商品，如**圖7-37**所示。

如果消費者在店內沒有下定決心是否要購買，還可以把小冊子帶回

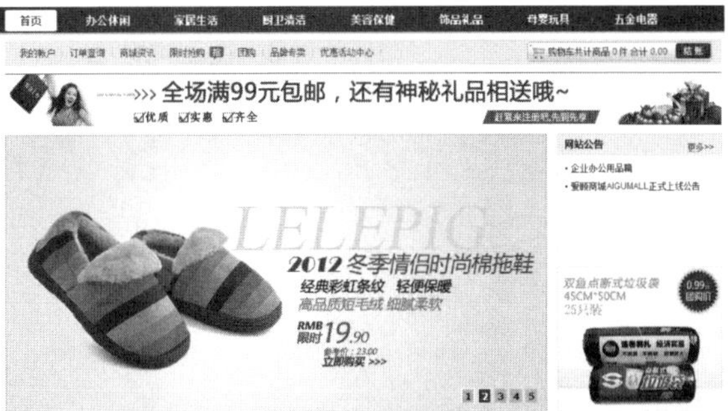

圖7-35 Argos愛顧商城線上平台

圖7-36 Argos商品冊子

家，慢慢思考，到底是否需要這些商品。

目前，隨著行動網路的普及，各種智慧行動終端因為操作簡單：攜帶方便而成為O2O流量的重要入口，Argos抓住行動網路的優勢，在iOS平台上推出了自己的行動應用程式，如圖7-38所示。消費者通過該行動應用程式 不僅可以瀏覽Argos所有的商品資訊，還可以購買商品，對商品進行評價。Argos的行動應用程式會定時更新商品的訊息與消費者的評論，讓消費者在瞭解商品詳情的情況下，放心地購買產品。

案例解析：Argos的O2O經營模式無疑是未來O2O發展的主流模式，它的戰略思路清晰，在開始測試O2O時，就始終堅持圍繞網路零售模式，充分利用線上線下結合的優勢，讓消費者在線上選擇產品與支付，在線下體驗產品。

◆多管道的線上傳播方式。

圖7-37 查詢庫存與線上支付

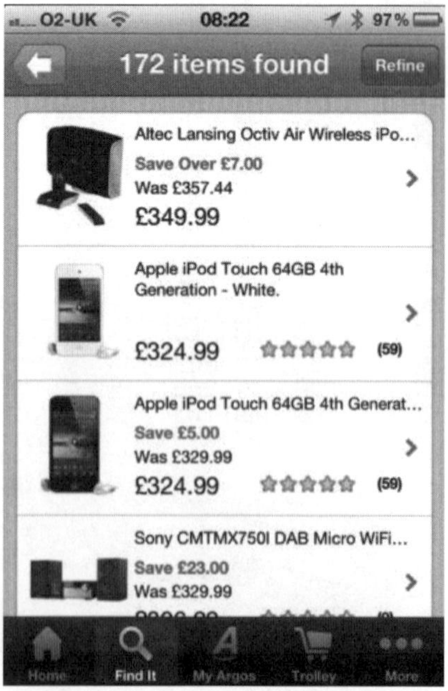

圖7-38 Argos在iOS平台的行動應用程式

Argos會適時推出網購折扣，為顧客提供物美價廉的商品，需要這些商品的顧客，除了可以在電腦端網站購買外，還可以在Argos的行動客戶端購買。此外，Argos 開通了Text & Take home服務，顧客除了能通過上網購買Argos的產品外，還可以撥打二十四小時購物熱線與發送手機短訊瞭解心儀商品的資訊。

Argos站在顧客的角度思考問題，應用多通路線上產品出售方式給顧客帶來了豐富的O2O體驗，同時，也為顧客的購物提供了方便。這樣的特色經營方式，贏得了更多的消費群體，讓Argos的經營迅速達到了一定規模。

◆便捷的目錄式購物體驗。

Argos的線下體驗方式也讓人感到十分新穎，門市目錄式的購物方式，免去了消費者在偌大超市尋找目標商品所帶來的疲勞，消費者只需要悠閒地坐在沙發上，翻一翻Argos的商品小冊子，就能挑選到滿意的商品。這樣特別的購物體驗，不僅給消費者帶來了便利，同時也為Argos的經營帶來了方便。門市目錄式的銷售方式減少了Argos門市人員的開支，也使工作人員的工作變得更加輕鬆。

◆款式多樣的品牌產品。

Argos通過與供應商建立長期的合作關係，採用現代技術與供應商分享市場需求訊息，從產品的設計就開始與供應商共同合作，這樣就充分保證了產品的款式、規格與包裝。比如說銷售手錶，Argos會先與供應商一起調查消費者的需求，然後根據需求的不同設計出多種款式的手錶，讓各類消費者滿意。這樣的方式不僅能滿足經營規模化與個性化的需要，而且還能讓Argos與供應商建立長期的合作共贏關係，使Argos的發展更加長遠。

專家提醒

目錄行銷是指運用目錄作為傳播資訊載體，並通過郵購通路向目標市場成員發佈，從而獲得對方直接反應的行銷活動。從嚴格意義上說，目錄並不是一種獨立的直復行銷媒介，它只是郵購行銷的一種特有形式。

根據目錄行銷的對象，可以將其分為針對消費者的目錄和針對企業組織的目錄兩種。消費品目錄發行量大，而針對企業組織的目錄發行量小。消費品目錄又可以根據所登載的商品類型、目標市場、目錄形象和品質等方面進行分類。

近年來，專賣品（Specialtygoods）目錄在當今的目錄行銷市場中處於主導地位，而且逐漸取代傳統的一般商品目錄，使目錄更加專業化。通過專賣品目錄銷售的商品範圍涵蓋從服裝到食品等產品種類，這類目錄可以針對不同人群的生活方式的偏好，例如興趣、活動、態度和價值觀等方面的差異，以及由此而產生的不同偏好進行編寫。

企業對企業目錄所銷售的產品包括辦公用品和設備、電腦輔件等，目錄中通常登載某一具體品目，如紙張、電子產品等，用戶可以通過電話訂購，也可以通過信函或傳真訂購。這類目錄通常寄發給經過挑選的準顧客，或者是那些在一定時間內向本公司下過購買訂單者。在已過去的十年內，企業目錄也變得越來越像消費品目錄，講究色彩、圖案佈置和對購買的鼓動性。

❖易淘食的O2O訂桌模式

「易淘食」成立於二〇一一年九月，是易淘星空網絡科技有限公司自主研發營運的網路飲食入口網站。目前，易淘食作為中國首家一站式網路餐飲平台，主要為顧客提供訂餐、訂位、支付、配送等一站式服務，如**圖7-39**所示。

現在，餐飲行業O2O正在如火如荼地進行，作為訂餐平台之一的易淘食也在全心致力於締造餐飲O2O的生態系統，易淘食的O2O生態系統的標準是經營一家做飯無廚房、點菜無菜單、結賬無現金的「三無餐廳」。

在這家「三無餐廳」就餐的消費者可以利用手機行動應用程式點餐，點餐範圍覆蓋周邊各類高檔餐館，消費者點晚餐後，通過手機支付進行結算，然後就會有易淘送的工作人員將外賣送到餐廳供其享用。

易淘食的終極目標是要搭建一個O2O生態系統，開放給餐飲O2O企業來使用，雖然，到現在為止，易淘食的「三無餐廳」夢想還沒有實現，但是我們不能否認，它正在朝著O2O生態系統這個方向前進。

圖7-39　易淘食網路平台

✧多樣功能體驗

易淘食除了是一個訂餐服務平台，還是為餐飲商家和人才提供招聘訊息的招聘與應聘資訊發佈平台，所以，用戶在易淘不僅能體驗到愉快的訂餐生活，而且還能得到更豐富的招聘訊息。

易淘食是一個多功能的體驗平台，這個多功能體現在它為用戶提供了多樣的服務。易淘食轄下擁有五大區塊，分別是易淘食、易淘送、易淘購、麥牛志和聚網客。這五大區塊涵蓋了餐飲服務生活的方方面面：易淘食是一個訂餐平台，為消費者提供了訂餐服務；易淘送則是一個送餐團隊，為消費者提供了快捷的送餐服務；而易淘購是一個飲品訂購平台，為各大餐飲商家提供了食材與工具的訂購服務；最後，是麥牛志與聚網客，它們分別為用戶提供了餐飲資訊與餐飲網路電商雲服務，如**圖7-40**所示。

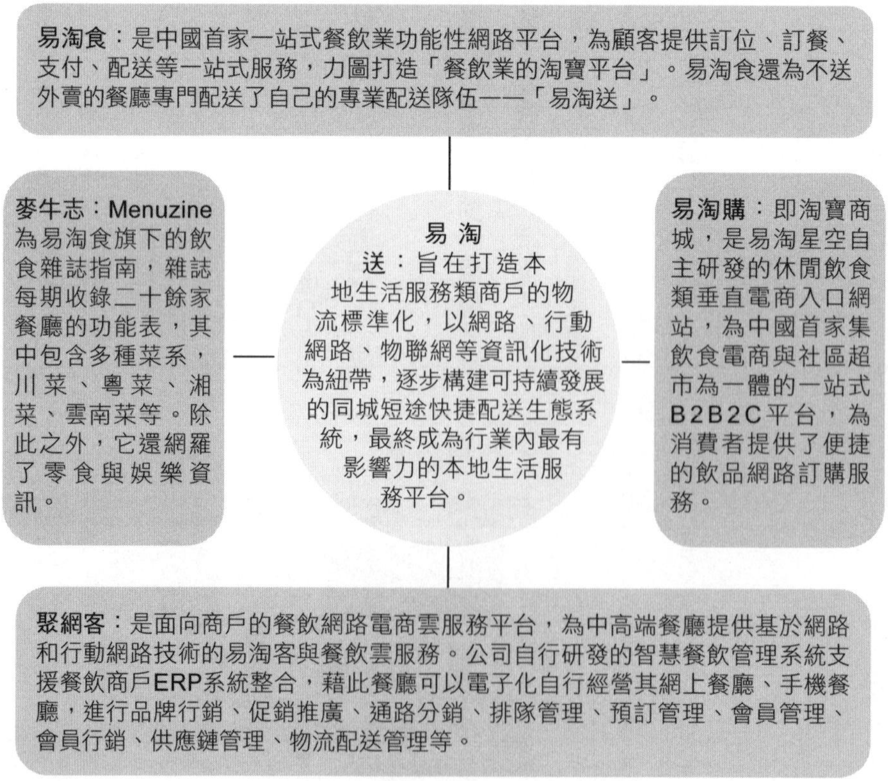
易淘食：是中國首家一站式餐飲業功能性網路平台，為顧客提供訂位、訂餐、支付、配送等一站式服務，力圖打造「餐飲業的淘寶平台」。易淘食還為不送外賣的餐廳專門配送了自己的專業配送隊伍──「易淘送」。
麥牛志：Menuzine為易淘食旗下的飲食雜誌指南，雜誌每期收錄二十餘家餐廳的功能表，其中包含多種菜系，川菜、粵菜、湘菜、雲南菜等。除此之外，它還網羅了零食與娛樂資訊。
易淘送：旨在打造本地生活服務類商戶的物流標準化，以網路、行動網路、物聯網等資訊化技術為紐帶，逐步構建可持續發展的同城短途快捷配送生態系統，最終成為行業內最有影響力的本地生活服務平台。
易淘購：即淘寶商城，是易淘星空自主研發的休閒飲食類垂直電商入口網站，為中國首家集飲食電商與社區超市為一體的一站式B2B2C平台，為消費者提供了便捷的飲品網路訂購服務。
聚網客：是面向商戶的餐飲網路電商雲服務平台，為中高端餐廳提供基於網路和行動網路技術的易淘客與餐飲雲服務。公司自行研發的智慧餐飲管理系統支援餐飲商戶ERP系統整合，藉此餐廳可以電子化自行經營其網上餐廳、手機餐廳，進行品牌行銷、促銷推廣、通路分銷、排隊管理、預訂管理、會員管理、會員行銷、供應鏈管理、物流配送管理等。

圖7-40 易淘食營運五大區塊

✧手機客戶端營運

易淘食推出了手機客戶端的營運方式，讓顧客能隨時隨地訂位、訂餐，享受行動生活帶來的驚喜。用戶只要進入易淘食的手機訂餐平台，就可以進行訂餐和選位，用戶還可以根據自己的需求自由選擇是在大廳就餐還是在包廂就餐。如圖7-41所示為易淘食手機訂桌服務。

圖7-41 易淘食手機訂桌服務

案例解析：為了進入餐飲O2O市場，易淘食選擇了外賣這樣一個切入點，因為外賣這個送餐市場更加接近O2O電子商務市場，且對於傳統餐飲行業的轉型更有利。

作為一家餐飲O2O領域的網站平台，易淘食抓住了網路與智慧手機帶來的優勢，開始利用行動網路做起了外賣送餐服務，使得企業快速地發展起來。目前，易淘食旗下已經擁有了易淘食、易淘訂、易淘客和易淘送等產品，這一系列產品為易淘食O2O生態系統的締造打下了堅實的基礎。

現在，易淘食除了「高原資本」（Highland Capital Partners）投資外，還有幾家本土的投資機構參與了易淘食這個網站行銷平台的經營，易淘食的O2O生態系統的發展到目前為止取得了驕人的成績，被眾多投資者一致看好。

8

各個擊破，打造O2O全新市場

學前提示

在目前最火熱的行動網路領域，BAT三家企業展開了激烈競爭，紛紛測試轉型流行的O2O模式。作為行動網路的巨頭，它們的行銷高招無疑是值得借鑑的，因此，在這章重點分析了幾大網路巨頭的行銷佈局，並結合其他幾種O2O行銷手法幫助企業出擊打造O2O市場。

要點展示

- ◆速學妙用，O2O行銷高招
- ◆魅力升值，O2O個性化體驗
- ◆無限心動，O2O價值體驗
- ◆健康環保，O2O綠色體驗
- ◆感情升溫，O2O情感體驗

✣速學妙用，O2O行銷高招

在目前最火熱的行動網路領域中，BAT三家展開了激烈的競爭，紛紛測試轉型流行的O2O模式。所謂BAT，即中國網路公司百度公司、阿里巴巴集團、騰訊公司，這三家公司代表了中國網路商務的發展情況，可以說是雄霸中國網路市場的三大巨擘。作為行動網路的巨頭，它們的行銷高招無疑是值得借鑑的，因此，下面將重點分析幾大網路巨頭的行銷佈局。

❖百度O2O轉型挑戰

在行動網路時代，O2O早已成了一個炙手可熱的名詞，它總是會不斷地被人提起，特別是如今的網路大老們，都時時刻刻在盯著它的一舉一動。從二〇一二年開始，網路大老頻繁發力，注資、併購、輸血補貼，採取各種方式挑戰O2O行銷模式。特別是作為網路三大巨頭之一的百度，制訂了十分明確的O2O轉型計劃，以整合資源為主，開啟了O2O行銷模式。

百度是全球最大的中文搜尋引擎，二〇〇〇年一月由李彥宏、徐勇兩人創立於北京中關村，致力於向人們提供「簡單，可依賴」的資訊獲取方式。作為全球最大的中文搜尋引擎、最大的中文網站，百度旗下擁有百度文庫、百度空間、百度百科、百度貼吧、百度知道、百度地圖、百度遊戲、百度應用等眾多產品，涉及搜尋、導航、社群等眾多服務類型，如**圖8-1**所示。

近幾年，隨著行動網路的迅速發展，網路普及率直線上升與行動支付領域的熱火朝天，O2O模式迅速被百度集團所認可，百度開始從各個領域佈局O2O線上線下行銷模式，實現了華麗的轉身。

圖8-1 百度搜尋引擎

百度地圖

百度旗下的百度地圖擁有十分強大的功能，它不僅可以導航，還具有提供即時公車到站訊息、優化路線算法、傳達即時路況等功能；此外，百度地圖還能為用戶提供豐富的周邊生活資訊，自動定位團購、優惠訊息，為用戶呈現豐富的商家資訊。如圖8-2所示為百度地圖的具體功能。

圖8-2 百度地圖的具體功能

百度地圖是百度提供的一項網路地圖搜尋服務，它覆蓋了中國近四百個城市、數千個區縣。在百度地圖裡，用戶可以查詢街道、商場、樓盤的地理位置，也可以找到離自己最近的所有餐館、學校、銀行、公園。基於百度地圖具有如此多的強大功能，百度開始以它為切入點，從線上線下兩個方面展開O2O戰略佈局。

◆線上佈局：在O2O模式中，線上的最終目的是為了有更多的訪問量，進而獲得線下的購買量，百度地圖同樣如此。

二〇一〇年四月二十三日，百度地圖正式宣佈開放地圖應用程式介面（API），且為廣大開發者免費提供。所謂百度地圖應用程式介面，是為開發者免費提供的一套基於百度地圖服務的應用介面，包括**JavaScript API**、Web服務API、Android SDK、iOS SDK、定位SDK、車聯網API、LBS雲等多種開發工具與服務，提供基本地圖展現、搜尋、定位、逆/地理編碼、路線規劃、LBS雲存儲與檢索等功能，適用於電腦端、行動端、服務器等多種設備，多種操作系統下的地圖應用開發。

通過免費開放地圖應用程式介面，百度地圖成功聚集了眾多的平台提供商、各種應用開發商以及無數的商戶與用戶。

據瞭解，百度手機地圖目前已經容納了超過五百萬種生活服務類數據，六十餘家數據合作夥伴，圍繞「地圖定位＋路線規劃＋生活服務」建立了一套完整的綜合服務體系，成為廣大用戶基於行動網路所建立的生活服務的入口之一。

目前，百度地圖應用程式介面業已廣泛應用於網路、行動設備、車廠等行業，主要涉及房產、電商、團購、行動應用程式、生活服務網站等，主要應用包括搜房、糯米、去哪兒網、百姓網、12580、酷訊旅遊、同程網、途牛旅遊網、好大夫在線、豆角網、墨跡天氣、食神搖搖等。

百度正在極力打造O2O大平台，由平台逐漸轉向自營，依靠地圖打通線上線下通道，成為百度最為重要的發力點之一。

百度地圖開放應用程式介面後，開始引入第三方網站增加POI訊息。二〇一〇年十月，百度地圖上線了塞班（Symbian）系統的客戶端，此後其Android版和iOS版本受到不少用戶的歡迎，成為行動端裝機必備軟體之一，如**圖8-3**所示。到二〇一二年十月百度分拆地圖成立行動定位服務事業部時，百度地圖

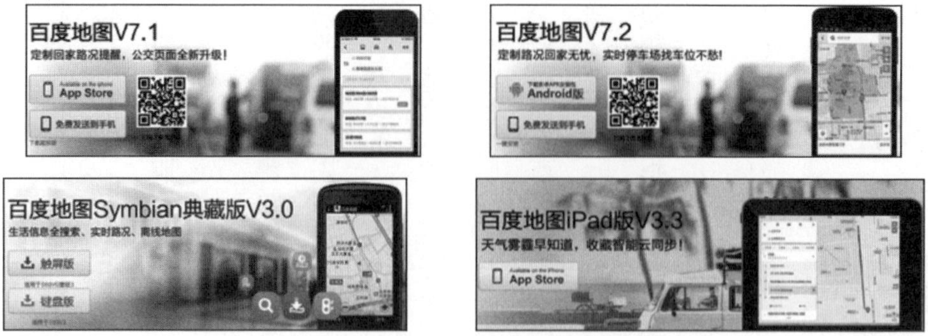

圖8-3 百度地圖各版本

已經擁有七千七百萬用戶。

除了把團購、飯店預訂等服務整合到地圖外，百度還包括二〇一三年四月接入滴滴打車提供線上打車，二〇一三年六月開始支持電影選座購票功能，二〇一三年十二月後支持餐廳訂座功能等。

到二〇一三年年底，百度地圖用戶數量超過兩億四千萬，日均定位請求超過三十五億次，數據相比二〇一二年同期有大幅增長。百度地圖打造O2O線上平台的目標已經基本實現。

◆線下推進：百度地圖線下積極推進，集中引導及培育用戶，依靠免費入駐以及團購達到引流的目的。從一開始，百度地圖就知道：在百度地圖上入駐的商家越多，滿足用戶消費需求的供給能力越大，對用戶的吸引力越強，同時通過百度地圖帶來的客流也有利於商家。

於是在線下方面的第一步，百度地圖本地商戶中心便對外免費開放標注位置服務，餐廳、KTV、超市等各類線下商戶通過申請，即可在百度地圖的手機端、網頁端標注，從而與百度用戶親密接觸。

對於財力不足、資源稀缺的中小微型企業來說，依託於地圖的LBS行銷具有極高的性價比，對於擴大其消費群、拓寬銷售通路都具有重要意義。

此外，百度地圖將地圖與團購結合，成功地將用戶查詢地圖變成一種習慣性行為。眾所周知，地圖是一種標注地理位置的圖形，方便人們出行的交通工具，這一概念早已根深柢固。之前用戶也是只有出行定位找方向、路線規劃時才會藉助地圖。而當地圖與團購連成一體變成地圖團購時，消費者會將查地圖、找團購當成令人印象深刻、重複性且有意義的動作，根植於消費者的心中。

✧百度教育

百度教育是百度打造的專業公平的線上教育平台，旨在為成千上萬的普通人提供公平的師資、課程、資源，努力做到教育面前人人平等。隨著線下教育資源越來越參差不齊，網路越來越發達，網路線上教育越來越受到人們的關注，公平的教育資源越來越被人們所渴望，至此，百度教育應運而生，如**圖8-4**所示。

利用網路改革傳統教育，目前已經成了O2O領域的一個新的爭奪焦點，淘寶為打通線上教育開通了主打視頻直播的「淘寶同學」平台；YY模擬淘寶教育的做法，實行老師對應賣家、用戶對應買家，在100.com平台上，讓老師開直播房間，直接與用戶互動；阿里巴巴的做法是「垂直切入＋開放平台整合」，它領投了B輪融資的線上教育網站TutorGroup，切入的是英語培訓領域；而百度的O2O教育切入的方式是多點建設平台＋多點投資。

圖8-4 百度教育

二〇一二年十月，百度上線百度文庫課程專區，對上線教師實行認證，提供「視頻＋文檔」式的線上課程資源，之後低調上線教育頻道，以平台的方式切入線上教育。百度教育採取課程展示的形式，主要是通過O2O為線下教育諮詢機構導流，承擔類似課程前端的行銷作用，如圖8-5所示。

之後，在二〇一三年，百度教育頻道新增了一個全部基於視頻課程的模組「度學堂」，由入駐的教育機構提供免費視頻課程。入駐度學堂的有北京四中、環球雅思、海天考研等三十多家教育機構，包含一千五百二十二門課程、一萬九千兩百八十四個視頻，覆蓋三十二個品類。不同於之前O2O線下教育諮詢機構的導流模式，此次度學堂以直播為主，起到電子教室的功能，把教學環境搬到了線上。如圖8-6所示為度學堂線上課程。

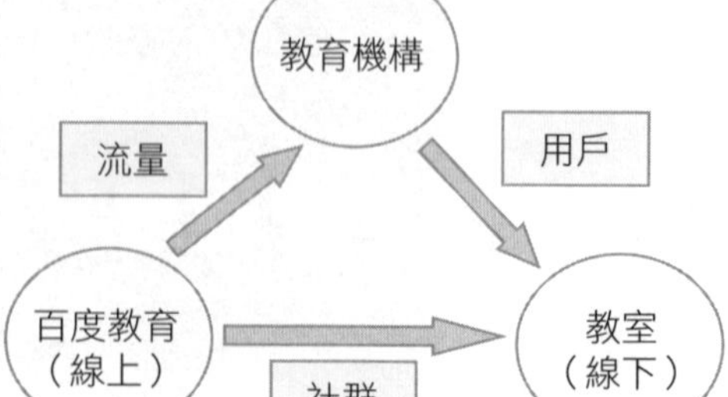
教育機構
流量
用戶
百度教育（線上）
社群
教室（線下）

圖8-5 百度教育O2O模式

百度教育不僅注重用戶的線上體驗感受，精心佈局線上電子課程的體驗模式，而且還十分重視線下資源的引入，在二〇一四年，百度開始投資「萬學教育」，實行O2O線下戰略新計劃。

百度之所以投資萬學教育，一方面在於萬學教育定位於為大學生群體提供職業發展與學歷提升的高端培訓服務，在研究生入學考試、公務員招錄考試和職業發展等主力培訓項目方面表現突出，有內容和品質保證；另一方面，目前網路領域相關的教育投資更著重在線上這方面，而萬學教育的強項是豐富的線下資源，百度利用網路思維與導流量的優勢，對萬學的傳統教育進行O2O改造，完美地實現了兩者之間的優劣勢互補。

圖8-6 百度學堂線上課程

✧百度錢包

為了挺進O2O行動支付大軍，百度正式發佈了支付品牌——百度錢包。百度錢包的強勢亮相，似乎在告訴廣大用戶，百度不可能缺席這場O2O行動支付的盛宴。無論是在優惠性、便捷性還是在技術性領域，百度錢包都做了充足的準備，大有力壓群雄的意味。

百度錢包打造「隨身隨付」的「有優惠的錢包」，它將百度旗下的產品及海量商戶與廣大用戶直接「連接」，提供超級轉賬、付款、繳費、儲值等支付服務，並全面打通O2O生活消費領域，同時提供「百度理財」等資產增值功能，讓用戶在行動時代享受一站式的支付生活，如**圖8-7**所示。

圖8-7 百度錢包

百度錢包支持百度賬戶登錄及非會員免登兩種支付體驗，用戶可以通過綁卡、身份資料輸入、支付密碼設置完成支付流程。在個人電腦端的用戶，可登錄百度錢包官方網站選擇相應需求，進行使用。

在行動端的用戶，可以通過兩種方式使用百度錢包，第一種方式是打開手機百度，進入「我」分

圖8-8 百度錢包移動應用平台

類，螢幕中出現「我的錢包」選項，選擇進入，就可以使用百度錢包支持的多種支付場景，如手機儲值、銀行卡轉賬、彩票、電影票等；第二種方式是打開手機百度，搜尋所需商品，在展示的搜尋中選擇自己希望購買的商品，進入購買流程，選擇「百度錢包」支付方式完成購買，如圖8-8所示。

「百度錢包」致力於為消費者打造一個「隨身隨付」、「優惠無處不在」的錢包。可以滿足用戶線上儲值、線上支付、交易管理、生活服務、提現、賬戶提醒等支付工具功能。同時，致力於打造成為用戶資產管理平台、會員權益的消費營運平台。

◆「超級轉賬」功能：百度錢包連接了一百二十九家銀行，通過此功能，用戶不需要登錄網銀，不需要使用行動硬碟、安裝控件等便可完成轉賬支付，同時，無異地及跨行手續費，此外，百度錢包還提供付款方和收款方的「雙方」免費短訊通知。

◆會員積分功能：用戶通過「百度錢包」進行消費，可以獲得累計積分，積分可以在個人賬戶中查詢，用戶可憑藉積分獲取特殊權益，還可以通過積分抵現的方式參與錢包和商戶聯合開展的活動，購買特價商品。

◆理財功能：新款「百度錢包」將支持百度理財平台，用戶可通過「百度錢包」購買百度理財平台多款理財產品，成為用戶資金增值服務全新通路。

◆拍照付：百度公司研發出「拍照付」功能，與新版「百度錢包」一同上線，成為接棒「二維碼」

的行動支付方式。「拍照付」將行動支付融入圖文識別技術，隨拍隨付，從而大幅提升支付的技術含量與交易效率，行動支付將告別「拍碼」時代，進入名副其實的「拍圖」時代，提升用戶在購物中的直觀體驗和支付效率。

◆儲值功能：目前，百度錢包手機儲值、網遊儲值等一直保持著全網最低價，而其他更多的包括各類商家的「優惠」將以「支付有優惠」、「優惠卡」等方式進行，如圖8-9所示。

百度錢包為用戶推出的服務功能，從另一個側面助力推動了第三方商家和開發者的發展。商家和開發者最需要的是用戶，而用戶被大幅度的優惠吸引而來，在獲得良好體驗後，就會沉澱下來成為商家和開發者的全新資源。

圖8-9 百度錢包儲值功能

百度錢包將把更多的生活消費場景開放給商戶——線上支付停車費、線上訂餐、拍照付等，這些便捷的線上消費功能，開啟了一個全新的行動支付時代O2O行銷空間。

❖ 阿里巴巴O2O商業破局

阿里巴巴一直在思考如何用網路思維、用數據化的方式去改變以往的傳統產業。作為中國最大的網路公司之一，它致力於經營多元化的網路業務，全心全意為所有的用戶創造便捷的交易管道。

自成立以來，阿里巴巴集團建立了領先的消費者電子商務、網上支付、B2B網上交易市場及雲計算業務，近幾年更是積極開拓無線應用、手機操作系統和網路電視等領域。

阿里巴巴認為電商模式的發展帶來的不僅僅是行業通路的改變，更是整個商業產業鏈的顛覆，它將顛覆人、貨、場三種因素的關係模式。基於這樣的考慮，阿里巴巴開始全景佈局O2O發展模式，利用天貓打響了O2O的首場戰役。

✧ 天貓商城

二〇一三年，阿里巴巴進一步細分市場，明確平台功能，確立「生活在淘寶，購物在天貓」的O2O發展戰略。這次O2O佈局，阿里巴巴選中了家居行業的品牌企業作為測試目標，為其精心設計出家居商品的線上線下行銷方案。阿里巴巴藉助已有的網路資源和平台，設計出一整套消費者與商家交易的O2O模式，並於「雙十一」節在天貓商城正式開啟。

阿里巴巴採取了發送驗證碼的方式吸引用戶，引導用戶去線下門市體驗，當用戶體驗滿意後可以輸入驗證碼刷支付寶POS機，完成整個O2O交易流程。這個交易過程不僅解決了用戶線下體驗不足的情況，還簡化了消費者與商家的支付與收款環節。不過可惜的是，在活動中途，天貓平台的O2O行動便被家居商家叫停，在眾多家居商家的反對聲中，阿里巴巴不得不中止了此次O2O測試活動。

雖然，阿里巴巴此次O2O測試活動並沒有取得成功，但其對傳統行業的發展打開了全新的方法和引導了新的交易模式，是值得眾多商家借鑑的。

在活動失敗後，阿里巴巴並沒有放棄自己的O2O行銷構想，開始策劃第二次O2O行銷活動，於二〇一四年，再一次測試O2O，推出了「三八生活節」，這是一次以手機行動端為主打的手機淘寶活動，活動的目的是試驗阿里巴巴O2O戰略的成效，構建一種沒有核心的行動應用程式。如**圖8-10**所示

圖8-10 「三八生活節」手機行動應用程式活動

為「三八生活節」手機行動應用程式活動。

在「三八生活節」手機活動中，阿里巴巴與多家商家合作，打通了手機、電腦、線下門市銷售的O2O通路。它首先通過提供優惠券、紅包的方式吸引消費者用手機進行購物，如圖8-11所示；然後，鼓勵用戶去線下體驗，如果體驗滿意後，用戶可以直接用支付寶進行付款。

阿里巴巴的此次活動開啟了一場全新的交易模式，宣傳了O2O線上線下的便捷消費與銷售價值，對於未來行動電商的發展提供了非凡的借鑑意義。

圖8-11 天貓「三八生活節」優惠券

✧高德地圖

二〇一三年五月，阿里巴巴以兩億九千萬美元入駐高德，成為高德第一大股東；二〇一四年二月，阿里巴巴斥資十一億美元完成對高德地圖的全資收購。依託龐大的線上線下資源，阿里巴巴收購高德，填補了O2O戰略佈局地圖領域的空白。如圖8-12所示為高德電腦端地圖。

高德地圖是中國一流的免費地圖導航產品，也是基於地理位置的生活服務功能最全面、資訊最豐富的手機地圖，由中國最大的電子地圖、導航和行動定位服務解決方案提供商高德軟體提供。高德地圖採用領先的技術

圖8-12 高德電腦端地圖

打造了最好用的「活地圖」，讓用戶出行更方便、生活更省心。

高德地圖豐富的位置數據加上吃、喝、玩、樂等重要資訊與阿里巴巴電商平台的用戶資料結合，構成了一個大數據服務體系，將為電商、物流平台提供了巨大的發展空間。阿里巴巴正是看中了高德地圖強大的位置數據功能，才開始佈局規劃將其納入旗下，展開本地生活服務電商平台的O2O新格局。

◆整合現有資源：高德地圖的更新速度非常快，就是因為數據、地圖、應用的搭建都可以得到高德內部各種資源的支持。高德地圖十幾年的積累是其他地圖服務提供商所不能比擬的。這種積累使得高德地圖數據的全面性、精準性、即時性讓其他公司難以超越。

此外，高德形成了一套以地圖為核心的，從資料採集、開發、營運到地圖和導航應用的「全地圖生態鏈」，成功地整合了阿里巴巴的現有資源，致力於打造最成功的地圖導航系統。

◆搶佔流量入口：有一句話被奉為至理名言，那就是「得入口者得天下」。在網路戰爭日趨激烈的今天，入口的爭奪同樣十分火熱，而地圖作為一種新的網路入口越來越受到關注。

阿里巴巴在電商領域的影響力無可匹敵，其他領域步伐遠落後於騰訊的應用。通過收購高德，將旗下的淘點點、淘寶本地生活的服務平台與高德的地圖導航應用整合，是阿里巴巴利用地圖在O2O層面佈局的重點，如圖8-13所示。

圖8-13 淘寶本地生活高德地圖導航

高德地圖補充了阿里巴巴在行動端的短板，在商鋪訊息、地理位置、商品訊息、銷售支付、物流配送等各個環節形成了完整鏈條，給阿里巴巴的O2O版圖帶來無盡想像的發展可能。

此外，高德手機地圖也成了阿里巴巴電商發展的重要載體。研究數據顯示，截至二〇一三年十二月底，「高德地圖」用戶數突破兩億，「高德導航」用戶數增至九千八百萬，手機用戶總量在二〇一四年已破三億。不僅用戶基數再創新高，活躍度也不斷刷新紀錄，在第四季度高德地圖月活躍用戶環比增長百分之二十，達到九千兩百萬，高德導航月活躍用戶則環比增長百分之三十，達到一千一百萬，如圖8-14所示為高德導航手機端。

自二〇一三年以來，培養以高德地圖作為入口來查詢、體驗O2O服務的用戶使用習慣以及打造為車主服務的高德導航，成為高德平台建設及發力O2O行動商務的工作重點。高德地圖和導航用戶數的激增及活躍度的提升證明了公司策略的有效性，而阿里巴巴收購具有戰略發展眼光與前景的高德，利用高德手機地圖佈局行動網路這盤棋，實現了消費導航、數據分析與用戶捕捉等功能，讓線下商戶更加便捷地參與線上線下的O2O行銷活動。

圖8-14 高德導航手機端應用

❖ 騰訊O2O全景佈局

騰訊控股有限公司（騰訊）是一家資訊科技企業，成立於一九八八年十一月二十九日，總部位於中國廣東深圳，是中國最大的網路綜合服務提供商之一，也是中國服務用戶最多、最廣的網路企業之一。騰訊旗下擁有騰訊QQ、騰訊微博、微信等眾多產品，這些產品都在同行業中名列前茅。如圖8-15所示為騰訊旗下產品。

圖8-15 騰訊旗下產品

作為網路三大巨頭之一的騰訊，在另外兩大巨頭都在發力佈局O2O行銷通路時，也不甘落後，利用微信進入，打破線上線下圖發展壁壘，全力佔據O2O市場行銷的制高點。

騰訊於二〇〇八年開始正式進入本地生活服務O2O領域，推出一系列O2O產品，全心投入O2O市場。它首先推出了QQ電影票，提供線上電影票訂購服務；其後又推出QQ美食，進軍線上美食行業，在O2O生活服務領域佔據一席之地；在二〇一一年，騰訊相繼投資團購網站高朋網與旅遊網站藝龍網、同程網，發力線上購物與線上旅遊，探索O2O電商行銷領域。

✧ 微信平台

從內部產品的角度來看，騰訊主要產品是基於微信開發出的相關服務。微信自二〇一一年年初推出之後，二〇一二年三月底用戶突破一億，成為社群媒體中突破一億用戶最短時間的軟體。二〇一三年八月五日，微信5.0版本上線，同時也成為微信的重要轉折點，進而接入微信商城、電影票等服務。

微信的快速發展為騰訊的電商之路迎來了新的曙光。由於微信擁有廣泛的社交人流與強大的支付功能，受到眾商家的追捧，迅速發展成為中國行動網路時代的第一入口。

對比傳統的聯繫方式，微信不僅提供了免費聊天的功能，而且推送了公眾平台、朋友圈、消息發佈等功能，用戶可以通過「搖一搖」「搜索號碼」「附近的人」、掃二維碼等方式添加好友和關注公眾平台，如圖8-16所示。同時，微信還可以將內容分享給好友以及將用戶看到的精彩內容分享到微信朋友圈。

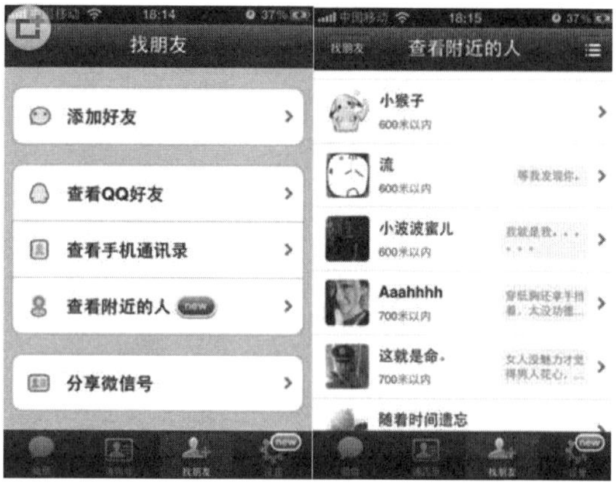

圖8-16 微信平台功能

在這個行動網路行銷爆發的時代，騰訊利用微信策劃了一系列的O2O行銷活動，在O2O電商領域取得了驕人的成績。

◆微信商城：微信在二〇一三年推出了微信賣場，每天推出十餘款商品，日銷量達到一萬以上，取得了不錯的成效。微信賣場的成功營運給騰訊帶來了繼續測試O2O的勇氣，它開始升級賣場，開啟微信商城，打造行動端電商O2O大平台。如圖8-17所示為微信商城行銷平台。

圖8-17 微信商城行銷平台

微信商城是微信第三方開發者基於微信公開介面而研發的一

款電子商務系統，同時又是一款傳統網路、行動網路、微信、易信四網一體化的企業購物系統。消費者只要通過微信商城，就可以實現商品查詢、選購、體驗、互動、訂購與支付的O2O線上線下一體化服務模式。如圖8-18所示為微信商城O2O行銷模式。

◆微信會員卡：為了吸引大量商家，微信在生活服務領域推出了微信會員卡，如圖8-19所示，成功地引進了大批線下商家入駐。

微信會員卡是基於騰訊公司的各種產品延伸出來的一個全新專注生活電子商務與O2O的最新產品，依靠騰訊億級的用戶群體，通過微信、微博、手機QQ等手機產品，其平台效應已經保證了這種神話的必然來臨。通過微信會員卡讓更多的線下與線上用戶享受行動網路的便捷，獲得生活實惠和特權，同時幫助商家與企業建立泛用戶體系，搭建「富媒體」的網路資訊通道，打造微信會員卡生態平台。

圖8-19 微信會員卡

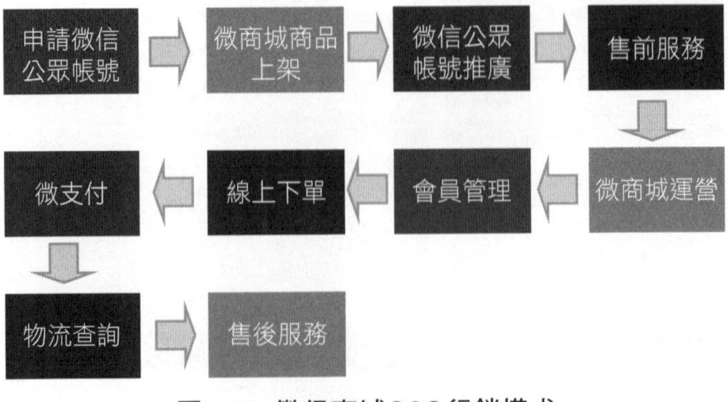

圖8-18 微信商城O2O行銷模式

騰訊通過微信這把行銷利器，成功地打通了實物購物領域與生活服務領域兩大O2O行銷通路，它以微信用戶體系為基礎，將商家與產品植入微信，實現了以微信為核心的O2O生態發展目標。

騰訊地圖

騰訊地圖，前稱為SOSO地圖，它是由騰訊公司推出的一種網路地圖服務。用戶可以從地圖中看到普通的矩形地圖、衛星地圖和街景地圖以及室內景，還可以使用地圖查詢銀行、醫院、飯店、公園等地理位置。這些豐富的功能滿足了用戶的日常生活的出行需求，如圖8-20所示。

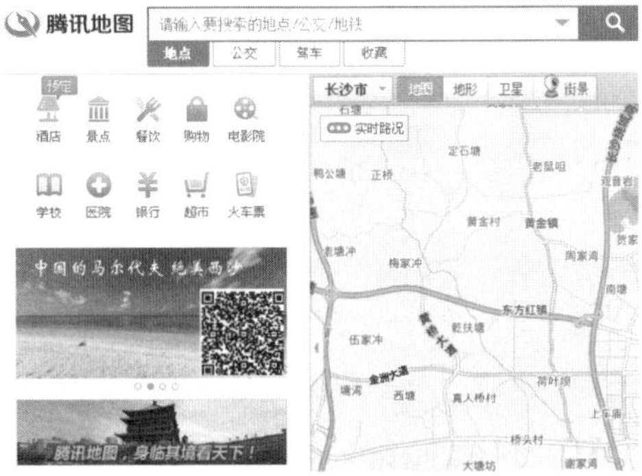

圖8-20 騰訊地圖的功能

地圖是O2O線上線下互動的重要工具之一，為了更好地搶佔地圖領域行銷資源，騰訊提供開放的行動應用程式，允許更多的開發者接入與調用，同時，還通過多樣化的方式為用戶提供便捷的地圖服務。

◆街景服務：騰訊於二〇一一年開始開展街景服務，它推出了新的產品——騰訊街景，如圖8-21所示。用戶利用騰訊街景可以查找更精確的位置和目標，觀看街景地圖服務覆蓋城市的高清全景圖像。

◆路況服務：騰訊地圖不僅能靈活準確地定位，幫助用戶在地圖上快速找到所在的位置，還能提供打車、公車、自駕多種路線查詢，支持中國近兩百個城市的出租估價、兩百一十個城市的公車和近四百個城市的自駕。此外，為了避免用戶駕車壅堵，騰訊地圖還提供了即時路況的查詢功能。

圖8-21 騰訊街景地圖

◆社交服務：騰訊地圖還為用戶提供了社交服務，用戶使用手機騰訊地圖的「找TA」，在通訊錄選擇聯繫人或輸入對方的手機號碼，便可給對方發出邀請短訊，待對方接收到短訊同意位置共享後，雙方就可以在手機地圖上看到彼此的即時位置，雙方的位置用不同顏色的兩個點在地圖上顯示出來，地圖上還能顯示雙方的距離有多少公尺。

圖8-22 騰訊手機地圖生活服務功能

◆生活服務：幫助用戶搜尋周邊最近的餐館、飯店、加油站等，提供新鮮周全的吃喝玩樂地點資訊，如圖8-22所示。

雖然騰訊的QQ地圖擁有眾多功能，但相比較百度、高德等超人氣地圖，騰訊在地圖領域的影響力還有待進一步提高。在這個高速發展的資訊科技時代，地圖不僅必須具備分享地理位置的簡單功能，還應具備更多豐富的社交應用，比如，優惠推送、交流消費體驗等。騰訊要想利用地圖佔領O2O行銷的制高點，就必須加強地圖的O2O實際應用能力。

✧騰訊旅遊

隨著行動網路的快速發展，旅遊O2O成了網路大老們競相進軍的新領域，阿里巴巴斥資入駐窮游網，用心打造中國最大的出境遊社群；百度投資去哪兒網，致力於發展線上旅遊；而騰訊則利用自身品牌騰訊QQ，成立了QQ旅遊社群，如圖8-23所示。

圖8-23 QQ旅遊社群

QQ旅遊作為騰訊旗下QQ網購的專業旅遊預訂平台，主要提供飯店預訂、機票預訂、旅遊攻略、旅遊團購等服務。QQ旅遊的網站介面和各大出行網站一樣，主要從「行」和「住」兩個主要因素出發，為用戶提供全面的資訊。

騰訊的QQ旅遊為用戶提供了不同時間段內主要城市的機票最優惠價格，用戶可以選擇制式的輸入查詢，也可以選擇某個日期進行瀏覽。進入騰訊旅遊的介面非常簡單，用戶只要登錄了QQ，進入旅遊介面時就會自動完成登錄，這樣簡單的模式讓用戶在預定機票和飯店的時候更為方便。

QQ旅遊目前給出的服務主要在於折扣，實現方式是預訂飯店的返利，以及機票現金卡的打折。由於QQ旅遊網站和用戶的對接度很好，機票現金卡可在購買機票時直接抵扣機票價格，飯店返利還可以在購買QQ團購商品時抵扣現金或兌換QQ電影票、話費等禮品，如圖8-24所示。

圖8-24 飯店返利

騰訊推出的QQ旅遊應用集合時下最為流行的社交工具騰訊QQ，通過便捷的方式即可登錄，一方面節省了用戶線上瀏覽商品的時間，同時收穫了數量龐大的線下客戶資源。

QQ旅遊所帶來的高端用戶體驗和黏度極高的QQ用戶，不僅提升了行業整體的服務，未來旅遊行業的發展逐步從線下向線上遷移，未來的競爭主要集中在服務體驗和旅遊資源上，用戶是最大的受惠者。

專家提醒

雖然，同屬旅遊行業O2O模式的攜程等網站比騰訊的線下飯店多，但騰訊的QQ旅遊的會員顯然比他們多，所以，總的來說，騰訊O2O旅遊的發展還是具有很大的優勢的。旅遊行業只有在線下拓展方面做到極致，同時對產品不斷地進行創新，才可能會有出路。目前，旅遊O2O競爭激烈，騰訊必須要考慮如何解決線下拓展和產品創新問題。

✧騰訊聯盟

為了更好地佈局O2O，騰訊不僅開始與眾多商家合作，增加企業的收益與用戶的黏性，還先後入股華南城與京東，實現商品供應鏈閉環，讓用戶能夠享受到更貼心的線上線下體驗。

◆大眾點評網：為了獲得更多的商家，搶佔更多的線下商戶端口，騰訊開始佈局入股大眾點評網，如**圖8-25**所示。

大眾點評網是中國最大的城市生活消費指南網站之一，創建於二〇〇三年四月，以第三方點評為模式，致力於為網友提供餐飲、購物、休閒娛樂及生活

圖8-25 騰訊入股大眾點評網

服務等領域的商戶資訊、消費優惠以及發佈消費評價的互動平台。據調查顯示，大眾點評網的每月綜合瀏覽量已經超過了三十五億，其中行動端的比重為百分之七十五，累計獨立用戶超過九千萬。大眾點評網擁有眾多的商戶資源，騰訊正是因為看中了其強大的O2O發展優勢，開始進駐大眾點評之門。

騰訊與大眾點評網結合擁有很大的發展空間，因為作為行動的社群平台騰訊與大眾點評網的作用不僅是連接人與人，更重要的是能順利地連接到人與商戶。由於微信天然能夠做商戶會員體系，大眾點評網也是，所以兩者聯合起來能夠更好地打通線上線下，連接到商戶與客戶，讓會員和商戶體驗更豐富。

◆京東商城：由於騰訊O2O的發展缺乏物流配送這一環，它開始把戰略發展眼光投向了京東，利用京東的快速物流優勢，打通了O2O發展的關鍵一環。

京東商城是中國最大的綜合網路零售商，它在全國建立了八十二個倉庫，擁有一千四百五十三個配送點和將近兩萬名專業配送員。京東在所有的大城市和多個三四線小城市為用戶提供了「211限時達」服務，這些服務讓騰訊的物流區域覆蓋率變得更加廣泛。

◆華南城：二〇一四年一月，騰訊正式入股華南城，收購華南城百分之九的股份，與阿里巴巴開始爭搶線下資源。

華南城控股有限公司是中國綜合物流及交易中心開發商和營運商，擁有超強的物流配送體系。華南城自營運以來，努力為城內商家創造價值，得到了社會和業界的普遍認同和廣泛認可，一些國際的知名品牌開始爭相進駐華南城。

作為物流航母的華南城，在整個南中國版圖上已經佔據了舉足輕重的地位，蘊含強大的發展潛力。騰訊正是因為看中了華南城的物流優勢，開始與其合作，補足自身物流短板。如圖8-26所示為華南城倉儲物流官網。

隨著電商競爭的日益激烈化，自建倉儲物流成了電商O2O發展的關鍵，而作為電商平台的騰訊在物流領域缺乏自己的體系，嚴重依賴第三方物流，在O2O發展中逐漸因為倉儲物流而受阻。

為了打破這個阻礙，騰訊入駐華南城，利用其實體商貿物流城，完成了電子商務、O2O零售、品牌特賣、支付及倉儲物流等線上線下一體化的O2O營運。

專家提醒

如何更好地將商品運送到用戶手中，實現供應鏈閉環，是O2O生態圈非常重要的一部分。騰訊在O2O發展的關鍵時期，把握住了物流這一重要的發展環節，通過合作，解決了自身的發展壁壘，為未來與其他大老的O2O戰局做好了充分準備。

圖8-26 華南城倉儲物流官網

❖ 小米手機O2O全面應用

小米公司於二〇一〇年四月成立，是一家專注於高端智慧手機自主研發的行動網路公司，由前Google、微軟、金山等公司的頂尖高手組建而成。小米公司似乎從小米手機一發佈開始，就一路疲於奔命，直至狂奔到二〇一三年，才開始佔據行動網路行銷的有利地位。

小米因為兼備強大的硬體與軟體能力，強化和補全了O2O線上到線下的服務功能，在O2O浪潮來臨之時，發展成為一家真正的O2O公司，用自己的各種產品真正推動了現實世界網路化發展的進程。如圖8-27所示為小米產品之一米聊。

圖8-27 小米產品之一米聊

小米的成功開創了「後手機時代」手機行銷的「小米模式」，即以網路行銷為主的行銷模式，相對於傳統的手機公司在「前手機時代」的行銷手段，小米的行銷模式具有以下特點和創新。

✧小米飢餓行銷

在小米手機眾多的行銷手段中，飢餓行銷可以說是小米手機的主力行銷手段。二〇一一年九月五日，小米手機實行開放購買，規定到官方網站購買是唯一的購買通道。由於在開放購買前，關於小米手機已經廣為傳播，二〇一一年九月五日十三點到六日晚上十一點四十分兩天內預訂超三十萬台，小米網站便立刻宣佈停止預定並關閉了購買通道。購買小米手機及周邊產品需要通過預定，按照排隊順序才能購買。如圖8-28所示為小米官網的預約購買平台。

飢餓行銷的意義就在於：首先造成一種物以稀為貴的假象；其次是批量銷售有利於廠家控制產品的品質，即使出了問題也可以控制在一定的範圍之內，後一批產品在銷售前可杜絕同類問題的發生；最後，人為造成供

圖8-28 小米官網預約購買平台

不應求的熱銷假象。小米藉助飢餓行銷策略，大大地提升了品牌的知名度和品牌價值。

◆線上網站行銷：小米手機官網是小米手機進行網站行銷的主陣地，無論是作為官方發佈訊息最重要的平台，還是作為購買小米手機的唯一通道，或是小米論壇的所在地，小米手機集網站式的發佈資源於一身，甚至包含了商城、旗下軟體米聊。如圖8-29所示，為米聊軟體下載平台。

小米手機的官網具有集中優勢兵力的優勢，通過這一系列的整合，資源集中，不僅大大地給網站訪問者提供了方便，也使關於小米手機的各個項目之間相互促進，大大地提升了網站的知名度和擴展度。

圖8-29 米聊軟體下載平台

◆線下口碑行銷：口碑是指外界對企業產品的評價，消費者的口碑是企業重要的無形資產，口碑在顧客之間的傳播具有很好的效果，購買者一般會對自己身邊的人說起產品的優勢，而身邊的人不是這個顧客的朋友就是親人，因此，聽到的人會認為這個產品具有很高的可信度，而且以後對該產品的忠誠度也會大大地增加，可以為企業培養一大批忠誠的客戶。

此外，口碑行銷的傳播速度很快，在當代社會，每個人都擁有話語權，這樣，一傳十，十傳百，產品的相關訊息便傳達到很多人的耳中，而消費者普遍具有從眾的傾向，因此會使產品的銷量大幅度的增加。總之，良好的口碑是企業的重要資產。

小米手機以其強大的配置、良好的用戶體驗、乾淨的使用介面、流暢的操作系統、良好的品質以及極具吸引力的價格在消費者心中留下了深刻的影響，消費者對其形成了良好的口碑，這對小米手機的銷售帶來了巨大的好處，也贏得了用戶的信賴。

✧小米黃頁

在騰訊、阿里、百度在O2O在地生活領域掀開激烈角逐的背景下，其他同類企業的生存空間越來越小。不過，根據瞭解，小米手機依然正在低調地佈局基於在地生活的O2O業務，採用接入生活服務平台現成商戶資源的方式，試圖建立一個「自給自足」的生活服務鏈，其中小米手機黃頁就是佈局中重要的一環。

小米最初的生活服務實際上是通訊錄服務，即聚合生活服務商戶的電話，存儲到雲端，用戶接到這一電話，將自動顯示商戶名稱。但隨著業務的推進，小米發現依靠電話本能夠提供的生活服務其實很有限，只有該電話與用戶發生了關係，才能與用戶關聯起來，並不能滿足用戶主動提出的需求。基於此，二〇一三年六月，小米研發了生活服務導航類產品——「小米黃頁」，如**圖8-30**所示。

目前，小米黃頁能提供的生活服務包括電話儲值、快遞查詢、飯店預訂、交通購票、快餐外賣、數位家電等，最近剛剛上線的是與e代駕合作的代駕服務。（小米生活服務負責人）王宇廷透露，小米正在與打車軟體接洽，未來將增加線上叫車功

圖8-30 小米黃頁

能。

雖然生活黃頁在商戶資源和提供服務方面並不完善，但目前該頁面每天的使用率能達到百分之三十，未來O2O將會成為小米的一個重要盈利來源。

作為行動網路O2O發展的未來巨頭小米，除了擁有實戰性的飢餓行銷策略與「自給自足」的生活服務鏈小米黃頁外，還具備了強大的行動支付平台。

二〇一四年，小米科技以五千萬元資本註冊成立了北京小米支付技術有限公司，準備佔領行動支付領域，打響O2O行動支付戰役。

在小米的行動支付領域，它擁有一套虛擬貨幣系統——「米幣」，客戶可以利用米幣購買MIUI平台上的各種虛擬產品和增值服務，而其支付方式截至目前已經支持支付寶、財付通、手機儲值卡以及多家主流銀行金融卡乃至信用卡。未來，小米的支付體系還是會圍繞自己的生態圈展開，其中行動遠程支付及行動近場支付兩種模式都會涉及，但核心只有一點，即在用戶體驗上強調怎麼讓支付變得更方便。

✣無限心動，O2O價值體驗

除了BAT與小米這四大巨頭外，其他商家也在採取多種O2O行銷技巧，加快規劃電商佈局，贏得行動網路行銷市場。

❖聚美優品挺進O2O行業標竿

伴隨著行動網路的急速滲透，行動、O2O與「社交基因」已開始逐步融合到了電商企業的行銷全局中，尤其是網上購物流量紅利時代的終結，推進電商企業向O2O全方位轉型的進程。

目前，已經有越來越多的網路企業加入到了O2O的大戰中，在O2O這個萬億級巨大市場上，各大企業展開了生死決鬥。作為中國電商第一梯隊的主要成員——聚美優品，毫無疑問，也加入到了這場戰局當中。

「聚美優品」成立於二〇一〇年三月，它是中國第一家也是最大的一家化妝品限時特賣商城，由陳歐、戴雨森和劉輝三人合力創立。聚美優品首創了「化妝品團購」概念：每天在網站推薦幾百款熱門化妝品，並以遠低於市場價的折扣限量出售。如圖8-31所示為聚美優品線上商城。

聚美優品本質上是一家垂直行業的B2C網站。從最初每日一件限時折扣團購模式到如今每日多件產品限時搶購，在品類管理上主要以推薦明星產品搭配其他產品進行銷售。與一般的團購有所不同，聚美優品的訊息發佈客戶是自己，即自建通路、倉儲和物流，銷售化妝品，從嚴格意義上說，它是採取團購形式的垂直類女性化妝品B2C。

對於化妝品電商來說，線上和線下互動是未來發展的必經之路，二〇一二年年底，聚美優品進行了大膽的嘗試，開設線下旗艦店為消費者提供

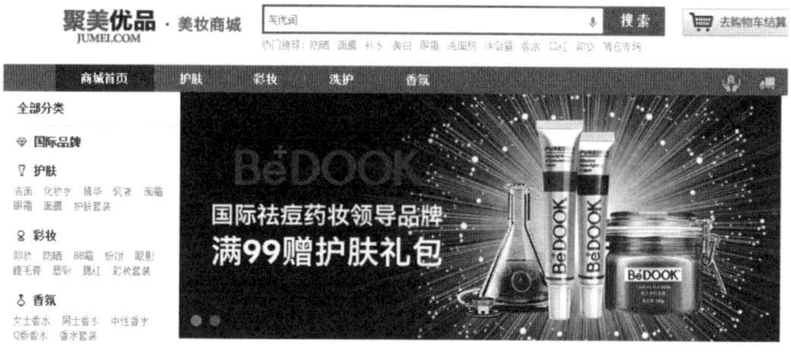

圖8-31 聚美優品線上商城

O2O全通路服務，如圖8-32所示。

聚美優品線下旗艦店分為上下兩層，一層為香水銷售區，二層為護膚品、彩妝區，以品牌專櫃的方式進行展示。店內隨處可見聚美優品App的二維碼，用戶掃碼登錄客戶端還能獲得一定程度的獎勵。由此可見，聚美優品利用旗艦店成功地實現了線上和線下的互動。

聚美優品的第一家實體店面地處北京繁華的商圈前門步行街，這裡人流量大，佔據了足夠的位置優勢。聚美的實體旗艦店不僅給消費者帶來了直接的體驗，同時也提升了其品牌的可信度。據瞭解，聚美優品單日最大銷售額號稱已經突破了五億元，相當於上千家線下店鋪的規模。此時聚美優品打入線下市場，將有利於解決消費者的信任度問題。

作為線上網購平台，聚美優品一直重視線下的品牌宣傳，它以地鐵站為突破口，常年不斷地發佈地鐵廣告，此外，聚美優品還在地鐵站內設立化妝品的實物櫥窗展示，吸引了大量顧客的注意，如圖8-33所示。

案例解析：O2O給聚美優品一個全通路滲透的機會，並成為行動端和電腦端銷售的有益補充，未來，線下實體店不僅可以給聚美帶來新的收入來源，還可

圖8-32 聚美優品線下旗艦店

圖8-33 聚美優品地鐵站實物櫥窗展

以增進線上美妝網購的信任度及線上人氣的提升。

聚美優品的O2O發展戰略，將是為了滿足用戶不同消費方式的需求，而提供全通路的線上線下服務，為顧客提供最大的便利性；另外，聚美優品將利用企業本身的大數據分析能力、流量等幫助實體零售、品牌廠商實施O2O發展佈局，使雙方的互利性變得更強，合作更加深入。

事實上，聚美O2O全通路融合更偏向於多贏共好生態平台的構建，未來，是否在全國繼續開店、開多大的店則需要視前門市的試點情況來決定。畢竟，對於所有的電商企業來說，O2O是知易行難的，可以高起點、高定位，但落地的時候卻要審慎再審慎，防止因為冒進而造成企業虧損。

❖ 電商沃爾瑪O2O發展歷程

沃爾瑪一九六二年在阿肯色州成立，發展到現在已經在全球二十七個國家擁有一萬餘家分店以及遍佈十個國家的電商網站，主營業態包括沃爾瑪購物廣場、山姆會員店、沃爾瑪中型超市和沃爾瑪社區店。

與眾所周知的連鎖化擴張、供應鏈優化、大型資訊系統構建一樣，沃爾瑪在電子商務方面也頗有先見之明，從一九九六年沃爾瑪網店上線到目前借行動應用積極佈局O2O，總結起來，沃爾瑪的電商之路可主要分為四個階段。

✧ 獨立營運期

此階段實體店與B2C獨立營運，線上線下互不干涉。在這個時期，沃爾瑪網上商城雖然在一定程度上彌補了實體店在商品品類和地域分佈方面的局限，但跟實體店相比，電商對沃爾瑪的貢獻微乎其微，而且當時整個線上零售市場還處於起步階段，規模很小。

因此，在長達十年的時間裡，沃爾瑪線上零售和實體店零售一直是平行的兩條線，獨立運作、互不干涉。沃爾瑪B2C一方面利用了傳統零售的採購和庫存資源，另一方面也建立了特有的採購體系，但是門市和電商之間沒有過多的交集，包括物流一體化、行銷、會員互動方面都是分開發展的。

✧互動轉化期

此階段線上線下在物流協同方面實現初步合作。沃爾瑪開始意識到電子商務的重要性，為此專門設立了全球電子商務部門試圖另闢蹊徑，在電子商務和自身線下優勢資源之間找到結合點，摸索出新的模式來對抗純線上零售商亞馬遜們的低價威脅。

沃爾瑪在探索線上線下的融合方面，邁出的第一大步可以概括為「網上訂購+門市取貨」模式，該模式集中體現在Site to Store和Pick up Today兩項服務上。

Site to Store服務就是允許顧客網上下單後，到最近的沃爾瑪門市自提商品，該服務一推出就引起了很大迴響。二〇一一年，沃爾瑪將原來的Site to Store服務升級為Pick up Today服務，加速了物流效率，將門市的產品管理系統與電商打通，允許顧客在網上訂購商品的當天到門市提取購買的貨品，大大地提高了消費者獲得商品的及時性。

✧融合發展期

此階段借行動應用轉型O2O，實現線上線下深度融合。目前，沃爾瑪在電子商務領域的探索進入了新階段，智慧手機和行動網路技術得到了廣泛應用，行動地圖、行動支付等O2O工具給傳統零售商帶來了融合良機，沃爾瑪也開始考慮怎麼依託現有資源，打造線上線下一體化的行動O2O新型零售體系。

其具體策略是：通過行動端的技術應用實現線上線下的協同，提高用戶跟實體店互動的體驗、服務和行銷，一切以「簡化消費者購物流程、提升消費者購物體驗」為核心，以手機為核心，將手機的便利性跟線下的物流、體驗和服務融合。

✧ 高峰佈局期

此階段重點打造O2O行動線上平台，讓用戶支付更便捷。為改善線上業務滯後的狀況，讓消費者得到更便利和快捷的O2O支付體驗，沃爾瑪推出了可以讓消費者進行智慧手機支付的應用軟體Walmart App，如**圖8-34**所示。沃爾瑪通過對用戶過去購買資料的分析，在用戶打開Walmart App之後就能自動生成用戶的購物單，預判他們想買的商品。

案例解析：在本案例中，沃爾瑪的發展主要經歷了四個階段，前兩個階段的發展主要集中在線下門市的運作上；第三個階段的發展則是準備開始進行O2O佈局，結合行動網路的優勢，實現線上線下的融合；第四個階段是O2O發展的高峰階段，沃爾瑪開始真正應用手機客戶端進行線上行銷、支付，線下體驗活動。

沃爾瑪這四個階段的發展不僅讓我們看到了其行銷手

圖8-34 Walmart App

段的進步，同時也讓我們看到了未來電商發展的必然趨勢──O2O。O2O的行銷模式推動了沃爾瑪的發展，結合電子商務和傳統購物，沃爾瑪在最近一段時間迅速搶佔了零售業的行銷市場。

本案例中的沃爾瑪還利用Kosmix打造了一套完整的零售大數據系統──「社交基因組」（Social Genome），它還可以連接到Twitter、Facebook等社群媒體。資訊工程師從每天的熱門消息中，推出與社會時事呼應的商品，創造消費需求。分類範圍包含消費者、新聞事件、產品、地區、組織和新聞議題等。照這樣的發展趨勢，沃爾瑪如果能夠透過社群網路的大數據，掌握消費者行為，或許它能重新定義用戶的消費方式。

沃爾瑪結合社群網路媒體和行動應用程式，進一步提高了其對大數據的分析與應用能力，在行動網路的推動下，沃爾瑪一步步地發展，目前，已經將O2O模式的應用能力提升到一個全新的境界。

在行動網路時代，沃爾瑪想要超越競爭對手並抵禦來自其他電商的進攻，首先還是要發揮自己的供應鏈優勢，把商品組織好；同時發揮自己的實體店優勢，讓一個購物籃裡有更多的東西，讓高毛利的商品賣得更好；最後就是利用好O2O，讓網路全方位地服務於商家。

專家提醒

沃爾瑪在對消費者購物行為進行分析時發現，男性顧客在購買嬰兒尿片時，常常會順便搭配幾瓶啤酒來犒勞自己，於是推出了將啤酒和尿布捆綁銷售的促銷手段。如今，這一「啤酒＋尿布」的資料分析成果也成了大數據技術應用的經典案例。

✣感情升溫，O2O情感體驗

隨著物質生活水準的提升，人們越發開始追求精神層面的享受，這就導致一些以行動網路為主打的產品開始傾向去滿足用戶的情感性訴求，像「果庫」、「i良倉」、「麥糖」等導購站以情感元素出現，情感牌已經成了商家O2O行銷的重要手段之一。

❖可口可樂情感O2O新模式

目前，市場上的大部分O2O產品由於具有極強的工具屬性而缺乏情感屬性，導致用戶只有在對產品產生「強需求」的時候才能感覺到產品的價值。諸如，消費者需要導航時才想起百度、高德地圖；需要吃飯時，才想起大眾點評、訂餐小秘書；需要打車時才關注滴滴打車。

無論是地圖還是訂餐平台等O2O產品，都僅僅只是滿足了用戶的需求，而不能給用戶帶來情感上的滿足。目前，情感屬性是O2O產品最為缺乏的，如何在滿足線下需求時，利用情感行銷增強用戶的黏性將是O2O產品發展的重要課題之一。

著名的國際品牌可口可樂，就在研究O2O情感行銷上花了大量的工夫。可口可樂發現，目前的社群媒體O2O方式太過商業化，缺乏情感維繫的交流互動，對於維繫商家與用戶的情感交流作用甚微。

為了改變這種狀況，可口可樂開始在社群媒體平台嘗試了一種全新的情感O2O模式，開啟落實品牌與用戶情感互動的實踐。這種模式基於情感行銷原理，利用社群媒體特性，不走以單純盈利或促進消費為目的的O2O的傳統模式，而是追求與用戶建立情感關係，並通過線上線下的雙向多重互動達到社群媒體的最大行銷作用，實現從線上到線下、線下又回到線上的互通。

✧明信片

可口可樂通過調查發現，如今，大部分的社群媒體用戶在享受美食、收到禮物的開心時刻，都會選擇發微博並@相關的朋友，而這正是社群媒體線上與線下結合的絕佳觸點。基於此，在二〇一二年聖誕節來臨前夕，可口可樂選擇了用明信片傳遞情感的方式，通過線上@收件人，線下為用戶本人和家人、朋友寄送明信片的方式，創造並實踐了一種社群媒體情感O2O的新模式。如圖8-35所示為可口可樂明信片情感傳遞活動。

圖8-35 可口可樂明信片情感傳遞活動

可口可樂通過聆聽網民的心聲，瞭解到受眾在享受網路時代便捷的同時，內心深處也渴望著一些過往傳統所帶來的情感回憶。用戶希望除了每日收到賬單、廣告、垃圾郵件掩埋的電子信箱外，還能奇蹟般地從門口的郵箱，發現一張來自遠方親人與朋友的明信片。在看慣了電子螢幕上整齊劃一、面目可憎的符號後，人們更希望能夠看到一些帶著回憶和性格的文字，握在手裡反覆翻閱，彷彿還能感受到寄件人的美好與思念。基於此，可口可樂結合消費者切身的情感需求，採取線下線上互動的手段，實現了O2O雙向互通。

✧聖誕老人賬號

可口可樂啟用一個全新的賬號@可口可樂聖誕老人來強化O2O行銷推廣活動，通過@的傳播方式，向社群媒體用戶傳播聖誕老人與可口可樂品牌悠久歷史淵源這一訊息。在活動中，可口可樂官方微博與用戶形成了強烈的互動，使得此次推廣可口可樂訊息戰役最終水到渠成。

可口可樂啟用聖誕老人這一新賬號，如**圖8-36**所示，其中深層次的考量還是用戶的情感因素，如果由可口可樂原本的品牌官博賬號去傳遞聖誕歡樂的概念，或利用搜尋關鍵詞與用戶進行互動，也許無法引起用戶的關注，然而，利用充滿可口可樂元素——紅白相間的聖誕老人，這樣反而會引發粉絲的好奇和好感。

圖8-36 可口可樂聖誕老人賬號

✧手機行動應用程式

在設計O2O互動應用時，可口可樂又基於社群媒體用戶的特性，以簡化用戶流程、覆蓋更多用戶群為原則，選擇採用HTML5技術，在新浪微博平台上搭建行動應用程式，提升手機用戶的體驗，如**圖8-37**所示。

用戶在線上發送虛擬祝福時，可口可樂還會運用自動圖件生成功能，支持用戶發出一條微博時，自動抓取發信人和收件人頭像形成GIF動畫版聖誕賀卡，並作為一條新帖子發出。

案例解析：不管利用何種形式進行互動，可口可樂的終極目標都是滿足用戶的情感要求，增強其對

圖8-38 可口可樂聖誕北極熊

圖8-37 可口可樂手機App

可口可樂的忠誠度。

在可口可樂的這幾場活動中，基於O2O行銷新模式的明信片活動，被廣泛應用於用戶的情感傳遞當中，受到了大批人群的歡迎，為可口可樂的線下行銷贏得了大量忠實的客戶；而啟動聖誕老人賬號活動不僅勾起了用戶對聖誕老人與可口可樂的回憶，還增強了用戶與可口可樂的互動體驗，讓用戶能更加堅定地鍾愛可口可樂；最後可口可樂提供的手機行動應用程式簡化了與用戶互動的流程，為用戶提供了便捷的體驗方式，贏得了大眾的信賴。

此外，在O2O新模式的聖誕活動中，可口可樂為了增強線下的行銷宣傳效果，選擇與線下全家超市進行合作，它利用可口可樂聖誕老人官方賬號發佈消息，稱聖誕老人空運了大批聖誕北極熊到全家超市，號召消費者快去領取，領取暗號為：三瓶可口可樂系列飲料。微博發出後，在線上平台當日的轉載量就超過了八百條，而在線下平台——全家超市，則出現了大量用戶購買可口可樂，收集聖誕北極熊。如圖8-38所示為可口可樂空運的聖誕北極熊。

可口可樂利用情感行銷的方式，實現了線上線下的傳播，在線上，可口可樂採取各種活動與用戶進行互動，抓住了用戶的心；在線下，可口可樂利用全家超市展開行銷活動，取得O2O行銷的圓滿成功。

❖ 深情演繹O2O寵物服務

如今，無論是在大都市還是小城市，寵物越來越被視為家庭的一員，圍繞貓貓狗狗的服務手段也層出不窮，在寵物服務行業上，情感牌O2O行銷應用已經被提到了日程上。

「聞聞窩」是一款結合寵物社群和本地寵物服務的行動應用，藉著《聞聞的世界》這部眼淚微電影的走紅而大出鋒頭。聞聞窩的創始人孫岩本身是位養狗人士，因為一次導致愛犬死亡的寄養經歷而決定做一款幫助用戶沉澱養寵回憶、尋找貼心寵物服務的應用。如**圖8-39**所示為聞聞窩手機行動應用程式。

圖8-39　聞聞窩手機行動應用

據研究養寵者中女性佔絕大多數，其活躍程度、支付意願都較男性高。由於女性對情感元素的要求更加迫切，所以，聞聞窩把目標用戶定在二十至四十歲的高收入女性之間，它希望能以情感化的產品氣質建立差異。

聞聞窩把寵物服務的行動應用程式分為兩個大的區塊，不僅滿足了不同用戶之間的差異需求，而且還為每一個用戶打造出了溫馨的情感養寵體驗。

✧養寵社群部分

在聞聞窩手機平台上，用戶可以為愛寵建立個人主頁、關注其他萌寵、分享寵物圖片，並以「萌」、「帥」、「喜歡」等維度接受打分。聞聞窩的應用導航頁還包含活動、公益、小課堂等模組作為社交補充，用戶除了能利用這些小區塊學習到更多的養寵知識，還可以與其他人一起進行社交活動。如**圖8-40**所示為聞聞窩愛寵主頁。

圖8-40　聞聞窩愛寵主頁

✧寵物服務部分

在寵物服務部分，用戶可以根據地理位置、價格、評分等線索篩選周邊商家，尋求自己想要的寵物服務。這些商家服務範圍涵蓋美容、寄養、商店、醫院直至殯葬等十一個類別，如**圖8-41**所示。目前，聞聞窩在中國四十一個城市已有六千多家店鋪佈點，用戶利用它的手機應用平台隨時隨地就能找到寵物服務店鋪。

圖8-41　聞聞窩寵物服務部分

聞聞窩依靠與公益組織合作、品牌廠商提供和掃街獲得店鋪資訊，基於店鋪規模、服務內容、資質證明等維度進行人工初步過濾，並通過UGC內容建立商家信用體系，讓用戶可以放心地在自己的平台尋找寵物商家。

案例解析：本案例中的聞聞窩與撲撲、遛遛在發展理念上頗有不同，撲撲和遛遛實質上是以「寵物」話題為節點的人際社交，而聞聞窩則盡量排除對寵物主人的展現，試圖讓用戶代入寵物的角色實現所謂「擬寵社交」。聞聞窩不設置寵物主人頁面，在社群氛圍的培養上強調讓主人以寵物的口吻進行敘事，交互設計上則嘗試營造一種「萌」和「溫馨」的感覺，給用戶帶來一種全新的情感養寵體驗。

專家提醒

聞聞窩App分為iPhone和Android版本，在聞聞窩註冊的用戶將獲得聞聞窩的居住證明，憑居住證即可在聞聞窩正式入住，入住聞聞窩的用戶稱為「聞聞」，「聞聞」們可以在聞聞窩進行拍照，聞聞窩的應用內提供多種濾鏡效果及魔法動畫效果供用戶在拍照時使用，用戶在拍完寵物的靚照後，可以直接分享給聞友們。

✣魅力升值，O2O個性化體驗

時代在變，消費者追求的體驗方式也在不停地發生變化，現如今O2O的消費者不僅重視產品或服務給他們帶來的功能利益，更在乎購買產品和產品服務的過程是否符合自己的心理需要。

與以往相比，人們對純體驗性的消費需求日益增強，開始逐步脫離原軌，追求產品內容的個性化的高層次服務體驗生活。對於消費者來說，品牌最優已經不是其一味追求的終極目標，消費者在消費時，更加注重產品與服務是否能彰顯自己個性的一面，消費者可以不需要知名品牌，但是一定希望自己購買的產品和享受的服務具有極強的個性。基於這一點，商家在提供O2O服務時，也更加注意產品與服務流程的個性化設計。

❖用戶定價的O2O平台冰點

「冰點」於二〇一一年創立，它是一家基於行動網路的新模式旅遊電子商務公司，其獨特的模式是直銷和尾房銷售相結合，為旅遊企業和用戶創造全新價值。

用戶可以通過電腦端（冰點網）和行動客戶端（酒店控App），線上預訂星級飯店。

首先，冰點是上萬家飯店的直銷平台，用戶可以線上申請成為多家飯店的會員，用會員價訂房並享用在延遲退房、早餐、禮遇和升房換房等方面的VIP待遇。

其次，冰點平台允許用戶每天兩次使用冰點模式訂房，即用戶選擇地理位置和飯店星級，制定一個超低的購買價格，符合條件的飯店選擇是否接受這個價格，一旦接受，用戶就可以線上付款，然後獲知飯店名稱並入住。如**圖8-42**所示為冰點旗下的服務產品。

圖8-42 冰點旗下的服務產品

冰點團隊開發的「酒店控」App整合了「酒店會員」和「Priceline式C2B逆向定價」，形成下面三種模式。

✧會員模式

用戶可以通過這款應用成為飯店的會員，如果你已經是某家飯店的會員，那麼將會員卡號與「酒店控」進行綁定即可。

✧反向定價模式

在冰點平台，飯店的入住價格由用戶來定，商家可以選擇是否接受，如果接受，則可以成交。根據「最能實現商品使用價值的人最願意支付高價」的原理，使得這種模式容易被商家所接受。

「酒店控」App以「用戶出價，酒店應價」的逆向定價模式來預訂飯店。用戶只需要選擇商圈範圍和飯店星級，然後進行出價。根據用戶的出價，系統會優先推薦性價比最高的應價飯店。這個模式最有趣的是用戶和飯店的「心理博弈」過程，用戶的出價並不是每次都會成功，當出價過低時，也可能會導致定價失敗，但一旦成功就可能拿到高星級飯店三至五折的超低價。

✧常規定價模式

除了反向預訂，「酒店控」還提供常規的飯店預訂服務，用戶通過一部手機成為數萬家飯店的VIP會員，在升級、換房、積分、返現等方面佔盡先機，如圖8-43所示。冰點「酒店控」的獨特商業模式主要得益於「母體」，即依靠旅行社獲取中高端飯

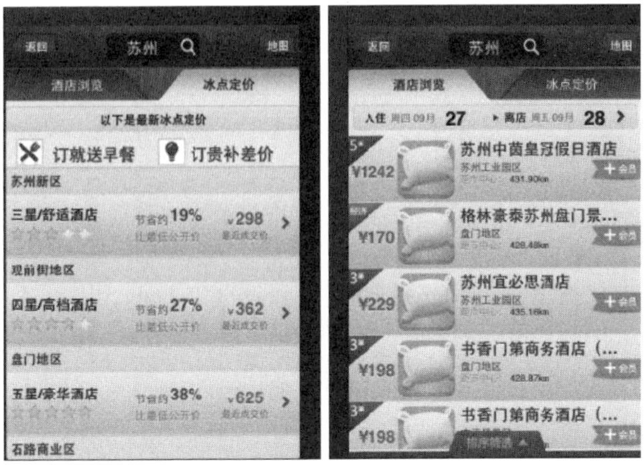

圖8-43 「酒店控」App 介面

店免房資源，從而供養App的直銷和C2B反向定價業務。

案例解析：本案例中的「酒店控」其實是國外Priceline模式的翻版。Priceline從一九九八年成立，因為其獨創的Name Your Own Price「用戶出價模式」，大受價格敏感性用戶以及旅遊淡季的飯店、航空公司等的歡迎，在二〇〇九年市值就超過了傳統線上旅遊服務巨頭Expedia。

雖然，「酒店控」與Priceline都是基於用戶出價的發展模式，但它們二者之間還是存在很大的區別，無論是盈利模式還是出價與支付環節，Priceline與「酒店控」都有所區別，如圖8-44所示。

本案例中的「酒店控」採取與國內其他飯店預訂平台不同的方式，進行反向定價，把選擇的大權交到用戶手中，彰顯了其訂購平台經營的個性化。當用戶出行，想要預訂飯店時，面對兩種截然不同的訂購平台，一定會毫不猶豫地選擇自己定價這個具有個性化的訂購平台。

不過，如果冰點想要做好反向定價這個模式，是必要與線下飯店達成合作，簽訂協議，共同滿足用戶自己定價的需求。在O2O這個經營模式中，資源和營運的重要性遠大於產品本身，所以，未來冰點能否做好做大取決於其線下資源的營運與整合能力。

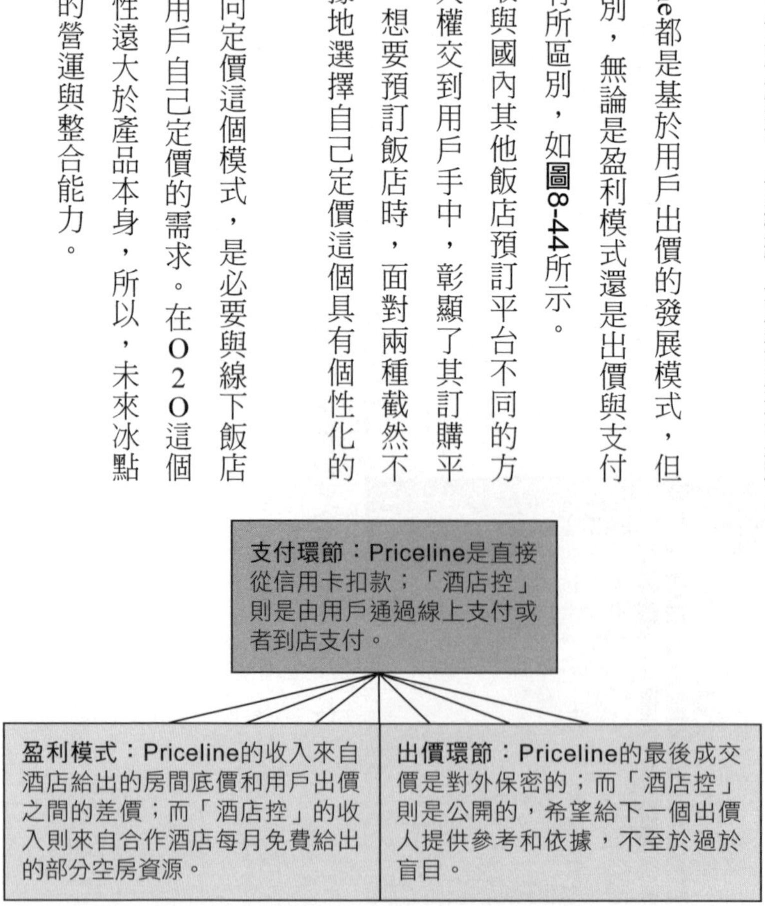
支付環節：Priceline是直接從信用卡扣款；「酒店控」則是由用戶通過線上支付或者到店支付。
盈利模式：Priceline的收入來自酒店給出的房間底價和用戶出價之間的差價；而「酒店控」的收入則來自合作酒店每月免費給出的部分空房資源。
出價環節：Priceline的最後成交價是對外保密的；而「酒店控」則是公開的，希望給下一個出價人提供參考和依據，不至於過於盲目。

圖8-44 Priceline與「酒店控」的不同之處

❖交流無障礙O2O快的打車

「快的打車」由杭州快迪科技有限公司研發，是中國首款便民打車的智慧手機應用，也是中國最大的手機打車應用。該軟體是一款立足於LBS（地理位置）的O2O（線上到線下）打車應用，專門為打車乘客和出租司機量身定做。快的打車有iOS版和Android版兩個版本，適用於市面上大部分的智慧手機，如**圖8-45**所示為快的打車應用流程。

案例解析：在行動網路高速發展的推動下，類似的打車行動應用程式也並不局限於一家。目前，中國已經有快的打車、滴滴打車、搖搖招車等十餘個智慧打車軟體。這類手機打車軟體，都是立足於行動定位服務的O2O打車應用。那麼，快的打車是如何在激烈的競爭中利用個性化的O2O經營方式脫穎而出的呢？

圖8-45 快的打車應用流程

✧便捷的O2O攬客方式

通過「快的打車」，乘客只需定位出發地、輸入到達地點，即可快速地將訊息推送給附近的司機，司機查看到附近或者目的地需要打車的乘客即可前往接送。通常情況下，司機會有很多空置車子掃街的情況，資源得不到合理利用；而利用快的打車，則可以在做下一筆生意前就找到附近的客人。

✧無阻礙的O2O溝通工具

受到微信語音的啟發，「快的打車」在軟體中植入了語音對講及電話直撥功能，這樣用戶直接可以向司機發送語音消息，司機也可以快速地獲得乘客的位置、是否願意拼車等訊息。

✧顧客至上的O2O服務理念

「快的打車」要想在眾多的O2O打車應用軟體中立於不敗之地，就必須擁有先進的服務理念與服務系統，無論是線上還是線下，都要堅持顧客至上的服務理念。在「快的打車」中存在的信用評價體系，讓乘客和司機的誠信度一目瞭然，有效地遏制了雙方的爽約問題。從這一點可以看出「快的打車」在服務系統上作出了很大的努力。不過要想在O2O打車軟體中獨佔鰲頭，它還需要進一步建立全新的服務理念與完善服務系統。

✧多樣的O2O行銷模式

除了現金補貼外，「快的打車」目前又推出了新一輪的打車優惠活動。「快的打車」用戶每次使用軟體打車並完成支付後，將獲得一定金額的打車代金券，在下次打車時抵扣車費，如**圖8-46**所示。從之前用真金白銀補貼用戶，到現在與商戶合作，做活動送代金券，「快的打車」軟體進入了優勢競爭的「全新階段」。

圖8-46 「打車送券」優惠券

✣健康環保，O2O綠色體驗

在現代社會，產品的健康環保已經成為用戶消費的重點追求之一，為了滿足用戶的需求，許多行業開始打著「環保」理念的旗子，選擇健康產品進行O2O經營。

❖綠色南方O2O「換」然一新

「南方衛視」，其前身是南方電視台都市頻道，總部位於廣東省，是一個以粵語播送為主的衛星電視頻道，同時也是中國大陸獲國家廣電總局批准上星的地方語言電視頻道。

二〇一二年四月四日下午三點，南方衛視在廣州太古匯商場三樓舉行「綠色南方『換』然一新」大型春季公益環保活動。在活動現場，參與者既能用廢棄紙製品換「綠色小盆栽」，又能欣賞「環保藝術作品展」、「環保服裝Show」、「公益影視巡禮」，還能親自踩起「有氧健身車」贏取活動贈送的特別紀念禮物，如圖8-47所示。

舉辦此次公益活動的目的是利用無線網路計劃，讓電視台的品牌觸達與用戶體驗之間的交接變得水乳交融、水到渠成。在活動現場，南方衛視為參與者提供了免費的 Wi-Fi，只要參與者關注南方衛視，掃一掃現場的二維碼，就可以進入南方衛視的微信平台，獲取賬號和密碼，直接登錄使用無線網。如圖8-48所示南方衛視微信平台。

圖8-47 「換」然一新參與者自製紙製品

慣有的推廣思路似乎總難以擺脫強買強賣的廣告嫌疑，而這次南方衛視打破了傳統路邊廣告牌的宣傳推廣方式，結合二維碼掃描與微信平台宣傳，打造了無線網路獲取過程中完美而流暢的用戶體驗。

案例解析：在本案例中，用戶在連接「TVS2 Wi-Fi」後，將收看到南方衛視的《城事特搜》、《今日最新聞》、《衛視新聞坊》、《阿ＳＩＲ出更》等自辦節目以及熱播電視劇的宣傳海報，如**圖8-49**所示。

南方衛視作為傳統的電視頻道，在外人看來，它做活動要麼是宣傳節目內容，要麼是宣傳品牌形象，它所推廣的「產品」和服務有別於實體消費領域的某種具體形態的商品。那麼這樣的特殊「產品」是如何利用Ｏ２Ｏ實現新舊媒體的融合與借力呢？南方衛視首先推出的公益環保項目，將綠色環保的健康理念與南方衛視正面的品牌形象結合，吸引了大量人群的關注，然後，它再通過免費Wi-Fi覆蓋的方式，實現了一種不以消費支付為目的的Ｏ２Ｏ式行銷閉環，成功地完成了此次打著環保旗號的Ｏ２Ｏ電視頻道行銷。

在傳統行業紛紛觸網的背景下，傳統電視作為媒體的架構，其產品特殊性決定了無法機械地運用實

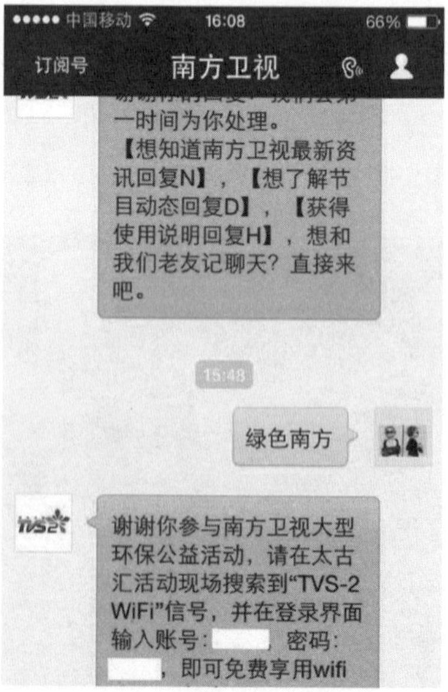
中国移动 16:08 66%
订阅号 南方卫视
一时间为你处理。
【想知道南方卫视最新资讯回复N】，【想了解节目动态回复D】，【获得使用说明回复H】，想和我们老友记聊天？直接来吧。
15:48
绿色南方
谢谢你参与南方卫视大型环保公益活动，请在太古汇活动现场搜索到“TVS-2 WiFi”信号，并在登录界面输入账号: ，密码: ，即可免费享用wifi

圖8-48 南方衛視微信平台

绿色南方
南方卫视春季大型公益环保活动
《绿色南方 “换”然一新》
欢迎您使用南方卫视免费无线网络
隋唐英雄4
粤语版全球首播
使用方法：请关注“南方卫视”微信公众号(NFWSchannel)，发送关键字“绿色南方”，获取免费无线网络的登录账号和密码。
账号：
密码：

圖8-49 南方衛視微信平台

體消費品的O2O商業模式生搬硬套。但是只要尋找到絕佳的切合點，像南方衛視一樣，能利用公益環保活動拉客戶做廣告，改變以往的硬廣告推廣模式，換之以生動活潑的新型推廣方式，勢必能成功地完成其O2O的推廣行銷。商家可以在舉辦免費利好的「引誘」活動下，積聚大量的人氣，然後，再把這種人氣、吸引目光的效果轉化為品牌推廣的利器。

❖微信為綠色農業O2O迎來春天

行動網路時代的快速發展，吹來微信這個溝通平台，不僅讓許多傳統行業尋求到了轉型的新機遇，也讓一些小型產業找到了快速發展的機會。

隨著新農業投資的日益升溫，關於新農業的行銷玩法也層出不窮，最近，茶品牌鄉土鄉親開始利用網路打造茶產業營運的O2O閉環。如圖8-50所示為茶品牌鄉土鄉親網路行銷頻道。

二〇一一年成立的茶品牌「鄉土鄉親」，新的O2O行銷玩法是打造一個商業閉環，鄉土鄉親作為一個茶產品行銷平台，上游連接著農作藝術家，也就是茶農，下游連接著消費者，它在中間為兩者提供了買賣接洽的活動，這樣一個模式簡單來說就是上游契約種植，下游線上購買。

不過不同於一般的線上服務平台，茶品牌鄉土鄉親秉著為用戶負責的態度，不僅用心挑選了茶商，還保證了用戶O2O體驗的

圖8-50 鄉土鄉親網路行銷頻道

品質。

✧ 產品嚴格要求

鄉土鄉親選擇茶園的要求十分嚴格，既要生產者對茶有足夠的經驗，也要當地的品種、空氣、土壤等條件達標，最重要的是茶園還要能保持相對傳統的種植方式。

儘管尋找茶園艱難，但鄉土鄉親盡心盡力尋找到了四座符合要求的茶園。這些茶園分佈在不同的省份，但是卻有著共同的特點，就是擁有優良的茶業品種、堅持傳統的種植方式、世代種茶為生、對茶有敬畏。

這四座茶園成為鄉土鄉親的第一批有機茶的合作者，鄉里鄉親與其簽訂協議，規定茶園必須嚴格按照鄉土鄉親要求的方式進行種植，不僅要有清晰可查的種植紀錄，還要接受鄉土鄉親對茶品質進行檢測，檢測合格後，再由鄉里鄉親包裝，銷售。如**圖8-51**所示為茶產品鄉里鄉親包裝。

✧ 便捷微信營運

除了保證產品品質外，鄉土鄉親還在各個城市舉辦線下的城市茶會。整個城市茶會的主辦、茶友召集、傳播均通過微信完成，使得茶鋪保持了較大的用戶黏性以及活躍度。

目前，鄉里鄉親已經在烏魯木齊、杭州、北京、西安、上海、深圳等地舉行了數十場茶會，還在紐約、洛杉磯、倫敦、多倫多等世界各地也舉

圖8-51 茶產品鄉里鄉親包裝

行多場城市茶會。

通過茶會的舉辦和微信的營運，鄉里鄉親吸引了大量的線下資源，目前，它已經擁有了一群「鄉土」粉絲，這群粉絲的力量不容小覷，鄉里鄉親正是因為有了這群粉絲的宣傳，開通微信支付後，兩週時間，微信茶鋪銷售額達到了數十萬人民幣。如**圖8-52**所示為鄉土鄉親微信行銷。

圖8-52 鄉土鄉親微信行銷

案例解析：在最初的規劃裡，鄉土鄉親是一家基於有機農業的電子商務公司。鄉土鄉親定位是中高端人群，而銷售方式則希望通過網路，但網上銷售還是沒有達到預期，反倒是線下店面銷售成為其主要的銷售通道。

因為產品小眾和商業模式新進，鄉土鄉親當時在淘寶上架的時候只有四款茶產品，這在電腦網路時代是缺點，但是在行動網路時代卻有可能是優點。鄉土鄉親運用其策劃手段，一方面，讓自己的粉絲更多地參與新產品的封測，吸收粉絲有價值的建議，讓產品在真正上市時有更好的體驗；另一方面，與當時粉絲活躍度較高的微信自媒體「羅輯思維」合作，做了幾次跨界行銷，雙方一起策劃了如「奢侈的味道」、「羅列」等微信行銷活動，快速地聚集了一大批忠實的「鄉土」粉絲。

鄉土鄉親沒有在眾多對手的圍剿下死去，相反，它因為其對有機茶理想主義的堅持，以及靈活的行銷收費，使其在一些名流圈開始小有名氣，也逐漸成為高端禮品市場的選擇之一。

國家圖書館出版品預行編目 (CIP) 資料

O 2 O行銷革命 / 譚賢編著. -- 第一版. -- 臺
北市 : 風格司藝術創作坊, 2017.07
面； 公分
ISBN 978-986-94015-3-1(平裝)

1.網路行銷

496 106006315

O 2 O 行銷革命

作　　者：譚賢　編著
責任編輯：苗龍
發 行 人：謝俊龍
出　　版：風格司藝術創作坊
106 台北市安居街118巷17號
Tel: (02) 8732-0530 Fax: (02) 8732-0531
http://www.clio.com.tw
總 經 銷：紅螞蟻圖書有限公司
Tel: (02) 2795-3656 Fax: (02) 2795-4100
地址：台北市內湖區舊宗路二段121巷19號
http://www.e-redant.com
出版日期／2017 年 07 月　第一版第一刷
定　　價／450 元

Knowledge House & Walnut Tree Publishing

Knowledge House & Walnut Tree Publishing

Knowledge House & Walnut Tree Publishing

Knowledge House & Walnut Tree Publishing